天津市建筑工程预算基价

DBD 29-101-2020

上 册

天津市住房和城乡建设委员会

天津市建筑市场服务中心　主编

中国计划出版社

图书在版编目（CIP）数据

天津市建筑工程预算基价：全2册 / 天津市建筑市
场服务中心主编. -- 北京：中国计划出版社，2020.4
ISBN 978-7-5182-1135-7

Ⅰ．①天… Ⅱ．①天… Ⅲ．①建筑预算定额－天津
Ⅳ．①TU723.34

中国版本图书馆CIP数据核字(2020)第010096号

天津市建筑工程预算基价

DBD 29-101-2020

天津市住房和城乡建设委员会

天津市建筑市场服务中心　主编

中国计划出版社出版发行

网址：www.jhpress.com

地址：北京市西城区木樨地北里甲 11 号国宏大厦 C 座 3 层

邮政编码：100038　电话：(010)63906433(发行部)

三河富华印刷包装有限公司印刷

850mm×1168mm　横 1/16　32.75 印张　961 千字

2020 年 4 月第 1 版　2020 年 4 月第 1 次印刷

印数 1—3000 册

ISBN 978-7-5182-1135-7

定价：260.00 元(上、下册)

天津市住房和城乡建设委员会

津住建建市函〔2020〕30 号

市住房城乡建设委关于发布2020《天津市建设工程计价办法》
和天津市各专业工程预算基价的通知

各区住建委,各有关单位:

　　根据《天津市建筑市场管理条例》和《建设工程工程量清单计价规范》,在有关部门的配合和支持下,我委组织编制了 2020《天津市建设工程计价办法》和《天津市建筑工程预算基价》、《天津市装饰装修工程预算基价》、《天津市安装工程预算基价》、《天津市市政工程预算基价》、《天津市仿古建筑及园林工程预算基价》、《天津市房屋修缮工程预算基价》、《天津市人防工程预算基价》、《天津市给水及燃气管道工程预算基价》、《天津市地铁及隧道工程预算基价》以及与其配套的各专业工程量清单计价指引和计价软件,现予以发布,自 2020 年 4 月 1 日起施行。2016《天津市建设工程计价办法》和天津市各专业工程预算基价同时废止。

　　特此通知。

2020 年 3 月 10 日

主编部门：天津市建筑市场服务中心

批准部门：天津市住房和城乡建设委员会

专 家 组：杨树海　宁培雄　兰明秀　李庆河　陈友林　袁守恒　马培祥　沈　萍　王海娜　潘　昕　程春爱　焦　进

　　　　　杨连仓　周志良　张宇明　施水明　李春林　邵玉霞　柳向辉　张小红　聂　帆　徐　敏　李文同

综 合 组：高　迎　赵　斌　袁永生　姜学立　顾雪峰　陈召忠　沙佩泉　张绪明　杨　军　邢玉军　戴全才

编制人员：高　迎　杨　军　关　彬　邢玉军　于会逢　崔文琴　尚　惠　张依琛　徐　敏　张　纯　夏超敏

费 用 组：邢玉军　张绪明　关　彬　于会逢　崔文琴　张依琛　许宝林　苗　旺

电 算 组：张绪明　于　堃　张　桐　苗　旺

审　　定：杨瑞凡　华晓蕾　翟国利　黄　斌

发　　行：倪效聘　贾　羽

上　册　目　录

总说明 …………………………………………… 1

建筑面积计算规则 ………………………………… 3

第一章　土(石)方、基础垫层工程

说明 ………………………………………………… 7

工程量计算规则 …………………………………… 10

1. 土方工程 ………………………………………… 13

　(1)人工土方 …………………………………… 13

　(2)机械土方 …………………………………… 14

　(3)运土、泥、石 ……………………………… 16

2. 石方工程 ………………………………………… 17

3. 土方回填 ………………………………………… 18

4. 逆作暗挖土方工程 ……………………………… 19

5. 基础垫层 ………………………………………… 20

6. 桩头处理 ………………………………………… 22

第二章　桩与地基基础工程

说明 ………………………………………………… 25

工程量计算规则 …………………………………… 27

1. 预制桩 …………………………………………… 30

2. 灌注桩 …………………………………………… 34

3. 其他桩 …………………………………………… 38

4. 地基处理 ………………………………………… 42

5. 土钉与锚喷联合支护 …………………………… 44

6. 挡土板 …………………………………………… 48

7. 地下连续墙 ……………………………………… 50

第三章　砌　筑　工　程

说明 ………………………………………………… 55

工程量计算规则 …………………………………… 55

1. 砌基础 …………………………………………… 58

2. 砌墙 ……………………………………………… 60

3. 其他砌体 ………………………………………… 76

4. 墙面勾缝 ………………………………………… 80

第四章　混凝土及钢筋混凝土工程

说明 ………………………………………………… 83

工程量计算规则 …………………………………… 86

1. 现浇混凝土 ……………………………………… 89

　(1)基础 ………………………………………… 89

　(2)设备基础 …………………………………… 90

　(3)柱 …………………………………………… 92

　(4)梁 …………………………………………… 93

　(5)墙 …………………………………………… 94

　(6)板 …………………………………………… 95

　(7)混凝土后浇带 ……………………………… 96

　(8)其他 ………………………………………… 97

2. 预制混凝土制作 ………………………………… 100

　(1)预制柱 ……………………………………… 100

　(2)预制梁 ……………………………………… 101

　(3)预制屋架 …………………………………… 102

　(4)预制板 ……………………………………… 104

　(5)预制混凝土楼梯 …………………………… 106

　(6)其他预制构件 ……………………………… 108

　(7)水磨石构件 ………………………………… 110

3. 装配式建筑构件 ………………………………… 112

　(1)预制混凝土柱、梁安装 …………………… 112

　(2)预制混凝土墙安装 ………………………… 113

　(3)预制混凝土板安装 ………………………… 115

　(4)预制混凝土楼梯段安装 …………………… 116

　(5)预制混凝土其他构件安装 ………………… 117

　(6)预埋套筒、注浆、嵌缝、打胶 …………… 119

1

(7)装配式后浇混凝土 …………………… 122
4.钢筋工程 …………………………………… 123
　(1)普通钢筋 ……………………………… 123
　(2)高强钢筋 ……………………………… 125
　(3)箍筋 …………………………………… 127
　(4)先张法预应力钢筋 …………………… 128
　(5)后张法预应力钢筋 …………………… 129
　(6)预应力钢丝、钢绞线 ………………… 130
　(7)无粘结预应力钢丝束 ………………… 132
　(8)螺栓、铁件安装 ……………………… 133
　(9)钢筋特种接头 ………………………… 134
　(10)钢筋植筋 …………………………… 136
　(11)其他 ………………………………… 138
5.预制混凝土构件拼装、安装 ……………… 140
6.预制混凝土构件运输 ……………………… 146

第五章　木结构工程

说明 …………………………………………… 149
工程量计算规则 ……………………………… 150
1.屋架 ………………………………………… 152
　(1)方木屋架 ……………………………… 152
　(2)钢木屋架 ……………………………… 153
2.屋面木基层 ………………………………… 154
3.木构件 ……………………………………… 158

第六章　金属结构工程

说明 …………………………………………… 167
工程量计算规则 ……………………………… 167
1.钢柱、钢吊车梁、钢制动梁 ……………… 169
2.钢桁架 ……………………………………… 174
3.钢网架(焊接型) …………………………… 178
4.钢檩条、钢支撑、钢拉杆、钢平台、钢扶梯、钢支架 … 180
5.压型钢板墙板 ……………………………… 186
6.金属零件 …………………………………… 187

7.金属结构探伤与除锈 ……………………… 189
8.金属结构构件运输 ………………………… 191
9.金属结构构件拼装 ………………………… 192
10.金属结构构件刷防火涂料 ……………… 193

第七章　屋面及防水工程

说明 …………………………………………… 197
工程量计算规则 ……………………………… 197
1.找平层 ……………………………………… 201
2.瓦屋面 ……………………………………… 202
3.卷材防水 …………………………………… 206
4.涂料防水 …………………………………… 212
5.彩色压型钢板屋面 ………………………… 216
6.薄钢板、瓦楞铁皮屋面 …………………… 218
7.屋面排水 …………………………………… 220

第八章　防腐、隔热、保温工程

说明 …………………………………………… 227
工程量计算规则 ……………………………… 227
1.防腐 ………………………………………… 229
　(1)整体面层 ……………………………… 229
　　①砂浆、混凝土、胶泥面层 …………… 229
　　②玻璃钢面层 ………………………… 234
　(2)隔离层 ………………………………… 235
　(3)平面砌块料面层 ……………………… 236
　(4)池、沟、槽砌块料 …………………… 250
　(5)耐酸防腐涂料 ………………………… 256
2.隔热、保温 ………………………………… 261
　(1)保温隔热屋面 ………………………… 261
　(2)保温隔热天棚 ………………………… 271
　(3)保温隔热墙、柱 ……………………… 275
　(4)FTC自调温相变蓄能材料保温层 …… 282
　(5)隔热楼地面 …………………………… 283
　(6)防火隔离带 …………………………… 284

总　说　明

　　一、天津市建筑工程预算基价(以下简称"本基价")是根据国家和本市有关法律、法规、标准、规范等相关依据,按正常的施工工期和生产条件,考虑常规的施工工艺、合理的施工组织设计,结合本市实际编制的。本基价是完成单位合格产品所需人工、材料、机械台班和其相应费用的基本标准,反映了社会平均水平。

　　二、本基价适用于天津市行政区域内新建与扩建的工业与民用建筑工程。

　　三、本基价是编制估算指标、概算定额和初步设计概算、施工图预算、竣工结算、招标控制价的基础,是建设项目投标报价的参考。

　　四、本基价各子目中的预算基价由人工费、材料费和机械费组成。基价中的工作内容为主要施工工序,次要施工工序虽未做说明,但基价中已考虑。

　　五、本基价适用于采用一般计税方法计取增值税的建筑工程,各子目中材料和机械台班的单价为不含税的基期价格。

　　六、本基价人工费的规定和说明:

　　1.人工消耗量以现行《建设工程劳动定额》《房屋建筑与装饰工程消耗量定额》为基础,结合本市实际确定,包括施工操作的基本用工、辅助用工、材料在施工现场超运距用工及人工幅度差。人工效率按8小时工作制考虑。

　　2.人工单价根据《中华人民共和国劳动法》的有关规定,参照编制期天津市建筑市场劳动力价格水平综合测算的,按技术含量分为三类:一类工每工日153元;二类工每工日135元;三类工每工日113元。

　　3.人工费是支付给从事建筑工程施工的生产工人和附属生产单位工人的各项费用以及生产工具用具使用费,其中包括按照国家和本市有关规定,职工个人缴纳的养老保险、失业保险、医疗保险及住房公积金。

　　七、本基价材料费的规定和说明:

　　1.材料包括主要材料、次要材料和零星材料,主要材料和次要材料为构成工程实体且能够计量的材料、成品、半成品,按品种、规格列出消耗量;零星材料为不构成工程实体且用量较小的材料,以"元"为单位列出。

　　2.材料费包括主要材料费、次要材料费和零星材料费。

　　3.材料消耗量均按合格的标准规格产品编制,包括正常施工消耗和材料从工地仓库、现场集中堆放或加工地点运至施工操作、安装地点的堆放和运输损耗及不可避免的施工操作损耗。

　　4.当设计要求采用的材料、成品或半成品的品种、规格型号与基价中不同时,可按各章规定调整。

　　5.材料价格按本基价编制期建筑市场材料价格综合取定,包括由材料供应地点运至工地仓库或施工现场堆放地点的费用和材料的采购及保管费。材料采购及保管费包括施工单位在组织采购、供应和保管材料过程中所需各项费用和工地仓库的储存损耗。

　　6.工程建设中部分材料由建设单位供料,结算时退还建设单位所购材料的材料款(包括材料采购及保管费),材料单价以施工合同中约定的材料价格为准,材料数量按实际领用量确定。

　　7.周转材料费中的周转材料按摊销量编制,且已包括回库维修等相关费用。

　　8.本基价部分材料或成品、半成品的消耗量带有括号,并列于无括号材料消耗量之前,表示该材料未计价,基价总价未包括其价值,计价时应以括号中的消耗量乘以其价格,计入本基价的材料费和总价中;列于无括号材料消耗量之后,表示基价总价和材料费中已经包括了该材料的价值,括号内的材料不再计价。

9.材料消耗量带有"×"号的,"×"号前为材料消耗量,"×"号后为该材料的单价。数字后带有"（）"号的,"（）"号内为规格型号。

八、本基价机械费的规定和说明:

1.机械台班消耗量是按照正常的施工程序、合理的机械配置确定的。

2.机械台班单价按照《建设工程施工机械台班费用编制规则》及《天津市施工机械台班参考基价》确定。

3.凡单位价值2000元以内,使用年限在一年以内不构成固定资产的施工机械,不列入机械台班消耗量,作为工具用具在企业管理费中考虑,其消耗的燃料动力等已列入材料内。

九、本基价除注明者以外,均按建筑物檐高20 m以内考虑,当建筑物檐高超过20 m时,因施工降效所增加的人工、机械及有关费用按第十七章"超高工程附加费"有关规定执行。

十、凡纳入重大风险源风险范围的分部分项工程均应按专家论证的专项方案另行计算相关费用。

十一、施工用水、电已包括在本基价材料费和机械费中,不另计算。施工现场应由建设单位安装水、电表,交施工单位保管和使用,施工单位按表计量,按相应单价计算后退还建设单位。

十二、本基价凡注明"××以内"或"××以下"者,均包括××本身,注明"××以外"或"××以上"者,均不包括××本身。

十三、本基价材料、机械和构件的规格,用数值表示而未说明单位的,其计量单位为"mm";工程量计算规则中,凡未说明计量单位的,按长度计算的以"m"为计量单位,按面积计算的以"m²"为计量单位,按体积计算的以"m³"为计量单位,按质量计算的以"t"为计量单位。

建筑面积计算规则

一、建筑物的建筑面积应按自然层外墙结构外围水平面积之和计算。结构层高在 2.20 m 及以上的,应计算全面积;结构层高在 2.20 m 以下的,应计算 1/2 面积。

二、建筑物内设有局部楼层时,对于局部楼层的二层及以上楼层,有围护结构的应按其围护结构外围水平面积计算,无围护结构的应按其结构底板水平面积计算。结构层高在 2.20 m 及以上的,应计算全面积;结构层高在 2.20 m 以下的,应计算 1/2 面积。

三、形成建筑空间的坡屋顶,结构净高在 2.10 m 及以上的部位应计算全面积;结构净高在 1.20 m 及以上至 2.10 m 以下的部位应计算 1/2 面积;结构净高在 1.20 m 以下的部位不应计算建筑面积。

四、场馆看台下的建筑空间,结构净高在 2.10 m 及以上的部位应计算全面积;结构净高在 1.20 m 及以上至 2.10 m 以下的部位应计算 1/2 面积;结构净高在 1.20 m 以下的部位不应计算建筑面积。室内单独设置的有围护设施的悬挑看台,应按看台结构底板水平投影面积计算建筑面积。有顶盖无围护结构的场馆看台应按其顶盖水平投影面积的 1/2 计算面积。

五、地下室、半地下室应按其结构外围水平面积计算。结构层高在 2.20 m 及以上的,应计算全面积;结构层高在 2.20 m 以下的,应计算 1/2 面积。

六、出入口外墙外侧坡道有顶盖的部位,应按其外墙结构外围水平面积的 1/2 计算面积。

七、建筑物架空层及坡地建筑物吊脚架空层,应按其顶板水平投影计算建筑面积。结构层高在 2.20 m 及以上的,应计算全面积;结构层高在 2.20 m 以下的,应计算 1/2 面积。

八、建筑物的门厅、大厅应按一层计算建筑面积,门厅、大厅内设置的走廊应按走廊结构底板水平投影面积计算建筑面积。结构层高在 2.20 m 及以上的,应计算全面积;结构层高在 2.20 m 以下的,应计算 1/2 面积。

九、建筑物间的架空走廊,有顶盖和围护结构的,应按其围护结构外围水平面积计算全面积;无围护结构、有围护设施的,应按其结构底板水平投影面积计算 1/2 面积。

十、立体书库、立体仓库、立体车库,有围护结构的,应按其围护结构外围水平面积计算建筑面积;无围护结构、有围护设施的,应按其结构底板水平投影面积计算建筑面积。无结构层的应按一层计算,有结构层的应按其结构层面积分别计算。结构层高在 2.20 m 及以上的,应计算全面积;结构层高在 2.20 m 以下的,应计算 1/2 面积。

十一、有围护结构的舞台灯光控制室,应按其围护结构外围水平面积计算。结构层高在 2.20 m 及以上的,应计算全面积;结构层高在 2.20 m 以下的,应计算 1/2 面积。

十二、附属在建筑物外墙的落地橱窗,应按其围护结构外围水平面积计算。结构层高在 2.20 m 及以上的,应计算全面积;结构层高在 2.20 m 以下的,应计算 1/2 面积。

十三、窗台与室内楼地面高差在 0.45 m 以下且结构净高在 2.10 m 及以上的凸(飘)窗,应按其围护结构外围水平面积计算 1/2 面积。

十四、有围护设施的室外走廊(挑廊),应按其结构底板水平投影面积计算 1/2 面积;有围护设施(或柱)的檐廊,应按其围护设施(或柱)外围水平面积计算 1/2 面积。

十五、门斗应按其围护结构外围水平面积计算建筑面积。结构层高在2.20 m及以上的,应计算全面积;结构层高在2.20 m以下的,应计算1/2面积。

十六、门廊应按其顶板水平投影面积的1/2计算建筑面积;有柱雨篷应按其结构板水平投影面积的1/2计算建筑面积;无柱雨篷的结构外边线至外墙结构外边线的宽度在2.10 m及以上的,应按雨篷结构板的水平投影面积的1/2计算建筑面积。

十七、设在建筑物顶部的、有围护结构的楼梯间、水箱间、电梯机房等,结构层高在2.20 m及以上的应计算全面积;结构层高在2.20 m以下的,应计算1/2面积。

十八、围护结构不垂直于水平面的楼层,应按其底板面的外墙外围水平面积计算。结构净高在2.10 m及以上的部位,应计算全面积;结构净高在1.20 m及以上至2.10 m以下的部位,应计算1/2面积;结构净高在1.20 m以下的部位,不应计算建筑面积。

十九、建筑物的室内楼梯、电梯井、提物井、管道井、通风排气竖井、烟道,应并入建筑物的自然层计算建筑面积。有顶盖的采光井应按一层计算面积,结构净高在2.10 m及以上的,应计算全面积,结构净高在2.10 m以下的,应计算1/2面积。

二十、室外楼梯应并入所依附建筑物自然层,并应按其水平投影面积的1/2计算建筑面积。

二十一、在主体结构内的阳台,应按其结构外围水平面积计算全面积;在主体结构外的阳台,应按其结构底板水平投影面积计算1/2面积。

二十二、有顶盖无围护结构的车棚、货棚、站台、加油站、收费站等,应按其顶盖水平投影面积的1/2计算建筑面积。

二十三、以幕墙作为围护结构的建筑物,应按幕墙外边线计算建筑面积。

二十四、建筑物的外墙外保温层,应按其保温材料的水平截面积计算,并计入自然层建筑面积。

二十五、与室内相通的变形缝,应按其自然层合并在建筑物建筑面积内计算。对于高低联跨的建筑物,当高低跨内部连通时,其变形缝应计算在低跨面积内。

二十六、对于建筑物内的设备层、管道层、避难层等有结构层的楼层,结构层高在2.20 m及以上的,应计算全面积;结构层高在2.20 m以下的,应计算1/2面积。

二十七、下列项目不应计算建筑面积:

1.与建筑物内不相连通的建筑部件;

2.骑楼、过街楼底层的开放公共空间和建筑物通道;

3.舞台及后台悬挂幕布和布景的天桥、挑台等;

4.露台、露天游泳池、花架、屋顶的水箱及装饰性结构构件;

5.建筑物内的操作平台、上料平台、安装箱和罐体的平台;

6.勒脚、附墙柱、垛、台阶、墙面抹灰、装饰面、镶贴块料面层、装饰性幕墙,主体结构外的空调室外机搁板(箱)、构件、配件,挑出宽度在2.10 m以下的无柱雨篷和顶盖高度达到或超过两个楼层的无柱雨篷;

7.窗台与室内地面高差在0.45 m以下且结构净高在2.10 m以下的凸(飘)窗,窗台与室内地面高差在0.45 m及以上的凸(飘)窗;

8.室外爬梯、室外专用消防钢楼梯;

9.无围护结构的观光电梯;

10.建筑物以外的地下人防通道,独立的烟囱、烟道、地沟、油(水)罐、气柜、水塔、贮油(水)池、贮仓、栈桥等构筑物。

第一章 土（石）方、基础垫层工程

说　　明

一、本章包括土方工程、石方工程、土方回填、逆作暗挖土方工程、基础垫层、桩头处理6节,共76条基价子目。

二、关于项目的界定:

1.挖土工程,凡槽底宽度在3 m以内且符合下列两条件之一者为挖地槽:

(1)槽的长度是槽底宽度三倍以外;

(2)槽底面积在20 m² 以内。

不符合上述挖地槽条件的挖土为挖土方。

2.垂直方向处理厚度在±30 cm以内的就地挖、填、找平属于平整场地,处理厚度超过30 cm属于挖土或填土工程。

3.湿土与淤泥(或流沙)的区分:地下静止水位以下的土层为湿土,具有流动状态的土(或砂)为淤泥(或流沙)。

4.基础垫层与混凝土基础按混凝土的厚度划分,混凝土的厚度在12 cm以内者为垫层,执行垫层项目;混凝土厚度在12 cm以外者为混凝土基础,执行混凝土基础项目。

5.土壤及岩石类别的鉴别方法如下表:

土壤及岩石类别鉴别表

类别	土壤、岩石名称及特征	鉴别方法		开挖方法及工具
		极限压碎强度 (kg/cm²)	用轻钻孔机钻进1 m耗时 (min)	
一般土	1.潮湿的黏性土或黄土; 2.软的盐土和碱土; 3.含有建筑材料碎料或碎石、卵石的堆土和种植土; 4.中等密实的黏性土和黄土; 5.含有碎石、卵石或建筑材料碎料的潮湿的黏性土或黄土			用尖锹并同时用镐开挖
砂砾坚土	1.坚硬的密实黏性土或黄土; 2.含有碎石、卵石(体积占10%～30%、质量在25 kg以内的石块)中等密实的黏性土或黄土; 3.硬化的重壤土			全部用镐开挖,少许用撬棍开挖

土壤及岩石类别鉴别表（续表）

类别	土 壤、岩 石 名 称 及 特 征	鉴 别 方 法		
		极 限 压 碎 强 度（kg/cm²）	用轻钻孔机钻进 1 m 耗时（min）	开挖方法及工具
松石	1.含有质量在 50 kg 以内的巨砾； 2.占体积 10% 以外的冰渍石； 3.矽藻岩、软白垩岩、胶结力弱的砾岩、各种不结实的片岩及石膏	<200	<3.5	部分用手凿工具,部分用爆破方法开挖
次坚石	1.凝灰岩、浮石、松软多孔和裂缝严重的石灰岩、中等硬变的片岩或泥灰岩； 2.石灰石胶结的带有卵石和沉积岩的砾石、风化的和有大裂缝的黏土质砂岩、坚实的泥板岩或泥灰岩； 3.砾质花岗岩、泥灰质石灰岩、黏土质砂岩、砂质云母片岩或硬石膏	200～800	3.5～8.5	用风镐和爆破方法开挖
普坚石	1.严重风化的软弱的花岗岩、片麻岩和正长岩、滑石化的蛇纹岩、致密的石灰岩、含有卵石、沉积岩的渣质胶结的砾岩； 2.砂岩、砂质石灰质片岩、菱镁矿、白云石、大理石、石灰胶结的致密砾石、坚固的石灰岩、砂质片岩、粗花岗岩； 3.具有风化痕迹的安山岩和玄武岩、非常坚固的石灰岩、硅质胶结的含有火成岩之卵石的砾岩、粗石岩	800～1600	8.5～22.0	用爆破方法开挖

三、土方工程：

1.人工土方。

（1）人工平整场地系指无须使用任何机械操作的场地平整工程。

（2）先打桩后采用人工挖土,并挖桩顶以下部分时,挖土深度在 4 m 以内者,全部工程量（包括桩顶以上工程量）按相应基价项目乘以系数 1.20；挖土深度在 5 m 以内者,按相应基价项目乘以系数 1.10。

2.机械土方。

（1）机械挖土深度超过 5 m 时应按经批准的专家论证施工方案计算。

（2）机械挖土项目中已考虑了清底、洗坡等配合用工,若因土质情况影响预留厚度在 0.2 m 以上时,该部分清底挖土按人工挖土方项目乘以系数 1.65。

（3）机械挖土项目不包括卸土区所需的推土机台班,亦不包括平整道路及清除其他障碍物所需的推土机台班。

（4）小型挖土机系指斗容量≤0.3 m³ 的挖掘机,适用于基础（含垫层）底宽 1.20 m 以内的沟槽土方工程或底面积 8 m² 以内的基坑土方工程。

(5)先打桩后用机械挖土,并挖桩顶以下部分时,可按下表系数调增相应费用。

系数调整表

挖 槽 深 度 (m)	人 工 工 日	机 械 费
4以内	1.00	0.35
8以内	0.50	0.18
12以内	0.33	0.12

注：上表计算基数包括桩顶以上的全部工程量。

(6)机械土方施工过程中,当遇有以下现象时,可按下表系数调增相应费用。

系数调整表

序 号	现 象	人 工 工 日	机 械 费	附 注
1	挖土机挖含水率超过25%的土方	0.15	0.15	
2	推土机推土层平均厚度小于30 cm的土方	0.25	0.25	
3	铲运机铲运平均厚度小于30 cm的土方	0.17	0.17	
4	小型挖土机挖槽坑内局部加深的土方	0.25	0.25	
5	挖土机在垫板上作业时	0.25	0.25	铺设垫板所用材料、人工和辅助机械按实际计算

(7)场地原土碾压项目是按碾压两遍计算的,设计要求碾压遍数不同时,可按比例换算。

四、土方回填：

1.人工回填土包括5 m以内取土,机械回填土包括150 m以内取土。

2.挖地槽或挖土方的回填,不分室内、室外,也不分是利用原土还是外购黄土,凡标高在设计室外地坪以下者均执行回填土基价项目,在设计室外地坪以上的室内房心还土执行素土夯实(作用在楼地面下)基价项目,位于承重结构基础以下的填土应执行素土夯实(作用在基础下)基价项目。

3.回填2:8灰土项目适用于建筑物四周的灰土回填夯实项目,设计要求材料配比与基价不同时,可按设计要求换算。

五、逆作暗挖土方工程适用于先施工地下钢筋混凝土墙、板及其他承重结构,留有出土孔道,然后再进行挖土的施工方法。

六、基础垫层：

混凝土垫层项目中已包括原土打夯,其他垫层项目中未包括原土打夯。

七、桩头处理：

1. 截钢筋混凝土预制桩项目适用于截桩高度在 50 cm 以外的截桩工程。

2. 凿钢筋混凝土预制桩项目适用于凿桩高度在 50 cm 以内的凿桩工程。

3. 截凿混凝土钻孔灌注桩项目按截凿长度 1.5 m 以内且一次性截凿考虑。

工程量计算规则

一、本章挖、运土按天然密实体积计算，填土按夯实后体积计算。人工挖土或机械挖土凡是挖至桩顶以下的，土方量应扣除桩头所占体积。

二、土方工程：

1. 人工土方。

(1) 平整场地按建筑物的首层建筑面积计算。建筑物地下室结构外边线凸出首层结构外边线时，其凸出部分的建筑面积合并计算。

(2) 挖地槽工程量按设计图示尺寸以体积计算。其中，外墙地槽长度按设计图示外墙槽底中心线长度计算，内墙地槽长度按内墙槽底净长计算；槽宽按设计图示基础垫层底尺寸加工作面的宽度计算；槽深按自然地坪标高至槽底标高计算。当需要放坡时，放坡的土方工程量合并于总土方工程量中。

(3) 挖淤泥、流沙按设计图示尺寸以体积计算。

(4) 原土打夯、槽底钎探按槽底面积计算。

(5) 挖室内管沟，凡带有混凝土垫层或基础、砖砌管沟墙、混凝土沟盖板者，如需反刨槽的挖土工程量，应按设计图示尺寸中的混凝土垫层或基础的底面积乘以深度以体积计算。

(6) 排水沟挖土工程量按施工组织设计的规定以体积计算，并入挖土工程量内。

(7) 管沟土方工程量按设计图示尺寸以体积计算，管沟长度按管道中心线长度计算（不扣除检查井所占长度）；管沟深度有设计时，平均深度以沟垫层底表面标高至交付施工场地标高计算；无设计时，直埋管深度应按管底外表面标高至交付施工场地标高的平均高度计算；管沟底宽度如无规定者可按下表计算：

管沟底宽度表   单位：m

管　径 (mm)	铸铁管、钢管、 石棉水泥管	混凝土管、钢筋混凝土管、 预应力钢筋混凝土管	缸　瓦　管
50～75	0.6	0.8	0.7
100～200	0.7	0.9	0.8
250～350	0.8	1.0	0.9
400～450	1.0	1.3	1.1
500～600	1.3	1.5	1.4

注：本表为埋设深度在 1.5 m 以内沟槽宽度。当深度在 2 m 以内，有支撑时，表中数值应增加 0.1 m；当深度在 3 m 以内，有支撑时，表中数值应增加 0.2 m。

2.机械土方。

（1）机械挖土中若人工清槽单独计算，按槽底面积乘以预留厚度（预留厚度按施工组织设计确定）以体积计算。

（2）用推土机填土，推平不压实者，每立方米体积折成虚方1.20 m³。

（3）机械平整场地、场地原土碾压按图示尺寸以面积计算。

（4）场地填土碾压以体积计算，原地坪为耕植土者，填土总厚度按设计厚度增加10 cm。

3.运土、泥、石。

采用机械铲、推、运土方时，其运距按下列方法计算：推土机推土运距按挖方区中心至填方区中心的直线距离计算。铲运机运土运距按挖方区中心至卸土区中心距离加转向距离45 m计算。自卸汽车运土运距按挖方区中心至填方区中心之间的最短行驶距离计算，需运至施工现场以外的土石方，其运距需考虑城市部分路线不得行驶货车的因素，以实际运距为准。

三、石方工程：

1.石方开挖工程量按设计图示尺寸以体积计算。

2.管沟石方工程量按设计图示尺寸以体积计算，管沟长度按管道中心线长度计算（不扣除检查井所占长度）。管沟深度有设计时，平均深度以沟垫层底表面标高至交付施工场地标高计算；无设计时，直埋管深度应按管底外表面标高至交付施工场地标高的平均高度计算；管沟底宽度如无规定者可按管沟底宽度表计算。

四、土方回填工程量按设计图示尺寸以体积计算，不同部位的计算方法如下：

1.场地回填：回填面积乘以平均回填厚度。

2.室内回填：主墙间净面积乘以回填厚度。

3.基础回填：挖方体积减去设计室外地坪以下埋设的基础体积（包括基础垫层及其他构筑物）。

4.挖地槽原土回填的工程量，可按地槽挖土工程量乘以系数0.60计算。

5.管沟回填：挖土体积减去垫层和管径大于500 mm的管道体积。管径大于500 mm时，按下表规定扣除管道所占体积。

各种管道应减土方量表　　　　　　　　　　　　　　　　　　　　　　　　　单位：m³/m

管　道　直　径 （mm）	501～600	601～800	801～1000	1001～1200	1201～1400	1401～1600
钢管	0.21	0.44	0.71			
铸铁管	0.24	0.49	0.77			
钢筋混凝土管	0.33	0.60	0.92	1.15	1.35	1.55

五、逆作暗挖土方工程的工程量按围护结构内侧所包围净面积（扣除混凝土柱所占面积）乘以挖土深度以体积计算。

六、基础垫层工程量按设计图示尺寸以体积计算；其长度，外墙按中心线，内墙按垫层净长计算。

七、桩头处理：

1.截、凿钢筋混凝土预制桩桩头工程量按截、凿桩头的数量计算。

2.截凿混凝土钻孔灌注桩按钻孔灌注桩的桩截面面积乘以桩头长度以体积计算。

3.桩头钢筋整理,按所整理的桩的数量计算。

八、与土方工程量计算有关的系数表：

土方虚实体积折算表

虚 土	天然密实土	夯 实 土	松 填 土
1.00	0.77	0.67	0.83
1.30	1.00	0.87	1.08
1.50	1.15	1.00	1.25
1.20	0.92	0.80	1.00

放坡系数表

土 质	起始深度 (m)	人工挖土	机械挖土	
			坑内作业	坑外作业
一般土	1.40	1:0.43	1:0.30	1:0.72
砂砾坚土	2.00	1:0.25	1:0.10	1:0.33

工作面增加宽度表

基 础 工 程 施 工 项 目	每 边 增 加 工 作 面 (cm)
毛石基础	25
混凝土基础或基础垫层需要支模板	40
基础垂直做防水层或防腐层	100
支挡土板	10(另加)

1.土方工程
(1)人工土方

工作内容： 1.人工平整场地包括厚度在±30 cm以内的就地挖、填、找平。2.人工土方包括挖土、装土、运土和修理底边。3.挖淤泥、流沙包括挖、装淤泥和流沙,修理底边。4.原土打夯包括碎土、平土、找平夯实两遍。5.槽底钎探包括探槽、打钎、拔钎、灌砂。

编号	项　　　　目			单位	预　算　基　价				人工	材　　　料				机械
					总　价	人工费	材料费	机械费	综合工	砂子	页岩标砖 240×115×53	水	零星 材料费	电　动 夯实机 250N·m
					元	元	元	元	工日	t	千块	m³	元	台班
									113.00	87.03	513.60	7.62		27.11
1-1	人 工 平 整 场 地			100m²	891.57	891.57			7.89					
1-2	人工挖土方	深度4m以内	一般土	10m³	491.55	491.55			4.35					
1-3			砂砾坚土		727.72	727.72			6.44					
1-4	人工挖地槽		一般土	10m³	592.12	592.12			5.24					
1-5			砂砾坚土		951.46	951.46			8.42					
1-6	挖 淤 泥、 流 沙				1243.00	1243.00			11.00					
1-7	原 土 打 夯			100m²	199.01	175.15		23.86	1.55					0.88
1-8	槽 底 钎 探				732.29	653.14	79.15		5.78	0.377	0.029	0.050	31.06	

13

（2）机 械 土 方

工作内容： 1.推土机推土包括推土、运土、平土，修理边坡，工作面排水。2.铲运机铲运土包括铲、运土，卸土及平整，修理边坡，工作面排水。3.挖土机挖土包括挖土，清理机下余土，清底洗坡和工作面内排水。4.挖土机挖、运土方包括挖土、装土、运土。

编号	项目			单位	预算基价			人工	机		械	
					总价	人工费	机械费	综合工	推土机（综合）	拖式铲运机 7m³	挖掘机（综合）	自卸汽车（综合）
					元	元	元	工日	台班	台班	台班	台班
								113.00	835.04	1007.24	1059.67	588.65
1-9	推土机推土	20m以内	一般土	1000m³	4173.02	381.94	3791.08	3.38	4.54			
1-10			砂砾坚土		4806.46	339.00	4467.46	3.00	5.35			
1-11			未经压实的堆积土		3008.81	294.93	2713.88	2.61	3.25			
1-12		运距	每增加10m		1311.01		1311.01		1.57			
1-13	铲运机铲运土	200m以内	一般土		7423.87	1463.35	5960.52	12.95	0.54	5.47		
1-14			砂砾坚土		9439.67	1735.68	7703.99	15.36	0.71	7.06		
1-15			每增加50m		775.03	59.89	715.14	0.53		0.71		
1-16	挖土机挖土	一般土			4804.56	1789.92	3014.64	15.84	0.26		2.64	
1-17		砂砾坚土			6356.73	2366.22	3990.51	20.94	0.35		3.49	
1-18	挖土机挖土 自卸汽车运土	运距 1km以内	一般土		16659.08	2047.56	14611.52	18.12	0.30		3.02	18.96
1-19			砂砾坚土		19587.00	2664.54	16922.46	23.58	0.39		3.93	21.12
1-20		运距	每增加1km		3290.55		3290.55					5.59

工作内容：1.小型挖土机挖槽坑土方包括挖土,弃土于5 m以内,清理机下余土,人工清底修边。2.小型挖土机挖装槽坑土方包括挖土,装土,清理机下余土,人工清底修边。3.机械挖淤泥、流沙包括挖、装淤泥和流沙。4.机械平整场地包括厚度在±30 cm以内的就地挖、填、平整。5.原土碾压包括工作面内排水及机械碾压。6.填土碾压包括推平、洒水、机械碾压。

编号	项目		单位	预算基价				人工	材料	机				械	
				总价	人工费	材料费	机械费	综合工	水	推土机(综合)	挖掘机(综合)	平整机械(综合)	压路机(综合)	履带式推土机75kW	履带式单斗液压挖掘机0.3m³
				元	元	元	元	工日	m³	台班	台班	台班	台班	台班	台班
								113.00	7.62	835.04	1059.67	921.93	434.56	904.54	703.33
1-21	小型挖土机挖槽坑土方	一般土	10m³	119.71	93.79		25.92	0.83						0.003	0.033
1-22		砂砾坚土		124.84	93.79		31.05	0.83						0.004	0.039
1-23	小型挖土机挖装槽坑土方	一般土		159.31	93.79		65.52	0.83						0.039	0.043
1-24		砂砾坚土		166.45	93.79		72.66	0.83						0.043	0.048
1-25	机械挖淤泥、流沙		1000m³	12846.26	3743.69		9102.57	33.13			8.59				
1-26	机械平整场地		1000m²	631.65	226.00		405.65	2.00				0.44			
1-27	原土碾压			225.99	113.00		112.99	1.00					0.26		
1-28	填土碾压		1000m³	5296.30	1213.62	76.20	4006.48	10.74	10.00	0.77			7.74		

15

(3) 运土、泥、石

工作内容：包括装、运、卸土、泥、石。

编号	项目			单位	预算基价			人工	机	械	
					总价	人工费	机械费	综合工	机动翻斗车 1t	轮胎式装载机 1.5m³	自卸汽车（综合）
					元	元	元	工日	台班	台班	台班
								113.00	207.17	674.04	588.65
1-29	人机	运泥	运距 50 m 以内		174.77	133.34	41.43	1.18	0.20		
1-30			1 km 以内每增加 50 m		6.22		6.22		0.03		
1-31		运土	运距 200 m 以内		279.11	117.52	161.59	1.04	0.78		
1-32			2 km 以内每增加 200 m	10m³	26.93		26.93		0.13		
1-33	机械	装载机运土运石屑	运距 10 m 以内		40.44		40.44			0.06	
1-34			每增加 10 m		6.74		6.74			0.01	
1-35		装载机装土自卸汽车运土运距 1 km			161.59		161.59			0.10	0.16

2.石 方 工 程

工作内容： 1.人工挖基坑、沟槽石方包括开凿石方,打碎,修边检底,石方运出槽1m以外。2.人工打眼爆破基坑、沟槽石方包括布孔,打眼,准备炸药及装药,准备及添充填塞物,安爆破线,封锁爆破区,爆破前后的检查,爆破,清理岩石,撬开及破碎不规则的大石块,修理工具。

编号	项			目	单位	预 算 基 价		人 工
						总 价	人 工 费	综 合 工
						元	元	工日
								113.00
1-36				松 石		1331.14	1331.14	11.78
1-37	人 工 石 方			次 坚 石		1700.65	1700.65	15.05
1-38			基 坑	普 坚 石		3683.80	3683.80	32.60
1-39				松 石		881.40	881.40	7.80
1-40	人 工 打 眼 爆 破 石 方			次 坚 石	10m³	1117.57	1117.57	9.89
1-41				普 坚 石		1855.46	1855.46	16.42
1-42				松 石		959.37	959.37	8.49
1-43	人 工 石 方			次 坚 石		1224.92	1224.92	10.84
1-44			沟 槽	普 坚 石		2452.10	2452.10	21.70
1-45				松 石		823.77	823.77	7.29
1-46	人 工 打 眼 爆 破 石 方			次 坚 石		1041.86	1041.86	9.22
1-47				普 坚 石		1762.80	1762.80	15.60

17

3．土 方 回 填

工作内容： 1.回填土包括取土、回填及分层夯实。2.场地填土包括松填和夯填两项,松填土包括填土、找平,夯填土除填土外还应包括分层夯实。3.回填 2:8灰土包括拌和、回填、找平、分层夯实。4.素土夯实分为作用在基础下和作用在楼地面下两项,其工作内容均包括150 m以内运土,找平并 分层夯实。

编号	项目		单位	预 算 基 价				人工	材 料			机 械		
				总 价	人工费	材料费	机械费	综合工	黄土	白灰	水	电 动 夯实机 250N·m	挖掘机 （综合）	轮胎式 装载机 1.5m³
				元	元	元	元	工日	m³	kg	m³	台班	台班	台班
								113.00	77.65	0.30	7.62	27.11	1059.67	674.04
1-48	回填土	人 工		264.59	248.60		15.99	2.20				0.59		
1-49		机 械		178.33	82.49		95.84	0.73				0.59	0.034	0.065
1-50	场地填土	松 填		1019.94	88.14	931.80		0.78	12.00					
1-51		夯 填	10m³	1429.34	248.60	1164.75	15.99	2.20	15.00			0.59		
1-52	回 填 2:8 灰 土			2441.40	810.21	1535.35	95.84	7.17	13.25	1637.00	2.02	0.59	0.034	0.065
1-53	素土夯实	作用在基础下		1787.65	594.38	1179.99	13.28	5.26	15.00		2.00	0.49		
1-54		作用在楼地面下		1717.72	494.94	1209.50	13.28	4.38	15.38		2.00	0.49		

18

4．逆作暗挖土方工程

工作内容：土方暗挖并运至施工口外堆放,清理梁、板混凝土基面。

编号	项 目			单位	预 算 基 价			人 工	机	械
					总 价	人工费	机械费	综合工	机动翻斗车 1t	履带式单斗液压挖掘机 0.6m³
					元	元	元	工日	台班	台班
								135.00	207.17	825.77
1-55	人工暗挖土方	人 工 场 内 运 土 50 m 以 内	一 般 土	100m³	7470.90	7470.90		55.34		
1-56			砂 砾 坚 土		9497.25	9497.25		70.35		
1-57		运 距 每 增 加 20 m			202.50	202.50		1.50		
1-58	机械暗挖土方	机动翻斗车内部 运 土 50 m 以 内	一 般 土		2305.31	967.95	1337.36	7.17	5.14	0.33
1-59			砂 砾 坚 土		3667.99	2026.35	1641.64	15.01	6.25	0.42
1-60		运 距 每 增 加 20 m			142.95		142.95	0.69		

工作内容：材料拌和,粗细骨料拌和,找平,分层压实,砂浆调制,混凝土垫层包括原土夯实。

编号	项　　　目			单位	预　算　基　价				人　工	黄　土	白　灰
					总　价	人工费	材料费	机械费	综合工		
					元	元	元	元	工日	m³	kg
									113.00	77.65	0.30
1-61	灰　　　土		2:8	10m³	**2621.00**	1072.37	1535.35	13.28	9.49	13.25	1637.00
1-62			3:7		**2693.10**	1023.78	1656.04	13.28	9.06	11.64	2456.00
1-63	砂　　垫　　层				**2219.36**	501.72	1715.42	2.22	4.44		
1-64	干　　　铺	石　　屑			**2145.53**	554.83	1588.15	2.55	4.91		
1-65		毛　　石			**2948.37**	757.10	2176.63	14.64	6.70		
1-66		碎　　石			**2442.94**	698.34	1740.97	3.63	6.18		
1-67		混碴	带粗砂		**2381.79**	698.34	1679.82	3.63	6.18		
1-68			不带粗砂		**2310.24**	698.34	1608.27	3.63	6.18		
1-69	灌　　　浆	毛　　石			**3904.11**	1336.79	2447.28	120.04	11.83		
1-70		碎　　石			**3281.78**	1174.07	2026.64	81.07	10.39		
1-71	混凝土垫层	厚度 10 cm 以内			**6029.70**	1476.91	4535.20	17.59	13.07		
1-72		厚度 10 cm 以外			**5738.99**	1272.38	4453.42	13.19	11.26		

垫 层

材 料										机 械		
预拌混凝土 AC10	水 泥	砂 子	石 屑	毛 石	碴 石 19~25	混 碴 2~80	水	阻燃防火保温草袋片	水泥砂浆 M5	电动夯实机 250N·m	灰浆搅拌机 400L	小型机具
m³	kg	t	t	t	t	t	m³	m²	m³	台班	台班	元
430.17	0.39	87.03	82.88	89.21	87.81	83.93	7.62	3.34		27.11	215.11	
							2.02			0.49		
							2.02			0.49		
		19.448					3.00					2.22
			19.162									2.55
		3.890		20.604						0.54		
		4.104			15.759							3.63
		4.104				15.759						3.63
						19.162						3.63
	572.97	4.293		20.604			1.59		(2.69)	0.54	0.49	
	604.92	4.533			15.759		1.63		(2.84)		0.36	3.63
10.10							10.52	33.03		0.52		3.49
10.10							7.48	15.48		0.37		3.16

6.桩头处理

工作内容： 1.截、凿混凝土桩包括截、凿预制混凝土桩和灌注混凝土桩,清理并将混凝土块体运至坑外。2.桩头钢筋整理包括桩头钢筋梳理整形。

编号	项目	单位	预算基价				人工	材料	机械	
			总价	人工费	材料费	机械费	综合工	零星材料费	电动空气压缩机 10m³	综合机械
			元	元	元	元	工日	元	台班	元
							113.00		375.37	
1-73	截 桩	根	96.78	49.72		47.06	0.44		0.040	32.05
1-74	凿 桩		42.16	33.90		8.26	0.30		0.022	
1-75	截凿混凝土钻孔灌注桩	m³	271.60	132.21	61.94	77.45	1.17	61.94	0.120	32.41
1-76	桩头钢筋整理	根	5.65	5.65			0.05			

（注：1-73、1-74项目名称为"钢筋混凝土预制桩"）

22

第二章　桩与地基基础工程

说 明

一、本章包括预制桩、灌注桩、其他桩、地基处理、土钉与锚喷联合支护、挡土板、地下连续墙7节,共85条基价子目。

二、预制桩:

1. 打预制桩适用于陆地上垂直打桩,如在斜坡上、支架上或室内打桩时,基价中的人工工日、机械费乘以系数1.25。

2. 打预制桩是按打垂直桩编制的,如需打斜桩,其斜度小于1:6时,基价中的人工工日、机械费乘以系数1.25。斜度大于1:6时,基价中的人工工日、机械费乘以系数1.43。

3. 打预制混凝土桩项目中包括了桩帽的价值。

4. 打预制混凝土桩适用于黏性土及砂性土厚度在下列范围内的工程。

(1)砂性土连续厚度在3 m以内。

(2)砂性土断续累计厚度在5 m以内。

(3)砂性土断续累计厚度在桩长1/3以内。

砂性土厚度超出上述范围时,基价中的人工工日、机械费乘以系数1.40(砂性土是指粗中砂)。

5. 桩就位是按履带式起重机操作考虑的,如桩存放地点至桩位距离过大,需用汽车倒运时,按第四章预制混凝土构件运输相应项目执行。

6. 静力压方桩项目综合考虑了机械规格和桩断面因素,实际使用不同时不换算。当采用大于6000 kN压桩机时,可另行补充。

7. 静力压方桩项目综合考虑了直接和对接的电焊接桩工序,如设计要求采用钢板帮焊时,电焊条消耗量和电焊机台班消耗量乘以2.0,帮焊的钢板另行计算。

8. 静力压桩项目已包括接桩和3 m以内送桩工序(以自然地面标高为准)。送桩深度超过3 m时,每超过1 m(0.5 m以内忽略不计,0.5 m以外按1 m计算),基价中的人工工日、机械费乘以系数1.04。

三、灌注桩:

1. 旋挖钻机成孔灌注桩项目按湿作业成孔考虑。

2. 灌注桩的材料用量中充盈系数和材料损耗见下表。

灌注桩充盈系数和材料损耗率表

项 目 名 称	充 盈 系 数	损 耗 率
沉管桩机成孔灌注混凝土桩	1.15	1.5%
回旋(潜水)钻机钻孔灌注混凝土桩	1.20	1.5%
旋挖钻机成孔灌注混凝土桩	1.25	1.5%

3.钢筋笼子制作按第四章混凝土灌注桩钢筋笼项目计算。

4.本章未包括泥浆池制作基价项目,实际发生另行计算。

5.灌注桩后压浆注浆管、声测管埋设,材质、规格不同时可按设计要求换算,其余不变。

6.注浆管埋设项目按桩底注浆考虑,如设计采用侧向注浆,基价中的人工工日、机械费乘以系数1.20。

四、其他桩:

1.打钢板桩如需挖槽时,按第一章挖地槽相应基价项目计算。

2.打钢板桩基价中未含桩价值,如采用租赁方式其价值应包括钢板桩的租赁、运输、截割、调直、防腐以及损耗等,如为折旧、摊销方式,每打、拔一次按钢板桩价值的7%计取。

3.打拔槽钢或钢轨,按钢板桩项目其机械费乘以系数0.77,其他不变。

4.若单位工程的钢板桩工程量≤50 t时,基价中的人工工日、机械费乘以系数1.25。

5.水泥搅拌桩基价中水泥掺入比为10%,设计掺入比与基价不同时可执行水泥掺量每增加1%基价项目。

6.高压旋喷桩项目已综合接头处的复喷工料,高压旋喷桩的水泥设计要求与基价不同时按设计要求调整。

7.SMW工法搅拌桩水泥掺入量为20%,设计要求与基价不同时可按设计要求换算。

五、地基处理:

1.注浆地基所用的浆体材料用量应按照设计用量调整。

2.注浆项目中注浆管消耗量为摊销量,若为一次性使用可进行调整。

六、土钉与锚喷联合支护:

注浆项目中注浆管消耗量为摊销量,若为一次性使用可进行调整。

七、挡土板:

挡土板项目中,疏板是指间隔支挡土板且板间净空≤150 cm;密板是指满堂支挡土板或板间净空≤30 cm。

八、地下连续墙:

地下连续墙包括混凝土导墙,成槽,清底置换,安、拔接头管,水下混凝土灌注等项目。

地下连续墙护壁泥浆配合比参考表　　　　　　　　　　　　　　　　　　单位:m³

钠 质 膨 润 土 (kg)	纤 维 素 (kg)	铬铁木质素磺酸钠盐 (kg)	碳 酸 钠 (kg)	水 (m³)
80	1	1	4	1

注:以上配合比为基价采用配合比,设计要求与基价不同时可按设计要求调整。

工程量计算规则

一、预制桩：

1.打预制混凝土方桩按设计图示尺寸以桩断面面积乘以全桩长度以体积计算,桩尖的虚体积不扣除。混凝土管桩按桩长度计算,混凝土管桩项目基价中未包括空心填充所用的工、料。

2.预制混凝土方桩的送桩按桩截面面积乘以送桩深度以体积计算。预制混凝土管桩按送桩深度计算。送桩深度为打桩机机底至桩顶之间的距离,可按自然地面至设计桩顶距离另加 50 cm 计算。

3.预制混凝土接桩按设计图示数量计算。

4.静力压桩按设计图示尺寸以全桩长度计算。

5.打试桩工程的人工、机械、材料消耗量按设计要求计算。

二、灌注桩：

1.沉管桩成孔按打桩前自然地坪标高至设计桩底标高(不包括预制桩尖)的成孔长度乘以钢管外径截面积以体积计算。

2.沉管桩灌注混凝土按钢管外径截面积乘以设计桩长(不包括预制桩尖)另加超灌长度以体积计算。超灌长度设计有规定者,按设计要求计算,无规定者,按 50 cm 计算。

3.钻孔桩、旋挖桩成孔按打桩前自然地坪标高至设计桩底标高的成孔长度乘以设计桩径截面积以体积计算。

4.钻孔桩、旋挖桩灌注混凝土按设计桩径截面积乘以设计桩长(包括桩尖)另加超灌长度以体积计算。超灌长度设计有规定者,按设计要求计算,无规定者,按 50 cm 计算。

5.钻孔灌注桩设计要求扩底时,其扩底工程量按设计尺寸以体积计算,并入相应工程量内。

6.泥浆运输按成孔以体积计算。

7.注浆管、声测管埋设按打桩前的自然地坪标高至设计桩底标高另加 50 cm 以长度计算。

8.桩底(侧)后压浆按设计注入水泥用量以质量计算。

三、其他桩：

1.打、拔钢板桩工程量按桩的质量计算。

2.安拆导向夹具的工程量按设计图示轴线长度计算。

3.轨道式打桩机的 90°调面,按次数计算。

4.水泥搅拌桩按设计桩长加 50 cm 乘以桩截面面积以体积计算。其桩截面面积按一个单元为计算单位。

5.高压旋喷桩按设计桩长加 50 cm 乘以桩外径截面积以体积计算。

6.SMW 工法搅拌桩按设计图示尺寸以桩截面面积乘以桩长以体积计算。其桩截面面积按一个单元为计算单位,单元桩间距和单元桩截面面积按下表计算。

三轴搅拌桩桩截面面积表

桩 径 D (mm)	单元桩间距 L (mm)	单元桩截面面积 (m²)	图 示
850	1200	1.4949	

7. 插拔型钢按设计图示尺寸以质量计算。

8. 插拔型钢基价中型钢的租赁价值按实计算。

四、地基处理：

1. 强夯地基按实际夯击面积计算,设计要求重复夯击者,应累计计算。在强夯工程施工时,如设计要求有间隔期时,应根据设计要求的间隔期计算机械停滞费。

2. 分层注浆钻孔数量按设计图示以钻孔深度计算。注浆数量按设计图纸注明加固土体的体积计算。

3. 压密注浆钻孔数量按设计图示以钻孔深度计算。注浆数量按下列规定计算：

(1)设计图纸明确加固土体体积的,按设计图纸注明的体积计算。

(2)设计图纸以布点形式图示土体加固范围的,则按两孔间距的一般作为扩散半径,以布点边线各加扩散半径,形成计算平面计算注浆体积。

(3)如果设计图纸注浆点在钻孔灌注桩之间,按两注浆孔的一半作为每孔的扩散半径,以此圆柱体积计算注浆体积。

五、土钉与锚喷联合支护：

1. 砂浆土钉、砂浆锚杆的钻孔、灌浆,按设计文件或施工组织设计规定的钻孔深度以长度计算。

2. 喷射混凝土护坡按设计文件或施工组织设计规定尺寸以面积计算。

3. 钢筋、钢管锚杆按设计图示质量计算。

4. 锚头的制作、安装、张拉、锁定按设计图示数量计算。

六、挡土板：

挡土板按设计文件或施工组织设计规定的支挡范围以面积计算。

七、地下连续墙：

1. 地下连续墙的混凝土导墙按设计图示尺寸以体积计算,导墙所涉及的挖土、钢筋的工程量应按相应章节的计算规则计算。

2.地下连续墙的成槽按设计图示墙中心线长度乘以厚度再乘以槽深以体积计算。

3.地下连续墙的清底置换和安、拔接头管按施工方案规定以数量计算。

4.水下混凝土灌注按设计图示地下连续墙的中心线长度乘以高度(加超灌高度)再乘以厚度以体积计算。超灌高度设计有规定者,按设计要求计算,无规定者,按1倍墙厚计算。

5.凿地下连续墙超灌混凝土按墙体断面面积乘以超灌高度以体积计算。

1.预

工作内容: 准备、移动打桩机械,桩吊装定位,打桩,打拔送桩,接桩。

编号	项 目			单位	预　算　基　价				人工	混凝土方桩	混凝土管桩	预 拌 混 凝 土 AC35
					总　价	人工费	材料费	机械费	综合工			
					元	元	元	元	工日	m³	m	m³
									135.00			487.45
2-1	预制混凝土桩制作	方　　桩		10m³	6384.71	1375.65	5009.06		10.19			10.10
2-2		桩　　尖			8165.48	3122.55	5042.93		23.13			10.15
2-3	预 制 混 凝 土 方 桩	打　　桩		m³	2225.55	641.25	437.59	1146.71	4.75	(10.00)		
2-4		打 拔 送 桩			458.77	253.80	16.16	188.81	1.88			
2-5	预 制 混 凝 土 管 桩	D=400	打　　桩	100m	2178.30	607.50	74.85	1495.95	4.50		(100.00)	
2-6			打 拔 送 桩	10m	618.47	346.95	9.28	262.24	2.57			
2-7		D=500	打　　桩	100m	2433.35	668.25	113.48	1651.62	4.95		(100.00)	
2-8			打 拔 送 桩	10m	966.29	542.70	14.49	409.10	4.02			
2-9		D=600	打　　桩	100m	2544.52	687.15	154.06	1703.31	5.09		(100.00)	
2-10			打 拔 送 桩	10m	1295.34	730.35	19.53	545.46	5.41			
2-11	接　　桩	电焊连接	桩 断 面 在 400×400 以内	个	92.02	29.70	35.62	26.70	0.22			
2-12			桩 断 面 在 450×450 以内		245.11	79.65	97.22	68.24	0.59			
2-13			桩 断 面 在 500×500 以内		494.34	164.70	259.92	69.72	1.22			

30

制　桩

材							料					机			械
水	阻燃防火保温草袋片	硬杂木锯材二类	热轧等边角钢 63×6	普碳钢板 ≥8	普碳钢板 11~13	电焊条	垫铁 2.0~7.0	零星材料费	打桩损耗费	制作损耗费	柴油打桩机（综合）	履带式起重机 15t	气焊设备 0.8m³	电焊机（综合）
m³	m²	m³	t	t	t	kg	kg	元	元	元	台班	台班	台班	台班
7.62	3.34	4015.45	3767.43	3673.05	3646.26	7.59	2.76				1048.97	759.77	8.37	74.17
8.38	2.76									12.74				
7.05	0.36	0.006								16.30				
								121.34	316.25		0.76	0.46		
								16.16			0.18			
								53.25	21.60		0.99	0.59	1.10	
								9.28			0.25			
								83.18	30.30		1.09	0.65	1.72	
								14.49			0.39			
								112.06	42.00		1.12	0.67	2.32	
								19.53			0.52			
			0.008			0.65	0.20							0.36
				0.0225		1.80	0.33							0.92
					0.0599	5.32	0.41							0.94

工作内容: 准备压桩机具、移动压桩机、桩吊装定位,校正、接桩、割吊环、压桩、送桩。

编号	项			目	单位	预 算 基 价				人 工
						总 价	人 工 费	材 料 费	机 械 费	综合工
						元	元	元	元	工日
										135.00
2-14	静 力 压 桩	桩 机 能 力 (kN)	4000	管桩桩径 (mm) $D=400$	100m	**2166.03**	349.65	36.98	1779.40	2.59
2-15			5000	$D=500$		**2583.97**	390.15	52.34	2141.48	2.89
2-16			6000	$D=600$		**2996.86**	437.40	62.99	2496.47	3.24
2-17			4000	方桩断面 (mm) 350×350		**1461.69**	236.25	47.37	1178.07	1.75
2-18			5000	400×400		**1641.16**	260.55	54.06	1326.55	1.93
2-19			6000	450×450		**1793.75**	280.80	60.90	1452.05	2.08

32

材		料		机			械		
混凝土管桩	混凝土方桩	电 焊 条	零星材料费	静力压桩机 4000kN	静力压桩机 5000kN	静力压桩机 6000kN	履带式起重机 25t	电焊条烘干箱 800×800×1000	电 焊 机 （综合）
m	m	kg	元	台班	台班	台班	台班	台班	台班
		7.59		3597.03	3660.71	3755.79	824.31	51.03	74.17
（100.00）		3.79	8.21	0.41			0.34	0.076	0.276
（100.00）		5.48	10.75		0.49		0.38	0.112	0.388
（100.00）		6.58	13.05			0.56	0.43	0.132	0.432
	（100.00）	4.97	9.65	0.28			0.17	0.100	0.346
	（100.00）	5.67	11.02		0.31		0.19	0.114	0.395
	（100.00）	6.39	12.40			0.33	0.21	0.128	0.445

工作内容：1.准备打桩机具,移动打桩机,桩位校测,打钢管成孔,拔钢管。2.准备打桩机具、铺拆轨道、移动就位,转向钻孔机及上料设备。3.护筒埋设压浆、清孔等。5.预拌混凝土灌注,安、拆导管及漏斗。

编号	项目			单位	预算基价				人工	材料			
					总价	人工费	材料费	机械费	综合工	黏土	低合金钢焊条E43系列	预拌混凝土AC30	垫木
					元	元	元	元	工日	m³	kg	m³	m³
									135.00	53.37	12.29	472.89	1049.18
2-20	沉管桩成孔	桩长	12		1734.92	758.70	56.30	919.92	5.62				0.030
2-21	（振动式）	（m以内）	25		1357.09	589.95	57.80	709.34	4.37				0.030
2-22	潜水钻机成孔		800		3392.16	1404.00	338.23	1649.93	10.40				
2-23			800		2973.80	849.15	359.74	1764.91	6.29	0.668	1.12		0.085
2-24	回旋钻机钻桩孔	桩径	1200		1931.98	649.35	288.38	994.25	4.81	0.417	0.98		0.043
2-25		（mm以内）	1500	10m³	1545.06	515.70	239.93	789.43	3.82	0.290	0.84		0.040
2-26	旋挖钻机成孔		1000		3016.08	729.00	220.89	2066.19	5.40	0.610	1.12		
2-27			1500		2472.45	495.45	206.64	1770.36	3.67	0.510	0.98		
2-28	灌注混凝土	沉管成孔			5825.93	291.60	5534.33		2.16			11.673	
2-29		回旋(潜水)钻孔			6250.64	476.55	5774.09		3.53			12.180	
2-30		旋挖钻孔			6210.07	195.75	6014.32		1.45			12.688	

及拆除;安拆泥浆系统,造浆;准备钻具,钻机就位;钻孔、出渣、提钻、压浆、清孔等。4.护筒埋设及拆除,钻机就位,钻孔、提钻、出渣、渣土清理堆放,造浆、

料		机											械	
水	零星材料费	振动沉拔桩机 400kN	潜水钻孔机 D1250	回旋钻机 1000mm	回旋钻机 1500mm	履带式单斗液压挖掘机 1m³	履带式旋挖钻机 1000mm	履带式旋挖钻机 1500mm	履带式起重机 40t	汽车式起重机 12t	载货汽车 8t	电动单级离心清水泵 DN100	泥浆泵 DN100	交流弧焊机 32kV·A
m³	元	台班	台班	台班	台班	台班	台班	台班	台班	台班	台班	台班	台班	台班
7.62		1108.34	679.38	699.76	723.10	1159.91	1938.46	2612.95	1302.22	864.36	521.59	34.80	204.13	87.97
	24.82	0.83												
	26.32	0.64												
42.97	10.80		1.15							0.15	0.89	1.15	1.150	
27.60	10.83			1.937									1.937	0.16
26.56	6.58				1.059								1.059	0.14
22.10	3.76				0.840								0.840	0.12
19.80	23.69					0.07	0.72		0.39				0.330	0.16
19.40	19.55					0.07		0.49	0.27				0.220	0.14
	14.29													
	14.29													
	14.29													

工作内容：1.装卸泥浆、清理现场等。2.声测管制作,焊接,埋设安装,清洗管道等。3.注浆管制作,焊接,埋设安装,清洗管道等。4.准备机具,浆液配

编号	项目	单位	预算基价				人工	材料				
			总价	人工费	材料费	机械费	综合工	水泥 42.5级	低合金钢焊条 E43系列	钢管 $D60 \times 3.5$	接头管箍	钢制波纹管 $DN60$
			元	元	元	元	工日	kg	kg	m	个	m
							135.00	0.41	12.29	47.72	12.98	236.09
2-31	泥浆运输 运距在 5 km 以内	10m³	1775.69	986.85		788.84	7.31					
2-32	每增加 1 km		69.62			69.62						
2-33	灌注桩声测管埋设 钢管	100m	5512.72	133.65	5379.07		0.99			106.00	17.00	
2-34	钢制波纹管		25565.28	133.65	25431.63		0.99					106.00
2-35	塑料管		4006.12	114.75	3891.37		0.85					
2-36	注浆管埋设		2093.55	270.00	1790.59	32.96	2.00		2.50			
2-37	桩底(侧)后压浆	t	1030.93	421.20	466.97	142.76	3.12	1020.00				

置,压注浆等。

				料							机			械	
塑料管	套接管 DN60	防尘盖	底盖	密封圈	镀锌钢丝 D1.2	乙炔气 5.5~6.5kg	氧气 6m³	无缝钢管 D32×2.5	水	电动灌浆机 3m³/h	泥浆罐车 5000L	灰浆搅拌机 200L	泥浆泵 DN50	交流弧焊机 32kV·A	管子切断机 DN250
m	个	个	个	个	kg	m³	m³	m	m³	台班	台班	台班	台班	台班	台班
32.88	25.50	1.73	1.73	4.33	7.20	16.13	2.88	16.51	7.62	25.28	511.90	208.76	43.76	87.97	43.71
											1.488		0.62		
											0.136				
		3.00	1.00	15.00	3.92										
	12.00	3.00	1.00	15.00	3.92										
106.00	12.00	3.00	1.00	15.00	3.92										
						0.49	0.66	106.00						0.32	0.11
									6.40		0.61		0.61		

3.其 他 桩

工作内容：1.打、拔钢板桩,接桩。2.打导桩、安拆导向夹木。3.轨道式桩架90°调面。

编号	项目			单位	预 算 基 价				人工	材 料			机 械			
					总 价	人工费	材料费	机械费	综合工	钢板桩	铁件	零星材料费	振动沉拔桩机400kN	柴油打桩机（综合）	履带式柴油打桩机2.5t	履带式起重机15t
					元	元	元	元	工日	t	kg	元	台班	台班	台班	台班
									135.00		9.49		1108.34	1048.97	888.97	759.77
2-38	打、拔钢板桩	桩长	6m以内	10t	13720.42	5595.75	111.93	8012.74	41.45	(10.00)		111.93	2.38		3.26	3.26
2-39			10m以内		9463.53	3851.55	111.93	5500.05	28.53	(10.00)		111.93	1.66		2.22	2.22
2-40			15m以内		7152.44	2917.35	111.93	4123.16	21.61	(10.00)		111.93	1.34		1.60	1.60
2-41			15m以外		6117.66	2520.45	111.93	3485.28	18.67	(10.00)		111.93	1.30		1.24	1.24
2-42	安、拆导向夹具			100m	1131.11	379.35	396.17	355.59	2.81		4.00	358.21			0.40	
2-43	轨道打桩机平地90°调面			次	1454.70	729.00	159.26	566.44	5.40			159.26		0.54		

工作内容： 1.桩机就位,预搅下沉,拌制水泥浆或筛水泥粉,喷水泥浆或水泥粉并搅拌上升,重复上、下搅拌,移位。2.准备机具,移动桩机,定位,校测,钻孔,调制水泥浆,喷射装置应位,分层喷射注浆。3.准备工作,安装、拆除插拔型钢机具,刷减摩剂,插拔型钢。

编号	项目		单位	预算基价				人工	材料					料
				总价	人工费	材料费	机械费	综合工	型钢	水泥 42.5级	水	方木	三乙醇胺	氯化钙
				元	元	元	元	工日	t	kg	m³	m³	kg	kg
								135.00	0.41	7.62	3266.74	17.11	1.20	
2-44	水泥搅拌桩	水泥掺量 10%	10m³	1802.44	318.60	842.24	641.60	2.36		1918.00	3.20			
2-45		水泥掺量每增加1%		77.03		77.03				173.00	0.80			
2-46	高压旋喷水泥桩	钻 孔	100m	4257.52	1131.30	93.25	3032.97	8.38						
2-47		单 重 管	10m³	2938.29	749.25	1825.42	363.62	5.55		2550.00	55.00		1.420	94.000
2-48		双 重 管		3511.19	841.05	2015.48	654.66	6.23		3060.00	56.00		1.306	87.098
2-49		三 重 管		4360.94	866.70	2634.33	859.91	6.42		4641.00	57.00		1.153	77.500
2-50	型钢水泥土搅拌墙	SMW工法搅拌桩φ850（水泥掺入比20%）		2204.86	579.15	1297.07	328.64	4.29		2815.51	6.30	0.010		
2-51		插 拔 型 钢	t	1459.40	203.85	786.09	469.46	1.51	(1.05)			0.002		

编号	项目		单位	材料									履带式单斗液压挖掘机 0.6m³
				水玻璃	减摩剂	电焊条	氧气 6m³	乙炔气 5.5~6.5kg	型钢损耗费	零星材料费	钢板摊销费	场外运费	
				kg	kg	kg	m³	m³	元	元	元	元	台班
				2.38	16.17	7.59	2.88	16.13					825.77
2-44	水泥搅拌桩	水泥掺量10%	10m³							31.48			
2-45		水泥掺量每增加1%											
2-46		钻孔	100m							93.25			
2-47	高压旋喷水泥桩	单重管		94.000									
2-48		双重管	10m³	87.098									
2-49		三重管		77.500									
2-50	型钢水泥土搅拌墙	SMW工法搅拌桩φ850（水泥掺入比20%）								57.68	4.36		0.104
2-51		插拔型钢	t		15.00	5.165	2.582	1.123	240.84	32.80		198.61	

机								械								
三轴拌桩机	泥浆泵DN100	履带式起重机25t	工程地质液压钻机	汽车式起重机25t	灰浆搅拌机200L	灰浆输送泵3m³/h	液压泵车	液压注浆泵	电动多级离心清水泵DN100	油压千斤顶200t	交流弧焊机42kV·A	电动空气压缩机10m³	单重管旋喷机	双重管旋喷机	三重管旋喷机	设备摊销费
台班	台班	台班	台班	台班	台班	台班	台班	台班	台班	台班	台班	台班	台班	台班	台班	元
762.04	204.13	824.31	702.48	1098.98	208.76	222.95	293.94	219.23	159.61	11.50	122.40	375.37	624.46	673.67	756.84	
0.592					0.592	0.300										
	3.000		3.00		1.500											
					0.300			0.30	0.300				0.300			
					0.400			0.40	0.400				0.400	0.400		
					0.500			0.50	0.500				0.500		0.500	
0.104					0.208	0.208			0.104				0.104			18.07
		0.209		0.209				0.184			0.368	0.075				

4. 地 基

工作内容： 1.槽底清理,夯锤就位、打夯,夯后平整(以夯一遍为准)。2.定位、钻孔、注护壁泥浆、配置浆液、插入注浆导管,分层劈裂注浆,检测注浆效果。

编号	项 目			单位	预 算 基 价				人 工	材		
					总 价	人工费	材料费	机械费	综合工	塑料注浆管	注浆管	水
					元	元	元	元	工日	m	kg	m³
									135.00	12.65	6.06	7.62
2-52	强夯地基	夯击能(kN·m)	1200 以内	100m²	**1087.47**	340.20	11.47	735.80	2.52			
2-53			1200～2000		**1939.83**	669.60	11.47	1258.76	4.96			
2-54	分层注浆	钻 孔		100m	**4677.62**	1092.15	1794.49	1790.98	8.09	100.00		12.00
2-55		注 浆		10m³	**635.58**	346.95	278.52	10.11	2.57			
2-56	压密注浆	钻 孔		100m	**4917.91**	2887.65	484.80	1545.46	21.39		80.00	
2-57		注 浆		10m³	**498.93**	325.35	89.33	84.25	2.41			

处 理

3.定位、钻孔,注护壁泥浆,配置浆液、插入注浆管,压密注浆,检测注浆效果。

			料						机			械	
膨润土	水泥 32.5级	水泥 42.5级	粉煤灰	促进剂 KA	水玻璃	零星材料费	强夯机械 1200kN·m	强夯机械 2000kN·m	推土机（综合）	工程地质液压钻机	泥浆泵 DN50	电动灌浆机 3m³/h	灰浆搅拌机 200L
kg	kg	kg	kg	kg	kg	元	台班	台班	台班	台班	台班	台班	台班
0.39	0.36	0.41	0.10	0.61	2.38		916.86	1195.22	835.04	702.48	43.76	25.28	208.76
						11.47	0.42		0.42				
						11.47		0.62	0.62				
1123.20										2.40	2.40		
		1.091	803.00	103.00	56.70							0.40	
											2.20		
0.796			700.00		8.00							0.36	0.36

工作内容： 钻孔机具安、拆,钻孔,安、拔防护套管,搅拌灰浆及混凝土,灌浆,浇捣端头锚固件保护混凝土。

编号	项目			单位	预 算 基 价				人 工	材 料	
					总 价	人 工 费	材 料 费	机 械 费	综合工	预拌混凝土 AC25	水 泥
					元	元	元	元	工日	m³	kg
									135.00	461.24	0.39
2-58	砂 浆 土 钉 （钻孔灌浆）	土 层			5780.69	2054.70	540.28	3185.71	15.22		1042.02
2-59			100		3762.78	1304.10		2458.68	9.66		
2-60	土 层 锚 杆 机 械 钻 孔		150		4312.47	1502.55		2809.92	11.13		
2-61		孔 径 （mm以内）	200	100m	4862.16	1701.00		3161.16	12.60		
2-62			100		1381.04	315.90	901.31	163.83	2.34	0.101	1653.57
2-63	土 层 锚 杆 锚 孔 注 浆		150		1667.00	394.20	1108.97	163.83	2.92	0.129	2042.06
2-64			200		2589.36	511.65	1867.07	210.64	3.79	0.169	3517.84

喷联合支护

料					机			械		
砂 子	高压胶管 D50	耐压胶管 D50	水	水泥砂浆 1:1	锚杆钻孔机 D32	工程地质液压钻机	气动灌浆机	电动灌浆机 $3m^3/h$	灰浆搅拌机 200L	内燃单级离心清水泵 DN50
t	m	m	m^3	m^3	台班	台班	台班	台班	台班	台班
87.03	17.31	22.50	7.62		1966.77	702.48	11.17	25.28	208.76	37.81
1.284		0.80	0.544	(1.266)	1.30		2.00		2.00	5.00
						3.50				
						4.00				
						4.50				
2.037	1.50		0.864	(2.009)				0.70	0.70	
2.516	1.50		1.067	(2.481)				0.70	0.70	
4.334	1.50		1.838	(4.274)				0.90	0.90	

工作内容： 1.钢筋锚杆制作、安装。 2.钢管锚杆制作、安装。 3.围檩制作、安装、拆除。 4.基层清理，喷射混凝土，收回弹料，找平面层。 5.锚头制作、安

编号	项目	单位	预算基价				人工	材							
			总价	人工费	材料费	机械费	综合工	预拌混凝土 AC25	耐压胶管 D50	螺纹钢 D25以外	焊接钢管	镀锌钢丝 D0.7	镀锌钢丝 D4	六角螺母	型钢（综合）
			元	元	元	元	工日	m³	m	t	t	kg	kg	套	t
							135.00	461.24	22.50	3789.90	4230.02	7.42	7.08	0.33	3792.61
2-65	钢筋锚杆(土钉)制作、安装		50554.64	5506.65	39499.83	5548.16	40.79			10.25		21.80			
2-66	钢管锚杆(土钉)制作、安装	10t	53843.97	4753.35	43660.34	5430.28	35.21				10.20	19.60			
2-67	围檩安装、拆除		7232.69	1417.50	4528.23	1286.96	10.50						2.30		0.86
2-68	喷射混凝土护坡 初喷50mm厚	100m²	4237.70	1335.15	2480.44	422.11	9.89	5.101	1.86						
2-69	每增减10mm		816.43	243.00	491.32	82.11	1.80	1.010	0.37						
2-70	锚头制作、安装、张拉、锁定	10套	3891.48	1459.35	1825.68	606.45	10.81						2.00	20.40	

装、张拉、锁定。

料									机 械										
低合金钢焊条E43系列	低碳钢焊条(综合)	钢板(综合)	板枋材	垫铁2.0~7.0	钢筋D10以内	氧气6m^3	乙炔气5.5~6.5kg	水	汽车式起重机8t	载货汽车4t	电动空气压缩机10m^3	交流弧焊机32kV·A	对焊机75kV·A	钢筋弯曲机D40	钢筋切断机D40	管子切断机DN250	卷扬机电动单筒慢速10kN	油压千斤顶200t	混凝土湿喷机5m^3/h
kg	kg	t	m^3	kg	t	m^3	m^3	m^3	台班	台班	台班	台班	台班	台班	台班	台班	台班	台班	台班
12.29	6.01	3876.58	2001.17	2.76	3970.73	2.88	16.13	7.62	767.15	417.41	375.37	87.97	113.07	26.22	42.81	43.71	199.03	11.50	405.21
40.00									6.30		2.50	1.00		0.20	0.90		1.70		
30.00									6.30			1.80				2.300	1.70		
29.90			0.40	3.10		7.700	3.201		0.30	2.30		1.10							
								11.26			0.52								0.56
								2.25			0.10								0.11
		28.00	0.35		0.061	3.498	1.700		0.60			1.40						2.00	

工作内容：制作、运输、安装及拆卸。

编号	项 目			单位	预　算　基　价			人　工
					总　价	人　工　费	材　料　费	综　合　工
					元	元	元	工日
								135.00
2-71	木 挡 土 板	疏 板	木　撑	100m²	**2777.49**	1498.50	1278.99	11.10
2-72			钢　撑		**1955.02**	1146.15	808.87	8.49
2-73		密 板	木　撑		**3512.08**	1930.50	1581.58	14.30
2-74			钢　撑		**2503.42**	1470.15	1033.27	10.89
2-75	钢 挡 土 板	疏 板	木　撑		**2523.28**	1518.75	1004.53	11.25
2-76			钢　撑		**1863.36**	1155.60	707.76	8.56
2-77		密 板	木　撑		**3060.33**	1930.50	1129.83	14.30
2-78			钢　撑		**2301.24**	1489.05	812.19	11.03

48

土 板

材					料		
原　　木	板 枋 材	页 岩 标 砖 240×115×53	扒　钉	钢　丝 D3.5	脚 手 架 钢 管	扣　件	钢 挡 土 板
m³	m³	千块	kg	kg	t	个	kg
1686.44	2001.17	513.60	8.58	5.80	4163.67	6.45	6.66
0.226	0.291	0.188	22.140	5.00			
	0.315	0.188			0.017	1.730	
0.231	0.462		26.780	6.50			
	0.473				0.018	1.825	
0.221	0.063	0.160					63.60
	0.060	0.160			0.017	1.730	63.60
0.231	0.063						92.22
	0.058				0.017	1.730	92.22

工作内容： 1.导墙制作。2.准备成槽机具，移机就位，钻机成槽，泥浆护壁。3.安、拔接头管。4.浇筑混凝土连续墙。5.混凝土凿除。

编号	项目	单位	预算基价				人工	材							
			总价	人工费	材料费	机械费	综合工	预拌混凝土 AC20	水泥	砂子	页岩标砖 240×115×53	水	护壁泥浆	铁件	铁钉
			元	元	元	元	工日	m³	kg	t	千块	m³	m³	kg	kg
							135.00	450.56	0.39	87.03	513.60	7.62	57.75	9.49	6.68
2-79	混凝土导墙		11143.82	4106.70	6916.91	120.21	30.42	10.15	213.03	1.243	2.34	9.34			4.94
2-80	抓斗成槽	10m³	7016.64	2459.70	635.25	3921.69	18.22						11.00		
2-81	多头钻成槽		9528.01	4075.65	693.00	4759.36	30.19						12.00		
2-82	清底置换	段	4158.69	2376.00	104.74	1677.95	17.60								
2-83	安、拔接头管		7003.67	3982.50	235.67	2785.50	29.50								
2-84	水下混凝土灌注	10m³	6932.03	1325.70	5555.30	51.03	9.82	12.15				6.00		3.60	
2-85	凿超灌混凝土		2501.16	2295.00		206.16	17.00								

连续墙

圆帽螺栓 M4×(25~30) 套	零星材料费 元	钢模板周转费 元	木模板周转费 元	水泥砂浆 M7.5 m³	汽车式起重机 8t 台班	履带式起重机 15t 台班	载货汽车 6t 台班	灰浆搅拌机 200L 台班	木工圆锯机 D500 台班	导杆式液压抓斗成槽机 台班	泥浆制作循环设备 台班	多头钻成槽机 台班	电动空气压缩机 0.6m³ 台班	电动空气压缩机 10m³ 台班	泥浆泵 DN100 台班	锁口管顶升机 台班	综合机械 元
0.19					767.15	759.77	461.82	208.76	26.53	4136.84	1154.56	3425.79	38.51	375.37	204.13	574.80	
	68.46	429.02	348.99	(0.81)	0.04		0.13	0.14	0.01								
										0.69	0.69						270.62
												0.98	0.98				270.62
	104.74					1.33							2.66		2.66		22.03
	235.67					2.65										1.30	24.87
5.84															0.25		
														0.414			50.76

第三章 砌 筑 工 程

说　明

一、本章包括砌基础、砌墙、其他砌体、墙面勾缝4节,共110条基价子目。

二、基础与墙(柱)身的划分:

1.基础与墙(柱)身使用同一种材料时,以首层设计室内地坪为界(有地下室者,以地下室室内设计地坪为界),以下为基础,以上为墙(柱)身。

2.基础与墙(柱)身使用不同材料时,位于设计室内地坪高度≤±300 mm时,以不同材料为分界线,高度>±300 mm时,以设计室内地坪为分界线。

3.砖砌地沟不分墙基和墙身,按不同材质合并工程量套用相应项目。

4.围墙以设计室外地坪为界线,以下为基础,以上为墙身。

三、本章砌页岩标砖墙基价中综合考虑了除单砖墙以外不同的墙厚、内墙与外墙、清水墙和混水墙的因素,若砌清水墙占全部砌墙比例大于45%,则人工工日乘以系数1.10。单砖墙应单独计算,执行相应基价项目。

四、本章基价中部分砌体的砌筑砂浆强度为综合强度等级,使用时不予换算。

五、本章基价中的预拌砂浆强度等级分别按M7.5、M15考虑,设计要求预拌砂浆强度等级与基价中不同时按设计要求换算。

六、砌墙基价中未含墙体加固钢筋,砌体内采用钢筋加固者,按设计要求计算其质量,执行第四章中墙体加固钢筋基价项目。

七、砌页岩标砖墙基价中已综合考虑了不带内衬的附墙烟囱,带内衬的附墙烟囱,执行第九章相应项目。

八、本章贴砌页岩标砖墙指墙体外表面的砌贴砖墙。

九、页岩空心砖墙基价中的空心砖规格为240 mm×240 mm×115 mm,设计规格与基价不同时,按设计要求调整。

十、砌块墙基价中砌块消耗量中未包括改锯损耗。如有发生,另行计算。

十一、加气混凝土墙基价中未考虑砌页岩标砖,设计要求砌页岩标砖执行相应项目另行计算。

十二、保温轻质砂加气砌块墙基价中未含铁件或拉结件,设计要求使用铁件或拉结件时另行计算。

十三、页岩标砖零星砌体指页岩标砖砌小便池槽、明沟、暗沟、隔热板带等。

十四、页岩标砖砌地垄墙按页岩标砖砌地沟基价执行,页岩标砖墩按页岩标砖方形柱基价执行。

工程量计算规则

一、页岩标砖基础、毛石基础按设计图示尺寸以体积计算,包括附墙垛基础宽出部分体积,扣除钢筋混凝土地梁(圈梁)、构造柱所占体积,不扣除基础大放脚T形接头处的重叠部分及嵌入基础内的钢筋、铁件、管道、基础砂浆防潮层和单个面积0.3 m²以内的孔洞所占体积,靠墙暖气沟的挑檐不增加。基础长度:外墙按外墙中心线长度,内墙按内墙净长线计算。砌页岩标砖基础大放脚增加断面面积按下表计算。

放 脚 层 数	增 加 断 面 面 积		放 脚 层 数	增 加 断 面 面 积	
	等 高	不 等 高		等 高	不 等 高
一	0.01575	0.01575	四	0.15750	0.12600
二	0.04725	0.03938	五	0.23625	0.18900
三	0.09450	0.07875	六	0.33075	0.25988

二、实心页岩标砖墙、空心砖墙、多孔砖墙、各类砌块墙、毛石墙等墙体均按设计图示尺寸以体积计算。扣除门窗洞口、过人洞、空圈、嵌入墙内的钢筋混凝土柱、梁、圈梁、挑梁、过梁及凹进墙内的壁龛、管槽、暖气槽、消火栓箱所占体积。不扣除梁头、外墙板头、檩头、垫木、木楞头、沿缘木、木砖、门窗走头、页岩标砖墙内页岩标砖平碹、页岩标砖拱碹、页岩标砖过梁、加固钢筋、木筋、铁件、钢管及单个面积 0.3 m^2 以内的孔洞所占体积。凸出墙面的腰线、挑檐、压顶、窗台线、虎头砖、门窗套的体积亦不增加，凸出墙面的垛并入墙体体积内。

附墙烟囱（包括附墙通风道）按其外形体积计算，并入所依附的墙体体积内。

1.墙长度：外墙按中心线计算，内墙按净长计算。

2.墙高度：

(1)外墙：斜(坡)屋面无檐口天棚者算至屋面板底；有屋架且室内外均有天棚者算至屋架下弦底另加200 mm；无天棚者算至屋架下弦底另加300 mm，出檐宽度超过600 mm时，按实砌高度计算；有钢筋混凝土楼板隔层者算至板顶；平屋面算至钢筋混凝土板底。

(2)内墙：位于屋架下弦者，算至屋架下弦底；无屋架者算至天棚底另加100 mm；有钢筋混凝土楼板隔层者算至楼板顶；有框架梁时算至梁底。

(3)女儿墙：从屋面板上表面算至女儿墙顶面(如有混凝土压顶时算至压顶下表面)。

(4)内、外山墙：按其平均高度计算。

(5)围墙：高度从基础顶面起算至压顶上表面(如有混凝土压顶时算至压顶下表面)，与墙体为一体的页岩标砖砌围墙柱并入围墙体积内计算。

(6)砌地下室墙不分基础和墙身，其工程量合并计算，按砌墙基价执行。

3.页岩标砖墙厚度按下表计算。

页岩标砖墙厚度计算表

墙 厚 （砖）	$\frac{1}{4}$	$\frac{1}{2}$	$\frac{3}{4}$	1	$1\frac{1}{2}$	2	$2\frac{1}{2}$	3
计算厚度 （mm）	53	115	180	240	365	490	615	740

三、空花墙按设计图示尺寸以空花部分外形体积计算，不扣除空花部分体积。

四、实心页岩标砖柱、页岩标砖零星砌体按设计图纸尺寸以体积计算。扣除混凝土及钢筋混凝土梁垫、梁头、板头所占体积。页岩标砖柱不分柱基和柱身,其工程量合并计算,按页岩标砖柱基价执行。

五、石柱按设计图示尺寸以体积计算。

六、页岩标砖半圆碹、毛石护坡、页岩标砖台阶等其他砌体均按设计图示尺寸以实体积计算。

七、弧形阳角页岩标砖加工按长度计算。

八、附墙烟囱、通风道水泥管按设计要求以长度计算。

九、平墁页岩标砖散水按设计图示尺寸以水平投影面积计算。

十、墙面勾缝按设计图示尺寸以墙面垂直投影面积计算,应扣除墙面和墙裙抹灰面积,不扣除门窗套和腰线等零星抹灰及门窗洞口所占面积,但垛、门窗洞口侧面和顶面的勾缝面积亦不增加。

十一、独立柱、房上烟囱勾缝,按设计图示外形尺寸以展开面积计算。

工作内容:调、运砂浆,运、砌页岩标砖、石。

编号	项目		单位	预 算 基 价				人 工	干拌砌筑砂浆 M7.5
				总 价	人工费	材料费	机械费	综合工	
				元	元	元	元	工日	t
								135.00	318.16
3-1	页 岩 标 砖 基 础	现场搅拌砂浆	10m³	5118.83	1777.95	3256.99	83.89	13.17	
3-2		干拌砌筑砂浆		5875.57	1668.60	4097.67	109.30	12.36	4.39
3-3		湿拌砌筑砂浆		5053.54	1549.80	3503.74		11.48	
3-4	毛 石 基 础	现场搅拌砂浆		4648.62	1896.75	2627.11	124.76	14.05	
3-5		干拌砌筑砂浆		5904.16	1694.25	4026.89	183.02	12.55	7.31
3-6		湿拌砌筑砂浆		4605.37	1567.35	3038.02		11.61	
3-7	页 岩 标 砖 基 础 上 抹 预 拌 砂 浆 防 潮 层	干拌抹灰砂浆	100m²	2854.20	1232.55	1519.97	101.68	9.13	
3-8		湿拌抹灰砂浆		2197.89	1155.60	1042.29		8.56	

基　础

材料										机　械	
湿拌砌筑砂浆 M7.5	干拌抹灰砂浆 M15	湿拌抹灰砂浆 M15	页岩标砖 240×115×53	毛　石	水　泥	砂　子	水	防水粉	基础用砂浆	灰浆搅拌机 400L	干混砂浆罐式搅拌机
m³	t	m³	千块	t	kg	t	m³	kg	m³	台班	台班
343.43	342.18	422.75	513.60	89.21	0.39	87.03	7.62	4.21		215.11	254.19
			5.236		629.08	3.613	1.05		(2.36)	0.39	
			5.236				1.54				0.43
2.36			5.236				0.53				
				18.887	1047.58	6.017	1.31		(3.93)	0.58	
				18.887			2.13				0.72
3.93				18.887			0.45				
	4.09						0.94	26.91			0.40
		2.20						26.66			

工作内容：1.调、运砂浆,运、砌页岩标砖、石、砌块。2.砌窗台虎头砖、腰线、门窗套。3.安放木砖、铁件。

编号	项 目		单位	预 算 基 价				人 工	干拌砌筑砂浆 M7.5	湿拌砌筑砂浆 M7.5
				总 价	人工费	材料费	机械费	综合工		
				元	元	元	元	工日	t	m³
								135.00	318.16	343.43
3-9	砌页岩标砖墙	现场搅拌砂浆	10m³	**5981.32**	2469.15	3361.59	150.58	18.29		
3-10		干拌砌筑砂浆		**6680.46**	2288.25	4275.28	116.93	16.95	4.69	
3-11		湿拌砌筑砂浆		**5816.52**	2176.20	3640.32		16.12		2.52
3-12	砌 $\frac{1}{2}$ 页岩标砖墙	现场搅拌砂浆		**6410.04**	2884.95	3337.94	187.15	21.37		
3-13		干拌砌筑砂浆		**6886.15**	2737.80	4054.30	94.05	20.28	3.72	
3-14		湿拌砌筑砂浆		**6194.35**	2643.30	3551.05		19.58		2.00
3-15	砌页岩标砖圆弧墙	现场搅拌砂浆		**6110.05**	2562.30	3382.12	165.63	18.98		
3-16		干拌砌筑砂浆		**6762.61**	2382.75	4265.47	114.39	17.65	4.59	
3-17		湿拌砌筑砂浆		**5917.36**	2272.05	3645.31		16.83		2.47
3-18	砌页岩标砖站台挡土墙	现场搅拌砂浆		**4953.92**	1636.20	3210.16	107.56	12.12		
3-19		干拌砌筑砂浆		**5845.37**	1564.65	4163.79	116.93	11.59	4.69	
3-20		湿拌砌筑砂浆		**5022.01**	1493.10	3528.91		11.06		2.52
3-21	贴砌页岩标砖墙	$\frac{1}{4}$ 砖 现场搅拌砂浆		**7484.09**	3323.70	3809.76	350.63	24.62		
3-22		$\frac{1}{4}$ 砖 干拌砌筑砂浆		**8260.25**	3111.75	5001.07	147.43	23.05	5.86	
3-23		$\frac{1}{4}$ 砖 湿拌砌筑砂浆		**7174.12**	2965.95	4208.17		21.97		3.15
3-24		$\frac{1}{2}$ 砖 现场搅拌砂浆		**5970.87**	2339.55	3480.74	150.58	17.33		
3-25		$\frac{1}{2}$ 砖 干拌砌筑砂浆		**6861.14**	2160.00	4566.42	134.72	16.00	5.34	
3-26		$\frac{1}{2}$ 砖 湿拌砌筑砂浆		**5929.46**	2085.75	3843.71		15.45		2.87

墙

材						料					机	械
页岩标砖 240×115×53	水泥	白灰	砂子	水	铁钉	零星材料费	白灰膏	砖墙用砂浆	单砖墙用砂浆	砌块用砂浆	灰浆搅拌机 400L	干混砂浆罐式搅拌机
千块	kg	kg	t	m³	kg	元	m³	m³	m³	m³	台班	台班
513.60	0.39	0.30	87.03	7.62	6.68						215.11	254.19
5.367	568.46	155.69	3.576	1.99	0.06	9.91	(0.222)	(2.52)			0.70	
5.367				2.14	0.06	9.91						0.46
5.367				1.06	0.06	9.91						
5.540	486.92	106.54	2.840	1.74	0.06	9.91	(0.152)	(2.00)			0.87	
5.540				1.98	0.06	9.91						0.37
5.540				1.12	0.06	9.91						
5.410	601.35	131.58	3.507	1.84	0.06	9.91	(0.188)	(2.47)			0.77	
5.410				2.13	0.06	9.91						0.45
5.410				1.07	0.06	9.91						
5.170	419.55	160.52	3.745	2.25			(0.229)			(2.52)	0.50	
5.170				2.14								0.46
5.170				1.07								
6.060	524.44	200.66	4.681	3.31			(0.287)			(3.15)	1.63	
6.060				3.18								0.58
6.060				1.83								
5.540	477.83	182.82	4.265	3.02			(0.261)			(2.87)	0.70	
5.540				2.90								0.53
5.540				1.67								

工作内容：1.调、运砂浆,运、砌页岩标砖、石、砌块。2.砌窗台虎头砖、腰线、门窗套。3.安放木砖、铁件。

编号	项 目		单位	预 算 基 价				人 工	干拌砌筑砂浆 M7.5	湿拌砌筑砂浆 M7.5	页岩标砖 240×115×53
				总 价	人工费	材料费	机械费	综合工			
				元	元	元	元	工日	t	m³	千块
								135.00	318.16	343.43	513.60
3-27	砌页岩多孔砖墙	现场搅拌砂浆	10m³	5826.76	2797.20	2883.29	146.27	20.72			
3-28		干拌砌筑砂浆		6563.68	2701.35	3750.49	111.84	20.01	4.45		
3-29		湿拌砌筑砂浆		5751.86	2604.15	3147.71		19.29		2.39	
3-30	砌页岩标砖空花墙	现场搅拌砂浆		4851.12	2366.55	2325.39	159.18	17.53			4.03
3-31		干拌砌筑砂浆		5072.14	2278.80	2742.50	50.84	16.88	2.05		4.03
3-32		湿拌砌筑砂浆		4686.56	2222.10	2464.46		16.46		1.10	4.03

62

材				料						机	械
页岩多孔砖 240×115×90	水 泥	白 灰	砂 子	水	铁 钉	零星材料费	白 灰 膏	砖墙用砂浆	砌块用砂浆	灰浆搅拌机 400L	干混砂浆罐式搅拌机
千块	kg	kg	t	m³	kg	元	m³	m³	m³	台班	台班
682.46	0.39	0.30	87.03	7.62	6.68					215.11	254.19
3.37	539.14	147.65	3.391	3.02	0.12	9.91	(0.210)	(2.39)		0.68	
3.37				3.16	0.12	9.91					0.44
3.37				2.14	0.12	9.91					
	183.14	70.07	1.635	1.33	0.12	9.91	(0.100)		(1.100)	0.74	
				1.28	0.12	9.91					0.20
				0.81	0.12	9.91					

工作内容：1.调、运砂浆,运、砌页岩标砖、石、砌块。2.砌窗台虎头砖、腰线、门窗套。3.安放木砖、铁件。

编号	项目		单位	预算基价				人工	干拌砌筑砂浆 M7.5	湿拌砌筑砂浆 M7.5	加气混凝土砌块 300×600×（125~300）
				总价	人工费	材料费	机械费	综合工			
				元	元	元	元	工日	t	m³	m³
								135.00	318.16	343.43	318.48
3-33	砌加气混凝土砌块墙	现场搅拌砂浆	10m³	5812.69	2247.75	3429.42	135.52	16.65			10.22
3-34		干拌砌筑砂浆		5881.12	2146.50	3701.58	33.04	15.90	1.339		10.22
3-35		湿拌砌筑砂浆		5564.37	2043.90	3520.47		15.14		0.720	10.22
3-36	砌页岩空心砖墙	斗砌 现场搅拌砂浆		4352.31	2255.85	1948.03	148.43	16.71			
3-37		斗砌 干拌砌筑砂浆		4543.58	2151.90	2343.38	48.30	15.94	1.972		
3-38		斗砌 湿拌砌筑砂浆		4127.02	2049.30	2077.72		15.18		1.060	
3-39		卧砌 现场搅拌砂浆		3968.76	1954.80	1887.05	126.91	14.48			
3-40		卧砌 干拌砌筑砂浆		4398.05	1865.70	2461.18	71.17	13.82	2.864		
3-41		卧砌 湿拌砌筑砂浆		3851.78	1777.95	2073.83		13.17		1.540	
3-42	砌轻集料混凝土小型空心砌块墙（盲孔）	干拌砌筑砂浆		4440.34	1655.10	2757.28	27.96	12.26	2.046		

材					料								机 械	
陶粒混凝土小型砌块 390×190×190	页岩空心砖 240×240×115	陶粒混凝土实心砖 190×90×53	页岩标砖 240×115×53	水泥	白灰	砂子	水	铁钉	零星材料费	白灰膏	砌块用砂浆	空心砖用砂浆	灰浆搅拌机 400L	干混砂浆罐式搅拌机
m³	千块	千块	千块	kg	kg	t	m³	kg	元	m³	m³	m³	台班	台班
189.00	1093.42	450.00	513.60	0.39	0.30	87.03	7.62	6.68					215.11	254.19
				119.87	45.86	1.070	1.34	0.12	9.91	(0.066)	(0.720)		0.63	
							1.31	0.12	9.91					0.13
							1.00	0.12	9.91					
	1.21		0.750	198.22	67.52	1.548	0.42	0.05	3.97	(0.096)		(1.060)	0.69	
	1.21		0.750				0.45	0.05	3.97					0.19
	1.21		0.750				0.15	0.05	3.97					
	1.29		0.240	287.98	98.10	2.248	0.68	0.12	9.91	(0.140)		(1.540)	0.59	
	1.29		0.240				0.72	0.12	9.91					0.28
	1.29		0.240				0.06	0.12	9.91					
7.990		1.310					0.10		5.95					0.11

工作内容： 1.调、运砂浆，运、砌页岩标砖、石、砌块。 2.砌窗台虎头砖、腰线、门窗套。 3.安放木砖、铁件。

编号	项目				单位	预算基价				人工	干拌砌筑砂浆 M7.5	湿拌砌筑砂浆 M7.5
						总价	人工费	材料费	机械费	综合工		
						元	元	元	元	工日	t	m³
										135.00	318.16	343.43
3-43	混凝土空心砌块墙	规格 390×140×190	墙厚 14 cm	现场搅拌砂浆	10m³	5721.01	2388.15	3143.56	189.30	17.69		
3-44				干拌砌筑砂浆		6551.99	2246.40	4175.95	129.64	16.64	5.150	
3-45				湿拌砌筑砂浆		5582.65	2103.30	3479.35		15.58		2.769
3-46		规格 390×140×190	墙厚 19 cm	现场搅拌砂浆		4988.89	1760.40	3088.67	139.82	13.04		
3-47				干拌砌筑砂浆		5885.44	1655.10	4103.24	127.10	12.26	5.061	
3-48				湿拌砌筑砂浆		4968.44	1549.80	3418.64		11.48		2.721
3-49		规格 390×190×190		现场搅拌砂浆		4166.15	1320.30	2740.45	105.40	9.78		
3-50				干拌砌筑砂浆		4835.75	1240.65	3501.05	94.05	9.19	3.794	
3-51				湿拌砌筑砂浆		4148.89	1161.00	2987.89		8.60		2.040

66

材							料			机	械
混凝土空心砌块 390×140×190	混凝土空心砌块 390×190×190	水泥	白灰	砂子	水	铁钉	零星材料费	白灰膏	空心砖用砂浆	灰浆搅拌机 400L	干混砂浆罐式搅拌机
千块	千块	kg	kg	t	m³	kg	元	m³	m³	台班	台班
2764.56	3392.32	0.39	0.30	87.03	7.62	6.68				215.11	254.19
0.9107		517.80	176.39	4.043	1.108	0.12	9.91	(0.252)	(2.769)	0.88	
0.9107					1.185	0.12	9.91				0.51
0.9107						0.12	9.91				
0.8947		508.83	173.33	3.973	1.088	0.12	9.91	(0.248)	(2.721)	0.65	
0.8947					1.164	0.12	9.91				0.50
0.8947						0.12	9.91				
	0.6711	381.48	129.95	2.978	0.816	0.12	9.91	(0.186)	(2.040)	0.49	
	0.6711				0.873	0.12	9.91				0.37
	0.6711					0.12	9.91				

工作内容： 1.调、运砂浆,运、砌页岩标砖、石、砌块。 2.砌窗台虎头砖、腰线、门窗套。 3.安放木砖、铁件。

编号	项目				单位	预算基价				人工	干拌砌筑砂浆 M7.5	湿拌砌筑砂浆 M7.5	粉煤灰加气混凝土块 600×150×240
						总价	人工费	材料费	机械费	综合工			
						元	元	元	元	工日	t	m³	m³
										135.00	318.16	343.43	276.87
3-52	蒸压粉煤灰加气混凝土砌块墙	规格 600×150×240		现场搅拌砂浆	10m³	4414.68	1528.20	2793.98	92.50	11.32			9.406
3-53				干拌砌筑砂浆		4587.49	1459.35	3092.55	35.59	10.81	1.469		9.406
3-54				湿拌砌筑砂浆		4283.05	1389.15	2893.90		10.29		0.790	9.406
3-55		规格 600×200×240	墙厚 24 cm	现场搅拌砂浆		4790.51	1873.80	2804.85	111.86	13.88			
3-56				干拌砌筑砂浆		4871.20	1790.10	3050.60	30.50	13.26	1.209		
3-57				湿拌砌筑砂浆		4592.12	1705.05	2887.07		12.63		0.650	
3-58		规格 600×240×250		现场搅拌砂浆		5192.58	2247.75	2809.31	135.52	16.65			
3-59				干拌砌筑砂浆		5190.42	2146.50	3018.50	25.42	15.90	1.029		
3-60				湿拌砌筑砂浆		4923.13	2043.90	2879.23		15.14		0.553	
3-61		规格 600×240×250	墙厚 25 cm	现场搅拌砂浆		5095.01	2157.30	2808.64	129.07	15.98			
3-62				干拌砌筑砂浆		5109.14	2060.10	3023.62	25.42	15.26	1.058		
3-63				湿拌砌筑砂浆		4843.47	1962.90	2880.57		14.54		0.569	
3-64		规格 600×120×250		现场搅拌砂浆		4817.93	1915.65	2786.12	116.16	14.19			
3-65				干拌砌筑砂浆		5012.43	1827.90	3141.32	43.21	13.54	1.747		
3-66				湿拌砌筑砂浆		4646.42	1741.50	2904.92		12.90		0.939	

材			料								机	械
粉煤灰加气混凝土块 600×200×240	粉煤灰加气混凝土块 600×240×250	粉煤灰加气混凝土块 600×120×250	水泥	白灰	砂子	水	铁钉	零星材料费	白灰膏	砌块用砂浆	灰浆搅拌机 400L	干混砂浆罐式搅拌机
m³	m³	m³	kg	kg	t	m³	kg	元	m³	m³	台班	台班
276.87	276.87	276.87	0.39	0.30	87.03	7.62	6.68				215.11	254.19
			131.53	50.32	1.174	1.373	0.12	9.91	(0.072)	(0.790)	0.43	
						1.341	0.12	9.91				0.14
						1.002	0.12	9.91				
9.555			108.22	41.41	0.966	1.305	0.12	9.91	(0.059)	(0.650)	0.52	
9.555						1.278	0.12	9.91				0.12
9.555						1.002	0.12	9.91				
	9.647		92.07	35.23	0.822	1.262	0.12	9.91	(0.050)	(0.553)	0.63	
	9.647					1.239	0.12	9.91				0.10
	9.647					1.002	0.12	9.91				
	9.632		94.73	36.25	0.846	1.269	0.12	9.91	(0.052)	(0.569)	0.60	
	9.632					1.245	0.12	9.91				0.10
	9.632					1.002	0.12	9.91				
		9.261	156.33	59.81	1.395	1.443	0.12	9.91	(0.085)	(0.939)	0.54	
		9.261				1.403	0.12	9.91				0.17
		9.261				1.002	0.12	9.91				

工作内容： 1.调、运砂浆,运、砌页岩标砖、石、砌块。2.砌窗台虎头砖、腰线、门窗套。3.安放木砖、铁件。

编号	项 目			单位	预 算 基 价				人 工	干拌砌筑砂浆 M7.5
					总 价	人工费	材料费	机械费	综合工	
					元	元	元	元	工日	t
									135.00	318.16
3-67	蒸压粉煤灰加气混凝土砌块墙	规 格 600×300×240	墙厚24cm	现场搅拌砂浆	4798.69	1873.80	2813.03	111.86	13.88	
3-68				干拌砌筑砂浆	4811.54	1790.10	2998.56	22.88	13.26	0.913
3-69				湿拌砌筑砂浆	4580.15	1705.05	2875.10		12.63	
3-70			墙厚30cm	现场搅拌砂浆	4714.12	1798.20	2808.36	107.56	13.32	
3-71				干拌砌筑砂浆	4765.97	1717.20	3023.35	25.42	12.72	1.058
3-72				湿拌砌筑砂浆	4516.49	1636.20	2880.29		12.12	

单位：10m³

70

材						料				机	械
湿拌砌筑砂浆 M7.5	粉煤灰加气混凝土块 600×300×240	水泥	白灰	砂子	水	铁钉	零星材料费	白灰膏	砌块用砂浆	灰浆搅拌机 400L	干混砂浆罐式搅拌机
m³	m³	kg	kg	t	m³	kg	元	m³	m³	台班	台班
343.43	276.87	0.39	0.30	87.03	7.62	6.68				215.11	254.19
	9.709	81.75	31.28	0.730	1.232	0.12	9.91	(0.045)	(0.491)	0.52	
	9.709				1.212	0.12	9.91				0.09
0.491	9.709				1.002	0.12	9.91				
	9.631	94.73	36.25	0.846	1.269	0.12	9.91	(0.052)	(0.569)	0.50	
	9.631				1.245	0.12	9.91				0.10
0.569	9.631				1.002	0.12	9.91				

工作内容： 运输、堆放砌块、弹线，专用胶粘剂砌筑、清理等全部操作过程。

编号	项	目	单位	预 算 基 价			人 工	保温轻质砂加气砌块 600×250×300
				总 价	人 工 费	材 料 费	综 合 工	
				元	元	元	工日	m³
							135.00	360.47
3-73		墙厚 25 cm	10m³	**6305.29**	2147.85	4157.44	15.91	10.497
3-74		墙厚 30 cm		**5856.62**	1645.65	4210.97	12.19	10.456
3-75	保温轻质砂 加气砌块墙	规 格 600×250×300 墙厚 25 cm		**6420.85**	2191.05	4229.80	16.23	
		规 格 600×250×250						
3-76		规 格 600×250×150 墙厚 15 cm		**6728.69**	2235.60	4493.09	16.56	

材						料				
保温轻质砂加气砌块 600×250×250	保温轻质砂加气砌块 600×250×150	轻质砂加气砌块专用胶粘剂	水 泥	白 灰	砂 子	水	铁 钉	零星材料费	白 灰 膏	砌块用砂浆
m³	m³	kg	kg	kg	t	m³	kg	元	m³	m³
361.96	369.45	0.82	0.39	0.30	87.03	7.62	6.68			
		416.70	15.65	5.99	0.140	0.144	0.12	9.91	(0.009)	(0.094)
		500.00	15.65	5.99	0.140	0.144	0.12	9.91	(0.009)	(0.094)
10.460		502.20	15.65	5.99	0.140	0.144	0.12	9.91	(0.009)	(0.094)
	10.323	789.47	15.65	5.99	0.140	0.144	0.12	9.91	(0.009)	(0.094)

工作内容：调、运砂浆，运、砌石块，修石料，安装平碹模板，安放木砖、铁件等全部操作过程。

编号	项　　　目	单位	预　算　基　价				人　工	干拌砌筑砂浆 M7.5
			总　价	人 工 费	材 料 费	机 械 费	综 合 工	
			元	元	元	元	工日	t
							135.00	318.16
3-77			5517.15	2470.50	2868.11	178.54	18.30	
3-78	砌 毛 石 墙	10m³	6836.75	2358.45	4292.74	185.56	17.47	7.44
3-79			5532.72	2246.40	3286.32		16.64	

（注：3-77 现场搅拌砂浆；3-78 干拌砌筑砂浆；3-79 湿拌砌筑砂浆）

74

材							料	机	械
湿拌砌筑砂浆 M7.5	毛 石	水 泥	砂 子	水	铁 钉	零星材料费	基础用砂浆	灰浆搅拌机 400L	干 混 砂 浆 罐式搅拌机
m³	t	kg	t	m³	kg	元	m³	台班	台班
343.43	89.21	0.39	87.03	7.62	6.68			215.11	254.19
	21.25	1066.24	6.124	1.69	0.12	9.91	（4.0）	0.83	
	21.25			2.52	0.12	9.91			0.73
4.00	21.25			0.81	0.12	9.91			

工作内容： 1.调、运砂浆，运、砌页岩标砖、石。2.制、安、拆碹。3.运、安水泥管。

编号	项 目			单位	预 算 基 价				人 工	干拌砌筑砂浆M7.5	湿拌砌筑砂浆M7.5
					总 价	人工费	材料费	机械费	综合工		
					元	元	元	元	工日	t	m³
									135.00	318.16	343.43
3-80	页 岩 标 砖 柱	方 形	现场搅拌砂浆	10m³	6682.05	3133.35	3344.35	204.35	23.21		
3-81			干拌砌筑砂浆		7241.45	2961.90	4172.79	106.76	21.94	4.30	
3-82			湿拌砌筑砂浆		6445.73	2855.25	3590.48		21.15		2.31
3-83		半圆、多边、圆形	现场搅拌砂浆		7738.52	3334.50	4186.76	217.26	24.70		
3-84			干拌砌筑砂浆		8365.31	3134.70	5111.14	119.47	23.22	4.80	
3-85			湿拌砌筑砂浆		7474.83	3013.20	4461.63		22.32		2.58
3-86	页岩标砖砌零星砌体	现 场 搅 拌 砂 浆			6836.12	3312.90	3303.81	219.41	24.54		
3-87		干 拌 砌 筑 砂 浆			7292.34	3126.60	4066.61	99.13	23.16	3.92	
3-88		湿 拌 砌 筑 砂 浆			6503.15	2965.95	3537.20		21.97		2.11
3-89	页岩标砖砌地沟	现 场 搅 拌 砂 浆			5258.02	1860.30	3281.56	116.16	13.78		
3-90		干 拌 砌 筑 砂 浆			5904.13	1690.20	4107.17	106.76	12.52	4.24	
3-91		湿 拌 砌 筑 砂 浆			5138.95	1605.15	3533.80		11.89		2.28
3-92	页岩标砖砌半圆碹	现 场 搅 拌 砂 浆			8642.97	4540.05	3806.07	296.85	33.63		
3-93		干 拌 砌 筑 砂 浆			9093.70	4360.50	4626.44	106.76	32.30	4.26	
3-94		湿 拌 砌 筑 砂 浆			8326.86	4276.80	4050.06		31.68		2.29
3-95	方 整 石 柱	现 场 搅 拌 砂 浆			5611.63	4075.65	1487.97	48.01	30.19		
3-96		干 拌 砌 筑 砂 浆			6101.28	4044.60	1993.13	63.55	29.96	2.53	
3-97		湿 拌 砌 筑 砂 浆			5664.38	4013.55	1650.83		29.73		1.36

砌 体

材 料												机 械		
页岩标砖 240×115×53	方整石	水泥	白灰	砂子	水	铁钉	零星材料费	白灰膏	单砖墙用砂浆	砖墙用砂浆	水泥砂浆 M5	灰浆搅拌机 400L	灰浆搅拌机 200L	干混砂浆罐式搅拌机
千块	m³	kg	kg	t	m³	kg	元	m³	m³	m³	m³	台班	台班	台班
513.60	122.56	0.39	0.30	87.03	7.62	6.68						215.11	208.76	254.19
5.43		562.39	123.05	3.280	1.81			(0.176)	(2.31)			0.95		
5.43					2.08									0.42
5.43					1.09									
6.94		628.13	137.44	3.664	2.27			(0.196)	(2.58)			1.01		
6.94					2.57									0.47
6.94					1.47									
5.46		475.97	130.36	2.994	1.87			(0.186)		(2.11)		1.02		
5.46					1.99									0.39
5.46					1.09									
5.34		514.32	140.86	3.235	1.91			(0.201)		(2.28)		0.54		
5.34					2.04									0.42
5.34					1.07									
5.45		557.52	121.99	3.252	1.50	6.0	418.39	(0.174)	(2.29)			1.38		
5.45					1.77	6.0	418.39							0.42
5.45					0.79	6.0	418.39							
	9.64	289.68		2.171	0.60						(1.36)		0.23	
	9.64				0.88									0.25
	9.64				0.30									

工作内容：1.调、运砂浆,运、砌页岩标砖、石。2.制、安、拆碴。3.运、安水泥管。

编号	项　　目		单位	预　算　基　价				人工	干拌砌筑砂浆 M7.5	湿拌砌筑砂浆 M7.5
				总价	人工费	材料费	机械费	综合工		
				元	元	元	元	工日	t	m³
								135.00	318.16	343.43
3-98	毛石护坡	浆砌	10m³	**4960.23**	2077.65	2732.00	150.58	15.39		
		现场搅拌砂浆								
3-99		干拌砌筑砂浆		**6517.75**	1983.15	4333.79	200.81	14.69	8.02	
3-100		湿拌砌筑砂浆		**5136.88**	1888.65	3248.23		13.99		4.31
3-101		干砌		**3472.20**	1225.80	2246.40		9.08		
3-102	弧形阳角页岩标砖加工		100m	**744.09**	727.65	16.44		5.39		
3-103	附墙烟囱、通风道水泥管			**3203.89**	702.00	2501.89		5.20		
3-104	砌页岩标砖台阶	现场搅拌砂浆	10m³	**5405.12**	1881.90	3303.81	219.41	13.94		
3-105		干拌砌筑砂浆		**5901.84**	1736.10	4066.61	99.13	12.86	3.92	
3-106		湿拌砌筑砂浆		**5127.50**	1590.30	3537.20		11.78		2.11
3-107	平墁页岩标砖散水 （水泥砂浆灌缝）		100m²	**3182.43**	1077.30	2085.77	19.36	7.98		

注：护坡垂直高度超过4m者,人工工日乘以系数1.15。

78

材					料						机	械
毛 石	页岩标砖 240×115×53	水泥烟囱管 115×115	水 泥	白 灰	砂 子	水	零星材料费	白 灰 膏	砖墙用砂浆	水泥砂浆 M5	灰浆搅拌机 400L	干混砂浆 罐式搅拌机
t	千块	m	kg	kg	t	m³	元	m³	m³	m³	台班	台班
89.21	513.60	23.87	0.39	0.30	87.03	7.62					215.11	254.19
19.754			918.03		6.879	1.71				(4.31)	0.70	
19.754						2.61						0.79
19.754						0.76						
19.754					5.563							
	0.032											
		103.50					31.34					
	5.460		475.97	130.36	2.994	1.87		(0.186)	(2.11)		1.02	
	5.460					1.99						0.39
	5.460					1.09						
	3.710		144.84		1.085	0.15	28.26			(0.68)	0.09	

4.墙 面 勾 缝

工作内容： 1.原浆勾缝:清扫基层、补浆勾缝、清扫落地灰。2.加浆勾缝:清扫基层、刻瞎缝(不包括弹线、满刻缝)、堵脚手眼、缺角修补、墙面浇水、筛砂、调运砂浆、勾缝等全部操作。

编号	项 目	单位	预 算 基 价				人工	材				料			机械
			总价	人工费	材料费	机械费	综合工	水泥	细砂	砂子	水	水泥细砂浆 1:1	水泥砂浆 M5	水泥细砂浆 1:1.5	灰浆搅拌机 400L
			元	元	元	元	工日	kg	t	t	m³	m³	m³	m³	台班
							135.00	0.39	87.33	87.03	7.62				215.11
3-108	页岩标砖墙面勾缝 加浆 1:1 水泥砂浆		**1348.36**	1256.85	82.48	9.03	9.31	166.95	0.189		0.113	(0.225)			0.042
3-109	原 浆 M5	100m²	**603.64**	549.45	50.32	3.87	4.07	47.93		0.359	0.050		(0.225)		0.018
3-110	石墙面勾缝 加浆 1:1.5 水泥砂浆		**1149.10**	1015.20	126.59	7.31	7.52	232.05	0.397		0.187			(0.390)	0.034

第四章　混凝土及钢筋混凝土工程

说　明

一、本章包括现浇混凝土,预制混凝土制作,装配式建筑构件,钢筋工程,预制混凝土构件拼装、安装,预制混凝土构件运输6节,共264条基价子目。

二、项目的界定:

1.基础垫层与混凝土基础按混凝土的厚度划分:混凝土的厚度在12 cm以内者执行垫层项目;厚度在12 cm以外者执行基础项目。

2.有梁式带形基础,梁高(指基础扩大顶面至梁顶面的高)在1.2 m以内时合并计算;1.2 m以外时基础底板按无梁式带形基础项目计算,扩大顶面以上部分按混凝土墙项目计算。

3.现浇钢筋混凝土梁、板坡度在10°以内,按基价相应项目执行;坡度在10°以外30°以内,相应基价项目中人工工日乘以系数1.10;坡度在30°以外60°以内,相应基价项目中人工工日乘以系数1.20;坡度在60°以外,按现浇混凝土墙相应基价项目执行。

4.剪力墙结构中墙肢长度与厚度之比>4时按墙计算;墙肢截面长度与厚度之比≤4时按柱计算。

5.剪力墙结构中截面厚度≤300 mm、各肢截面长度与厚度之比的最大值>4但≤8时,该截面按短肢剪力墙计算;各肢截面长度与厚度之比的最大值≤4时,该截面按异型柱计算。

6.预制楼板及屋面板间板缝,下口宽度在2 cm以内者,灌缝工程已包括在构件安装项目内,但板缝内如有加固钢筋者,另行计算。下口宽度在2 cm至15 cm以内者,执行补缝板项目;宽度在15 cm以外者,执行平板项目。

7.楼梯是按建筑物一个自然层双跑楼梯考虑,如单坡直形楼梯(即一个自然层、无休息平台)按相应项目乘以系数1.20;三跑楼梯(即一个自然层、两个休息平台)按相应项目乘以系数0.90;四跑楼梯(即一个自然层、三个休息平台)按相应项目乘以系数0.75;剪刀楼梯执行单坡直形楼梯相应系数。

板式楼梯梯段底板(不含踏步三角部分)厚度大于150 mm、梁式楼梯梯段底板(不含踏步三角部分)厚度大于80 mm时,混凝土消耗量按设计要求调整,人工按相应比例调整。

弧形楼梯是指一个自然层旋转弧度小于180°的楼梯,螺旋楼梯是指一个自然层旋转弧度大于180°的楼梯。

8.现浇飘窗板、空调板执行悬挑板项目。

9.外形尺寸体积在1 m³以内的独立池槽执行小型池槽项目,1 m³以外的独立池槽及与建筑物相连的梁、板、墙结构式水池,分别执行梁、板、墙相应项目。

10.零星构件是指单体体积在0.1 m³以内且在本章中未列项目的小型构件。

三、现浇混凝土:

1.本章混凝土项目中除设备基础细石混凝土二次灌浆采用C20细石混凝土外,其余混凝土材料均采用AC30预拌混凝土。如设计要求混凝土强度等级与基价不同时,可按设计要求调整。

2.混凝土的养护是按一般养护方法考虑的,如采用蒸汽养护或其他特殊养护方法者,可另行计算,本章各混凝土项目中包括的养护内容不扣除。

3.混凝土构件实体积最小几何尺寸大于1 m,且按规定需要进行温度控制的大体积混凝土,温度控制费用按照经批准的专项施工方案另行计算。

4.满堂基础底板适用于无梁式或有梁式满堂基础的底板。如底板打桩,其桩头处理按第一章中有关规定执行。

5.桩承台基价中包括剔凿高度在10 cm以内的桩头剔凿用工,剔凿高度超过10 cm时,按第一章有关规定计算,本章中包括的剔凿用工不扣除。

6.毛石混凝土是按毛石体积占混凝土体积20%计算的,设计要求与基价不同时,可按设计要求调整。

7.屋面混凝土女儿墙的高度(高度包括压顶扶手及反挑檐部分)在1.2 m以内且墙厚≤100 mm,执行栏板项目;高度在1.2 m以外或墙厚>100 mm时,执行相应墙项目,压顶扶手及反挑檐执行相应项目。

8.独立现浇门框按构造柱项目执行。

9.墙、板中后浇带不分厚度,按相应基价执行。

10.挑檐、天沟反挑檐高度在400 mm以内时,执行挑檐项目;高度在400 mm以外时,板面以上按全高执行栏板项目。

11.散水、坡道厚度如设计要求与基价不同时,混凝土消耗量可按比例调整。

四、预制混凝土构件制作:

1.预制混凝土构件制作基价中未包括从预制地点或堆放地点至安装地点的运输,发生运输时,执行相应的运输项目。

2.预制混凝土柱、吊车梁、薄腹梁、屋架是按现场就位预制考虑的,如不能就位预制,发生运输时可执行相应的运输项目。

五、装配式建筑构件:

1.装配式混凝土结构项目是指预制混凝土构件通过可靠的连接方式装配形成的混凝土结构,包括装配整体式混凝土结构、全装配混凝土结构。

2.装配式建筑构件项目均按外购成品构件、现场安装考虑。

3.装配式构件项目中预拌砂浆是按湿拌砌筑砂浆M7.5强度等级价格考虑的,如设计要求与基价中不同时可按设计要求换算。

4.预制混凝土构件的损耗率包含了构件运至施工现场后的堆放、吊装和安装损耗。

5.装配式构件项目中已综合考虑构件固定所需临时支撑及支撑用预埋铁件的搭设和拆除。

6.柱、墙板、女儿墙等构件安装项目中,设计采用灌浆料的,除灌浆材料单价换算以及扣除搅拌机台班外,每10 m³构件安装项目另行增加人工0.60工日,液压注浆泵0.30台班。

7.女儿墙构件安装设计要求接缝处填充保温板时,按设计要求增加保温板消耗量。

8.墙板安装项目已综合考虑门窗洞口。

9.阳台板安装不分板式或梁式均执行同一基价项目。空调板安装项目适用于单独预制的空调板安装,依附于阳台板制作的栏板、反挑檐、空调板,并入阳台板内计算。非悬挑的阳台板安装,分别按梁、板安装有关规则计算并执行相应项目。

10.女儿墙安装按构件净高1.4 m以内考虑,超过1.4 m时套用外墙板安装。压顶安装项目适用于单独预制的压顶安装,依附于女儿墙制作的压顶,并入女儿墙计算。

11.设计要求预埋套筒规格和注浆料与基价不同时,可按设计要求调整。

12.后浇混凝土指装配整体式结构中,用于与预制混凝土构件连接形成整体构件的现场浇筑预拌混凝土。

13.墙板或柱等预制垂直构件之间设计采用现浇混凝土墙连接的,当连接墙的长度在3 m以内时,套用后浇混凝土连接墙、柱基价项目,长度超过3 m的,按本基价相应项目及规定执行。

14.叠合楼板或整体楼板之间设计采用现浇混凝土板带拼缝的,板带混凝土浇捣并入后浇混凝土叠合梁、板内计算。

六、钢筋工程：

1.钢筋工程按钢筋的不同品种和规格以普通钢筋、高强钢筋、预应力钢筋、箍筋等分别列项,钢筋的品种、规格比例按常规工程设计综合考虑。

2.钢筋工程中措施钢筋按设计图纸规定要求、施工验收规范要求及批准的施工组织设计计算,按品种、规格执行相应项目。如采用其他材料时,另行计算。

3.预应力钢筋的张拉设备等费用已包括在基价中,但未包括预应力钢筋人工时效及预应力钢筋的实验、检验费。如设计要求人工时效处理时,应另行计算。

4.两个构件之间的附加连接筋、构件与砌体连接筋及构件伸出加固筋,执行加固筋项目。

5.非预应力钢筋项目未包括冷加工,如设计要求冷加工时,加工费及加工损耗另行计算。施工单位自行采用冷加工钢筋者,不另计算加工费,钢筋用量仍按原设计直径计算。

6.采用机械连接的钢筋接头,不再计算该处的钢筋搭接长度。

7.植筋项目未包括植入的钢筋制作、化学螺栓。钢筋制作按钢筋制作安装相应项目执行,化学螺栓另行计算;使用化学螺栓,应扣除植筋胶粘剂的消耗量。

8.地下连续墙钢筋笼安放未包括钢筋笼制作,钢筋笼制作执行钢筋相应项目。

七、预制混凝土构件拼装、安装：

1.预制混凝土构件安装项目中已综合了预制构件的灌缝、找平、吊车梁金属屑抹面、阳台板和大楼板安装支撑的内容,实际与基价不同时不换算。

2.基价中已考虑了双机或多机同时作业因素,在发生上述情况时,机械费不另行增加。

3.组合屋架的小拼已包括在制作项目内,安装项目只包括大拼。

4.预制构件拆(剔)模、清理用工已包括在模板项目中,不另计算。

5.混凝土构件安装基价中未包括机车行使路线的修整、铺垫工作,如发生时另行计算。

6.起重机械台班费是按50 t以内的机械综合考虑的。

7.基价中构件就位是按起重机倒运考虑的,实际使用汽车倒运者,可按构件运输项目执行。

八、预制混凝土构件运输：

1.构件运输基价是按构件长度在14 m以内的混凝土构件考虑的。

2.构件分类详见下表。

构件分类表

类　　别	项　　　　　　　　目
一类	4m以内梁、实心楼板
二类	屋面板,工业楼板,屋面填充梁,进深梁,基础梁,吊车梁,楼梯休息板,楼梯段,楼梯梁,阳台板,装配式预制混凝土空调板、女儿墙
三类	14m以内梁、柱、桩、各类屋架、桁架、托架、装配式预制混凝土叠合梁
四类	天窗架、挡风架、侧板、端壁板、天窗上下挡、门框、窗框及0.1m³以内的小构件
五类	装配式内、外墙板、夹心保温墙、PCF外墙板、叠合板、大楼板,大墙板,厕所板
六类	隔墙板(高层用)

工程量计算规则

一、现浇混凝土：

现浇混凝土工程量除另有规定外,均按设计图示尺寸以体积计算。不扣除构件内钢筋、预埋铁件所占体积。用型钢代替钢筋骨架的钢筋混凝土项目计算混凝土工程量时,应扣除型钢所占混凝土体积,按每吨型钢扣减 0.1 m^3 混凝土计算。

1. 现浇混凝土基础按设计图示尺寸以体积计算。不扣除伸入承台基础的桩头所占体积。

(1)带形基础:外墙基础长度按外墙带形基础中心线长度计算,内墙基础长度按内墙基础净长计算,截面面积按图示尺寸计算。

(2)独立基础:包括各种形式的独立柱基和柱墩,独立基础的高度按图示尺寸计算,柱与柱基以柱基的扩大顶面为分界。

(3)有梁式满堂基础中的梁、柱另按相应的基础梁及柱项目计算,梁只计算突出基础的部分,伸入基础底板部分并入满堂基础底板工程量内。箱式满堂基础应分别按满堂基础底板、柱、梁、墙、板有关规定计算。

(4)框架式设备基础分别按基础、柱、梁、板等相应规定计算,楼层上的钢筋混凝土设备基础按有梁板项目计算。

(5)设备基础的钢制螺栓固定架应按铁件计算,木制设备螺栓套按数量计算。

(6)设备基础二次灌浆以体积计算。

2. 现浇混凝土柱按设计图示尺寸以体积计算。构造柱断面尺寸按每面马牙碴增加 3 cm 计算,依附柱上的牛腿和升板的柱帽并入柱身体积计算。其柱高:

(1)有梁板的柱高应自柱基上表面(或楼板上表面)至上一层楼板上表面之间的高度计算。

(2)无梁板的柱高应自柱基上表面(或楼板上表面)至柱帽下表面之间的高度计算。

(3)框架柱的柱高应自柱基上表面至柱顶高度计算。

(4)构造柱按全高计算,嵌接墙体部分(马牙碴)并入柱身体积。

(5)钢管柱以钢管高度按照钢管内径计算混凝土体积。

3. 现浇混凝土梁按设计图示尺寸以体积计算。伸入墙内的梁头、梁垫并入梁体积内。梁与柱连接时,梁长算至柱侧面;主梁与次梁连接时,次梁长算至主梁侧面。

(1)凡加固墙身的梁均按圈梁计算。

(2)圈梁与梁连接时,圈梁体积应扣除伸入圈梁内的梁的体积。

(3)在圈梁部位挑出的混凝土檐,其挑出部分在 12 cm 以内的,并入圈梁体积内计算;挑出部分在 12 cm 以外的,以圈梁外边线为界限,挑出部分套用挑檐、天沟项目。

4. 现浇混凝土墙按设计图示尺寸以体积计算。扣除门窗洞口及单个面积在 0.3 m^2 以外的孔洞所占体积。

(1)墙的高度按下一层板上皮至上一层板下皮的高度计算。墙与梁连接时墙算至梁底。

(2)现浇混凝土墙与梁连在一起时,如混凝土梁不凸出墙外且梁下没有门窗(或洞口),混凝土梁的体积并入墙体内计算;如混凝土梁凸出墙外或梁下有门窗（或洞口），混凝土墙与梁应分别计算。

（3）现浇混凝土墙与柱连在一起时，当混凝土柱不凸出外墙时，混凝土柱并入墙体内计算；当混凝土柱凸出外墙时，混凝土墙的长度算至柱子侧面，与墙连接的混凝土柱另行计算。

5.现浇混凝土板按设计图示尺寸以体积计算。不扣除单个面积在 0.3 m^2 以内的孔洞所占体积。各类板伸入墙内的板头并入板体积内计算，薄壳板的肋、基梁并入薄壳体积内计算。

（1）不同类型的楼板交接时，以墙的中心线为分界。

（2）有梁板（包括主、次梁与板）按梁、板体积之和计算。

（3）无梁板按板和柱帽体积之和计算。

（4）压型钢板上现浇混凝土板按设计图示结构尺寸以水平投影面积计算。

6.后浇带按设计图示尺寸以体积计算。有梁板中后浇带按梁、板分别计算。

7.现浇混凝土楼梯按设计图示尺寸以水平投影面积计算。不扣除宽度小于 500 mm 的楼梯井，伸入墙内部分不计算。

（1）楼梯的水平投影面积包括踏步、斜梁、休息平台、平台梁以及楼梯与楼板连接的梁（楼梯与楼板的划分以楼梯梁的外侧面为分界）。

（2）当整体楼梯与现浇楼板无楼梯梁连接时，以楼梯的最后一个踏步边缘加 300 mm 为界。

8.场馆看台按设计图示尺寸以体积计算。

9.悬挑板，雨篷、阳台板按设计图示尺寸以墙外部分体积计算。包括伸出墙外的牛腿和雨篷反挑檐的体积。嵌入墙内的梁应按相应项目另行计算。凡墙外有梁的雨篷，执行有梁板项目。

10.现浇钢筋混凝土栏板按设计图示尺寸以体积计算（包括伸入墙内的部分），楼梯斜长部分的栏板长度，可按其水平投影长度乘系数 1.15 计算。

11.现浇混凝土门框、框架现浇节点、小型池槽、零星构件按设计图示尺寸以体积计算。

12.现浇挑檐、天沟板按设计图示尺寸以体积计算。挑檐、天沟与现浇屋面板连接时，以外墙外边线为分界线；与梁（包括圈梁等）连接时，以梁或圈梁外边线为分界线。

13.现浇混凝土扶手、压顶按设计图示尺寸以体积计算。

14.台阶按设计图示尺寸以水平投影面积计算。台阶与平台连接时其投影面积应以最上层踏步外沿加 300 mm 计算。

15.散水按设计图示尺寸以水平投影面积计算。

16.坡道按设计图示尺寸以水平投影面积乘以平均厚度以体积计算。

二、预制混凝土制作：

预制漏空花格以外的其他预制混凝土构件均按设计图示尺寸以体积计算。不扣除构件内钢筋、预埋铁件及单个面积小于 0.3 m^2 以内孔洞所占体积，扣除烟道、通风道的孔洞及楼梯空心踏步板空洞所占体积。

1.预制混凝土柱上的钢牛腿按铁件计算。

2.预制混凝土漏空花格按设计图示外围尺寸以面积计算。

三、装配式建筑构件：

1. 构件安装工程量按成品构件设计图示尺寸以体积计算，不扣除构件内钢筋、预埋铁件等所占体积，不扣除单个面积≤0.3 m² 的孔洞所占体积。

2. 预埋套筒及套筒内注浆按设计图示数量计算。

3. 嵌缝、打胶按构件外墙接缝的设计图示尺寸以长度计算。

4. 后浇混凝土工程量按设计图示尺寸以体积计算，不扣除混凝土内钢筋、预埋铁件及单个面积 0.3 m² 以内的孔洞等所占体积。

四、钢筋工程：

1. 普通钢筋、高强钢筋、箍筋均按设计图示钢筋长度乘以单位理论质量计算。

2. 钢筋工程项目消耗量中未含搭接损耗，钢筋的搭接（接头）数量应按设计图示及规范要求计算；设计图示及规范要求未标明的，按以下规定计算：

（1）D10 以内的长钢筋按每 12 m 计算一个钢筋搭接（接头）。

（2）D10 以外的长钢筋按每 9 m 计算一个钢筋搭接（接头）。

3. 钢筋搭接长度按设计图示及规范要求计算。

4. 先张法预应力钢筋按设计图示钢筋长度乘以单位理论质量计算。

5. 后张法预应力钢筋按设计图示钢筋（绞线、丝束）长度乘以单位理论质量计算。

（1）低合金钢筋两端均采用螺杆锚具时，钢筋长度按孔道长度减 0.35 m 计算，螺杆另行计算。

（2）低合金钢筋一端采用镦头插片、另一端采用螺杆锚具时，钢筋长度按孔道长度计算，螺杆另行计算。

（3）低合金钢筋一端采用镦头插片、另一端采用帮条锚具时，钢筋长度按孔道长度增加 0.15 m 计算；两端均采用帮条锚具时，钢筋长度按孔道长度增加 0.3 m 计算。

（4）低合金钢筋采用后张混凝土自锚时，钢筋长度按孔道长度增加 0.35 m 计算。

（5）低合金钢筋（钢绞线）采用 JM、XM、QM 型锚具，孔道长度在 20 m 以内时，钢筋长度按孔道长度增加 1 m 计算；孔道长度在 20 m 以外时，钢筋长度按孔道长度增加 1.8 m 计算。

（6）碳素钢丝采用锥形锚具，孔道长度在 20 m 以内时，钢丝束长度按孔道长度增加 1 m 计算；孔道长在 20 m 以外时，钢丝束长度按孔道长度增加 1.8 m 计算。

（7）碳素钢丝束采用镦头锚具，钢丝束长度按孔道长度增加 0.35 m 计算。

6. 螺栓、预埋铁件按设计图示尺寸以质量计算。

7. 钢筋气压焊接头、电渣压力焊接头、冷挤压接头、螺纹套筒接头等钢筋特殊接头按数量计算。

8. 钢筋冷挤压接头项目中未含无缝钢管价值。无缝钢管用量应按设计要求计算，损耗率为 2%。

9. 植筋按设计图示数量计算。

10. 钢筋网片、混凝土灌注桩钢筋笼、地下连续墙钢筋笼按设计图示钢筋长度乘以单位理论质量计算。

1.现浇混凝土
（1）基　础

工作内容： 混凝土浇筑、振捣、养护等全部操作过程。

编号	项目			单位	预算基价				人工	材料				机械
					总价	人工费	材料费	机械费	综合工	预拌混凝土 AC30	毛石	水	阻燃防火保温草袋片	小型机具
					元	元	元	元	工日	m³	t	m³	m²	元
									135.00	472.89	89.21	7.62	3.34	
4-1	带形基础	毛石混凝土		10m³	5276.54	762.75	4508.62	5.17	5.65	8.63	4.624	0.93	2.39	5.17
4-2		混凝土	有梁式		5582.52	761.40	4815.95	5.17	5.64	10.15		1.01	2.52	5.17
4-3			无梁式		5582.52	761.40	4815.95	5.17	5.64	10.15		1.01	2.52	5.17
4-4	独立基础	毛石混凝土			5002.74	726.30	4271.27	5.17	5.38	8.12	4.624	1.09	3.17	5.17
4-5		混凝土			5549.45	724.95	4819.33	5.17	5.37	10.15		1.13	3.26	5.17
4-6	杯形基础				5489.33	662.85	4821.31	5.17	4.91	10.15		1.21	3.67	5.17
4-7	满堂基础底板				5546.41	712.80	4828.44	5.17	5.28	10.15		1.55	5.03	5.17
4-8	桩承台基础	带形			7944.18	3121.20	4817.81	5.17	23.12	10.15		1.07	2.94	5.17
4-9		独立			7904.80	3082.05	4817.58	5.17	22.83	10.15		1.04	2.94	5.17

工作内容：混凝土浇筑、振捣、养护等全部操作过程。

编号	项 目			单位	预 算 基 价				人 工	预拌混凝土 AC30	预拌混凝土 AC20
					总 价	人工费	材料费	机械费	综合工		
					元	元	元	元	工日	m³	m³
									135.00	472.89	450.56
4-10	毛石混凝土设备基础	块体（m³）	5 以内	10m³	**5061.57**	777.60	4278.80	5.17	5.76	8.12	
4-11			5 以外		**4994.52**	718.20	4271.15	5.17	5.32	8.12	
4-12	无筋混凝土设备基础		5 以内		**5535.53**	704.70	4825.66	5.17	5.22	10.15	
4-13			5 以外		**5474.69**	652.05	4817.47	5.17	4.83	10.15	
4-14	钢筋混凝土设备基础		5 以内		**5512.68**	680.40	4827.11	5.17	5.04	10.15	
4-15			5 以外		**5484.06**	661.50	4817.39	5.17	4.90	10.15	
4-16	设 备 螺 栓 套	长度（m）	1 以内	10个	**684.75**	324.00	355.34	5.41	2.40		
4-17			1 以外		**1209.93**	537.30	666.15	6.48	3.98		
4-18	设 备 基 础 二 次 灌 浆	细 石 混 凝 土		10m³	**9590.77**	4850.55	4740.22		35.93		10.30
4-19		水 泥 砂 浆 1:2			**9084.45**	5278.50	3805.95		39.10		

基 础

材						料					机		械
毛 石	水	阻燃防火保温草袋片	镀锌钢丝D4	铁 钉	水 泥	砂 子	零星材料费	木模板周转费	水泥砂浆1:2	载货汽车6t	木工圆锯机D500	小型机具
t	m³	m²	kg	kg	kg	t	元	元	m³	台班	台班	元
89.21	7.62	3.34	7.08	6.68	0.39	87.03				461.82	26.53	
4.624	1.46	4.58										5.17
4.624	1.36	2.52										5.17
	1.18	5.04										5.17
	1.10	2.77										5.17
	1.37	5.04										5.17
	1.09	2.77										5.17
			2.01	2.34			2.27	323.21		0.01	0.03	
			6.57	2.40			8.74	594.86		0.01	0.07	
	10.86	5.00										
	8.44	5.00			6162.08	15.187			(10.91)			

91

(3)柱

工作内容：混凝土浇筑、振捣、养护等全部操作过程。

编号	项 目	单位	预 算 基 价				人 工	材 料			机 械
			总 价	人工费	材料费	机械费	综合工	预拌混凝土 AC30	水	阻燃防火 保温草袋片	小型机具
			元	元	元	元	工日	m³	m³	m²	元
							135.00	472.89	7.62	3.34	
4-20	矩 形 柱	10m³	**6734.16**	1915.65	4810.11	8.40	14.19	10.15	0.91	1.00	8.40
4-21	构 造 柱		**8329.32**	3511.35	4809.57	8.40	26.01	10.15	0.91	0.84	8.40
4-22	异 型 柱 （L、T、十）		**6930.04**	2112.75	4808.89	8.40	15.65	10.15	0.82	0.84	8.40
4-23	圆 形、多 角 形 柱		**6955.89**	2139.75	4807.74	8.40	15.85	10.15	0.66	0.86	8.40

(4) 梁

工作内容： 混凝土浇筑、振捣、养护等全部操作过程。

编号	项目	单位	预算基价				人工	材料			机械
			总价	人工费	材料费	机械费	综合工	预拌混凝土 AC30	水	阻燃防火保温草袋片	小型机具
			元	元	元	元	工日	m³	m³	m²	元
							135.00	472.89	7.62	3.34	
4-24	基础梁、地圈梁、基础加筋带	10m³	**6152.89**	1309.50	4834.99	8.40	9.70	10.15	1.97	6.03	8.40
4-25	矩 形 梁（单梁、连续梁）		**5874.82**	1031.40	4835.02	8.40	7.64	10.15	2.01	5.95	8.40
4-26	异 型 梁（T、工、十）		**5880.57**	1039.50	4832.67	8.40	7.70	10.15	1.14	7.23	8.40
4-27	弧（拱） 形 梁		**6605.22**	1742.85	4853.97	8.40	12.91	10.15	2.73	9.98	8.40
4-28	圈 梁		**7764.55**	2916.00	4840.15	8.40	21.60	10.15	1.67	8.26	8.40
4-29	过 梁		**8107.63**	3199.50	4899.73	8.40	23.70	10.15	4.97	18.57	8.40
4-30	叠 合 梁 后 浇 混 凝 土		**6462.44**	1478.25	4975.79	8.40	10.95	10.15	16.67	14.65	8.40

93

(5) 墙

工作内容： 混凝土浇筑、振捣、养护等全部操作过程。

编号	项目			单位	预算基价				人工	材料					机械	
					总价	人工费	材料费	机械费	综合工	预拌混凝土AC30	水	阻燃防火保温草袋片	无缝钢管外径108	胶管D25	电动多级离心清水泵DN100	小型机具
					元	元	元	元	工日	m³	m³	m²	t	m	台班	元
									135.00	472.89	7.62	3.34	4576.43	27.86	159.61	
4-31	直形墙	墙厚(cm)	20以内	10m³	6481.84	1653.75	4814.65	13.44	12.25	10.15	0.63	3.00				13.44
4-32			20以外		6304.19	1480.95	4809.80	13.44	10.97	10.15	0.65	1.50				13.44
4-33	弧形墙				6499.17	1676.70	4809.03	13.44	12.42	10.15	0.79	0.95				13.44
4-34	短肢剪力墙				6531.15	1707.75	4809.96	13.44	12.65	10.15	0.79	1.23				13.44
4-35	电梯井壁				6386.47	1560.60	4812.43	13.44	11.56	10.15	1.14	1.17				13.44
4-36	滑模混凝土墙				6610.41	1625.40	4891.76	93.25	12.04	10.15	6.35	0.37	0.002	1.19	0.50	13.44

94

（6）板

工作内容： 混凝土浇筑、振捣、养护等全部操作过程。

编号	项目		单位	预 算 基 价				人工	材			料	机械
				总 价	人工费	材料费	机械费	综合工	预拌混凝土AC30	水	阻燃防火保温草袋片	压型钢板1.2mm U75-200	小型机具
				元	元	元	元	工日	m³	m³	m²	t	元
								135.00	472.89	7.62	3.34	4672.72	
4-37	有 梁 板		10m³	5717.52	846.45	4862.60	8.47	6.27	10.15	3.42	10.99		8.47
4-38	无 梁 板			5579.88	710.10	4861.38	8.40	5.26	10.15	3.47	10.51		8.40
4-39	平 板			5892.04	1000.35	4883.29	8.40	7.41	10.15	4.72	14.22		8.40
4-40	预 制 板 间 补 缝（缝宽15cm以内）			6252.35	1298.70	4945.25	8.40	9.62	10.15	9.44	22.00		8.40
4-41	拱 板			6534.56	1696.95	4829.34	8.27	12.57	10.15	1.90	4.50		8.27
4-42	薄 壳 板			6403.72	1549.80	4845.52	8.40	11.48	10.15	1.84	9.48		8.40
4-43	压型钢板上现浇混凝土板	钢板槽底至混凝土上表面厚160mm	100m²	19930.54	5463.45	14383.09	84.00	40.47	13.71	47.20	142.20	1.512	84.00
4-44		每 增 减 10mm		622.75	140.40	482.35		1.04	1.02				

（7）混凝土后浇带

工作内容： 1.钢筋保护、除锈。2.基层混凝土面凿毛。3.混凝土浇筑、振捣、养护等全部操作过程。

编号	项目	单位	预 算 基 价				人工	材								料	机 械
			总价	人工费	材料费	机械费	综合工	预拌混凝土AC30	密目钢丝网	圆钢D14	水泥	砂子	水	阻燃防火保温草袋片	零星材料费	水泥砂浆1:2	小型机具
			元	元	元	元	工日	m³	m²	t	kg	t	m³	m²	元	m³	元
							135.00	472.89	6.27	3926.24	0.39	87.03	7.62	3.34			
4-45	满堂基础	10m³	8118.44	2392.20	5721.07	5.17	17.72	10.15	55.00	0.107	14.12	0.035	10.77	3.59	53.67	(0.025)	5.17
4-46	墙		8391.40	2547.45	5830.51	13.44	18.87	10.15	55.02	0.160	14.12	0.035	5.95	1.08		(0.025)	13.44
4-47	梁		8193.78	2570.40	5614.98	8.40	19.04	10.15	54.91	0.082	14.12	0.035	10.78	5.95	38.34	(0.025)	8.40
4-48	板		8950.47	2581.20	6360.87	8.40	19.12	10.15	55.00	0.231	14.12	0.035	15.92	14.22	131.87	(0.025)	8.40

(8) 其 他

工作内容：混凝土浇筑、振捣、养护等全部操作过程。

编号	项 目		单位	预 算 基 价				人 工	材 料			机 械
				总 价	人工费	材料费	机械费	综合工	预拌混凝土 AC30	水	阻燃防火保温草袋片	小型机具
				元	元	元	元	工日	m³	m³	m²	元
								135.00	472.89	7.62	3.34	
4-49	整体楼梯	直 形	10m²	**2162.23**	920.70	1238.24	3.29	6.82	2.59	0.81	2.18	3.29
4-50		弧 形		**2750.68**	1055.70	1690.28	4.70	7.82	3.55	0.50	2.31	4.70
4-51		螺旋形		**3165.13**	1470.15	1690.28	4.70	10.89	3.55	0.50	2.31	4.70
4-52	场 馆 看 台		10m³	**6605.38**	1687.50	4909.48	8.40	12.50	10.15	7.88	14.85	8.40
4-53	悬 挑 板			**7632.61**	2717.55	4906.66	8.40	20.13	10.15	0.69	30.41	8.40
4-54	雨 篷、阳 台 板			**7426.47**	2538.00	4880.07	8.40	18.80	10.15	1.01	21.72	8.40
4-55	栏 板			**7482.62**	2654.10	4827.65	0.87	19.66	10.15	2.62	2.35	0.87
4-56	暖 气、电 缆 沟			**6160.50**	1313.55	4833.51	13.44	9.73	10.15	2.18	5.11	13.44
4-57	门 框			**7365.79**	2535.30	4817.05	13.44	18.78	10.15	1.22	2.37	13.44
4-58	挑 檐、天 沟			**7334.06**	2417.85	4902.77	13.44	17.91	10.15	6.04	17.04	13.44
4-59	小 型 池 槽			**8137.96**	3213.00	4911.52	13.44	23.80	10.15	7.28	16.83	13.44
4-60	扶 手			**10375.24**	5455.35	4919.89		40.41	10.15	7.69	18.40	
4-61	压 顶			**7576.06**	2540.70	5021.92	13.44	18.82	10.15	12.34	38.34	13.44
4-62	零 星 构 件			**8413.04**	3227.85	5171.75	13.44	23.91	10.15	19.27	67.39	13.44
4-63	框 架 现 浇 节 点			**7916.06**	3095.55	4807.07	13.44	22.93	10.15	0.95		13.44

工作内容：1.清理基层、调制砂浆、熬制沥青。2.抹面、找平、压光、养护。3.块料面层铺砌灌缝。4.混凝土浇筑、振捣、养护。

编号	项　目		单位	预　算　基　价				人　工	预拌混凝土 AC15	阻燃防火保温草袋片	水
				总　价	人工费	材料费	机械费	综合工			
				元	元	元	元	工日	m³	m²	m³
								135.00	439.88	3.34	7.62
4-64	台　　　　阶			8206.63	2157.30	6047.52	1.81	15.98	13.41	23.10	2.340
4-65	散　水	水泥砂浆面层 20 mm	豆石混凝土 1:2:3 50 mm		5686.91	3127.95	2374.81	184.15	23.17		17.21	6.190
4-66			混　凝　土 50 mm	100m²	5917.66	2936.25	2925.82	55.59	21.75	4.70	17.21	4.570
4-67		随打随抹面层	豆石混凝土 1:2:3 60 mm		4700.24	2377.35	2138.74	184.15	17.61		17.21	5.870
4-68			混　凝　土 60 mm		5039.96	2184.30	2800.07	55.59	16.18	5.64	17.21	3.930
4-69	沥青砂浆嵌缝		100m	2543.49	2427.30	116.19		17.98			
4-70	混凝土坡道		10m³	5840.03	1266.30	4573.73		9.38	10.15	22.00	3.198

材						料					机	械	
水 泥	砂 子	豆粒石	石油沥青 10#	滑石粉	零 星 材 料 费	豆 石 混 凝 土 1:2:3	素水泥浆	水泥砂浆 1:2	水泥砂浆 1:1	石油沥青砂浆 1:2:7	灰 浆 搅拌机 400L	滚筒式混凝土搅拌机 500L	小型机具
kg	t	t	kg	kg	元	m³	m³	m³	m³	m³	台班	台班	元
0.39	87.03	139.19	4.04	0.59							215.11	273.53	
					53.74								1.81
2567.65	5.938	5.208			27.09	(4.70)	(0.09)	(2.01)			0.25	0.47	1.81
1270.45	2.798				27.09		(0.09)	(2.01)			0.25		1.81
1968.18	4.275	6.249			27.09	(5.64)			(0.50)		0.25	0.47	1.81
411.54	0.507				27.09				(0.50)		0.25		1.81
	0.111		14.64	27.94	30.90					(0.061)			
					11.10								

2.预制混凝土制作
(1)预 制 柱

工作内容: 1.混凝土浇筑、振捣、养护。2.构件的成品堆放。

编号	项 目	单位	预 算 基 价				人 工	材		料		机 械
			总 价	人工费	材料费	机械费	综合工	预拌混凝土 AC30	水	阻燃防火保温草袋片	制作损耗费	小型机具
			元	元	元	元	工日	m³	m³	m²	元	元
							135.00	472.89	7.62	3.34		
4-71	矩 形 柱	10m³	**5947.39**	1081.35	4860.87	5.17	8.01	10.10	8.35	2.75	11.87	5.17
4-72	异 型 柱		**5945.88**	1081.35	4859.36	5.17	8.01	10.10	7.67	3.85	11.87	5.17

(2) 预 制 梁

工作内容：1.混凝土浇筑、振捣、养护。2.构件的成品堆放。

编号	项 目		单位	预 算 基 价				人工	材			料		机 械	
				总 价	人工费	材料费	机械费	综合工	预拌混凝土 AC30	水	黄花松锯材二类	阻燃防火保温草袋片	制作损耗费	自升式塔式起重机 800kN·m	小型机具
				元	元	元	元	工日	m³	m³	m³	m²	元	台班	元
								135.00	472.89	7.62	2778.72	3.34		629.84	
4-73	基 础 梁		10m³	6844.34	1567.35	4876.43	400.56	11.61	10.10	8.58	0.004	3.02	13.66	0.63	3.76
4-74	矩 形 梁			6413.74	1128.60	4884.58	400.56	8.36	10.10	8.40	0.008	2.80	12.80	0.63	3.76
4-75	异 型 梁 (L、工、T、十)			6846.98	1567.35	4877.66	401.97	11.61	10.10	8.74	0.004	3.02	13.67	0.63	5.17
4-76	过 梁			6737.05	1405.35	4931.14	400.56	10.41	10.10	9.94	0.015	7.21	13.45	0.63	3.76
4-77	拱 形 梁			6651.75	1564.65	4926.28	160.82	11.59	10.15	9.21	0.010	4.55	13.28	0.25	3.36
4-78	吊 车 梁	鱼腹式		6150.72	1225.80	4919.75	5.17	9.08	10.10	15.48		3.99	12.28		5.17
4-79		T 形		6144.37	1247.40	4891.80	5.17	9.24	10.10	11.81		4.00	12.26		5.17
4-80	风 道 梁			6210.54	1139.40	4910.32	160.82	8.44	10.15	9.66		7.33	12.40	0.25	3.36
4-81	托 架 梁			5967.71	1027.35	4935.19	5.17	7.61	10.15	13.79		5.50	11.91		5.17

工作内容：1.混凝土浇筑、振捣、养护。2.构件的成品堆放。

编号	项 目		单位	预 算 基 价			
				总 价	人 工 费	材 料 费	机 械 费
				元	元	元	元
4-82	屋 架	拱(梯) 形		6234.83	1327.05	4902.61	5.17
4-83		锯 齿 形		6302.04	1371.60	4925.27	5.17
4-84		组 合 形		6289.51	1370.25	4914.09	5.17
4-85		薄 腹 梁	10m³	6301.99	1408.05	4888.77	5.17
4-86	门 式 屋 架			6272.24	1356.75	4910.32	5.17
4-87	天 窗 架			7142.83	2057.40	5080.26	5.17
4-88	天 窗 端 壁			6677.46	1256.85	5415.37	5.24

屋 架

人　　工	材					机　　械
综　合　工	预拌混凝土 AC30	水	阻燃防火保温草袋片	黄花松锯材 二类	制作损耗费	小　型　机　具
工日	m³	m³	m²	m³	元	元
135.00	472.89	7.62	3.34	2778.72		
9.83	10.15	9.58	5.19		12.44	5.17
10.16	10.15	11.19	8.26		12.58	5.17
10.15	10.15	10.31	6.93		12.55	5.17
10.43	10.15	8.75	2.90		12.58	5.17
10.05	10.15	9.88	6.79		12.52	5.17
15.24	10.15	16.12	7.14	0.043	14.26	5.17
9.31	10.15	25.61	22.04	0.120	13.33	5.24

工作内容：1.混凝土浇筑、振捣、养护。2.构件的成品堆放。

编号	项目	单位	预算基价				人工	预拌混凝土AC30	水	黄花松锯材二类
			总价	人工费	材料费	机械费	综合工			
			元	元	元	元	工日	m³	m³	m³
							135.00	472.89	7.62	2778.72
4-89	平 板	10m³	7133.37	1629.45	5047.94	455.98	12.07	10.15	9.21	0.055
4-90	槽 形 板、肋 形 板、单 肋 板		7068.96	1521.45	5086.91	460.60	11.27	10.15	25.62	0.014
4-91	网 架 板		6949.49	1536.30	5246.07	167.12	11.38	10.15	21.48	0.070
4-92	折 线 板		7452.61	2169.45	5116.04	167.12	16.07	10.15	23.30	0.010
4-93	大 型 屋 面 板、双 T 形 板、带 翼 板		6904.65	1244.70	5199.35	460.60	9.22	10.15	32.81	0.023
4-94	抽 孔 板、烟 囱 板 及 抽 孔 墙 板		7820.44	2170.80	5139.21	510.43	16.08	10.15	22.93	0.032
4-95	槽 形 墙 板		8070.95	2384.10	5286.29	400.56	17.66	10.15	30.56	0.063
4-96	钢 筋 混 凝 土 墙 板		7003.12	1669.95	4932.61	400.56	12.37	10.15	10.28	0.008
4-97	陶粒重砂混凝土 工业墙板		5835.47	2088.45	3269.87	477.15	15.47		17.16	0.009
4-98	墙 板		5990.47	2088.45	3424.87	477.15	15.47		14.24	0.011

制　板

材料							机械				
阻燃防火保温草袋片	水　泥	砂　子	陶　粒	制作损耗费	陶粒混凝土 C15	陶粒混凝土 C20	自升式塔式起重机 800kN·m	载货汽车 6t	卷扬机 单筒慢速 50kN	滚筒式混凝土搅拌机 500L	小型机具
m²	kg	t	m³	元	m³	m³	台班	台班	台班	台班	元
3.34	0.39	87.03	144.35				629.84	461.82	211.29	273.53	
3.25				14.24			0.63	0.12			3.76
11.63				14.11			0.63	0.13			3.76
22.21				13.87			0.26				3.36
28.74				14.88			0.26				3.36
21.50				13.78			0.63	0.13			3.76
18.00				15.61			0.63		0.52		3.76
18.69				16.11			0.63				3.76
5.46				13.98			0.63				3.76
5.67	3121.12	7.034	8.688	11.65	（10.15）		0.63			0.28	3.76
3.93	3719.47	6.455	8.648	11.96		（10.15）	0.63			0.28	3.76

（5）预制混

工作内容：1.混凝土浇筑、振捣、养护。2.构件的成品堆放。

编号	项目		单位	预　算　基　价			
				总　价	人　工　费	材　料　费	机　械　费
				元	元	元	元
4-99	楼　梯　段	实　心　板	10m³	**6547.73**	1389.15	4991.46	167.12
4-100		空　心　板		**7172.66**	1489.05	5516.49	167.12
4-101	楼　梯　斜　梁			**6543.31**	1372.95	5003.24	167.12
4-102	楼　梯　踏　步			**7385.81**	1864.35	5354.34	167.12

凝土楼梯

人　工	材					机	械
综　合　工	预拌混凝土 AC30	水	黄花松锯材 二类	阻燃防火 保温草袋片	制作损耗费	自升式塔式起重机 800kN•m	小型机具
工日	m³	m³	m³	m²	元	台班	元
135.00	472.89	7.62	2778.72	3.34		629.84	
10.29	10.15	12.55	0.019	9.02	13.07	0.26	3.36
11.03	10.15	7.18	0.220	10.87	14.32	0.26	3.36
10.17	10.15	12.66	0.019	12.30	13.06	0.26	3.36
13.81	10.15	21.22	0.110	21.68	14.74	0.26	3.36

工作内容：1.混凝土浇筑、振捣、养护。2.构件的成品堆放。

编号	项目	单位	预算基价				人工	预拌混凝土 AC30
			总价	人工费	材料费	机械费	综合工	
			元	元	元	元	工日	m³
							135.00	472.89
4-103	檩条、支撑、天窗上下挡		6702.47	1246.05	5055.86	400.56	9.23	10.15
4-104	天沟、挑檐板		7289.28	1705.05	5183.67	400.56	12.63	10.15
4-105	阳台、雨篷		6874.03	1491.75	4981.72	400.56	11.05	10.15
4-106	天窗侧板（平板）		6415.09	1389.15	5022.18	3.76	10.29	10.15
4-107	地沟盖板		6579.70	1638.90	4937.04	3.76	12.14	10.15
4-108	烟道、通风道	10m³	7782.69	2902.50	4876.43	3.76	21.50	10.15
4-109	隔断板、栏板		6931.70	1863.00	5064.94	3.76	13.80	10.15
4-110	1:3水泥砂浆抹隔断板、栏板		11119.72	6975.45	3554.87	589.40	51.67	
4-111	上人孔板		7228.74	1783.35	5044.83	400.56	13.21	10.15
4-112	零星构件		7582.32	2608.20	4970.36	3.76	19.32	10.15
4-113	池槽、井圈、梁垫		7138.50	2220.75	4913.99	3.76	16.45	10.15
4-114	漏空花格	10m²	281.40	81.00	199.93	0.47	0.60	0.38

108

预制构件

材				料			机		械
水	阻 燃 防 火 保温草袋片	黄花松锯材 二类	水 泥	砂 子	制作损耗费	水泥砂浆 1:3	自升式塔式起重机 800kN·m	灰浆搅拌机 400L	小 型 机 具
m³	m²	m³	kg	t	元	m³	台班	台班	元
7.62	3.34	2778.72	0.39	87.03			629.84	215.11	
15.59	10.46	0.032			13.38		0.63		3.76
17.35	10.25	0.073			14.55		0.63		3.76
11.59	8.10	0.019			13.72		0.63		3.76
16.72	14.61	0.012			12.80				3.76
12.33	9.02				13.13				3.76
7.51	1.15				15.53				3.76
20.57	28.30				13.84				3.76
13.02	28.30		4690.32	17.347	22.20	(10.91)		2.74	
14.19	11.70	0.030			14.43		0.63		3.76
15.05	12.19				15.13				3.76
10.67	5.57				14.25				3.76
1.67	2.08				0.56				0.47

工作内容： 1.清理修补基层,刮底、弹线、找平、刷浆,调运砂浆。2.抹面、磨光、擦浆、补砂眼、磨光、上草酸打蜡、擦光等全部操作过程。

编号	项 目	单位	预　算　基　价				人　工
			总　价	人 工 费	材 料 费	机 械 费	综 合 工
			元	元	元	元	工日
							135.00
4-115	水 磨 石 池 槽		45528.95	38684.25	6844.70		286.55
4-116	水 磨 石 窗 台 板、化 验 台 板	10m³	28820.90	22526.10	6226.42	68.38	166.86
4-117	水 磨 石 隔 板 及 其 他		28001.23	21339.45	6661.78		158.07

石构件

材						料		机 械
水 泥	白 石 子	黄花松锯材二类	阻燃防火保温草袋片	水	金 刚 石三角形	制 作 损 耗 费	水泥白石子浆1:2.5	滚 筒 式 混凝 土 搅 拌 机500L
kg	kg	m³	m²	m³	块	元	m³	台班
0.39	0.19	2778.72	3.34	7.62	8.31			273.53
5548.80	18553.80	0.19	8.81	7.67	54.00	90.88	(10.20)	
5548.80	18553.80		27.92	17.99	30.00	57.53	(10.20)	0.25
5548.80	18553.80	0.12	16.62	10.36	54.00	55.89	(10.20)	

3.装配式建筑构件
(1)预制混凝土柱、梁安装

工作内容：1.预制混凝土柱安装:支撑杆连接件预埋,结合面清理,构件吊装、就位、校正、垫实、固定,座浆料铺筑,搭设及拆除钢支撑。2.预制混凝土梁安装:结合面清理,构件吊装、就位、校正、垫实、固定,接头钢筋调直,搭设及拆除钢支撑。

编号	项目	单位	预算基价			人工	材						料				
			总价	人工费	材料费	综合工	预制混凝土柱	预制混凝土叠合梁	湿拌砌筑砂浆 M7.5	垫铁 2.0~7.0	板枋材	垫木	斜支撑杆件 D48×3.5	钢支撑	零星卡具	预埋铁件	零星材料费
			元	元	元	工日	m³	m³	m³	kg	m³	m³	套	kg	kg	kg	元
						135.00	4150.00	4070.00	343.43	2.76	2001.17	1049.18	155.75	7.46	7.57	9.49	
4-118	预制混凝土柱安装	10m³	43404.74	1260.90	42143.84	9.34	10.05		0.08	7.48		0.01		0.34		13.05	251.35
4-119	预制混凝土叠合梁安装		43876.33	2231.55	41644.78	16.53		10.05		4.68	0.02		1.49	14.29	13.38		248.38

（2）预制混凝土墙安装

工作内容： 支撑杆连接件预埋,结合面清理,构件吊装、就位、校正、垫实、固定,接头钢筋调直、构件打磨,座浆料铺筑、填缝料填缝,搭设及拆除钢支撑。

编号	项目			单位	预算基价			人工	材料				
					总价	人工费	材料费	综合工	预制混凝土实心剪力墙内墙板（墙厚200以内）	预制混凝土实心剪力墙内墙板（墙厚200以外）	预制混凝土实心剪力墙外墙板（墙厚200以内）	预制混凝土实心剪力墙外墙板（墙厚200以外）	预制混凝土夹心保温剪力墙外墙板（墙厚300以内）
					元	元	元	工日	m³	m³	m³	m³	m³
								135.00	3770.00	3870.00	4390.00	4210.00	4500.00
4-120	预制混凝土实心剪力墙安装	内墙板	200以内	10m³	39778.64	1377.00	38401.64	10.20	10.05				
4-121			200以外		40431.18	1069.20	39361.98	7.92		10.05			
4-122		外墙板	200以内		46431.62	1721.25	44710.37	12.75			10.05		
4-123			200以外	墙厚(mm)	44157.48	1324.35	42833.13	9.81				10.05	
4-124	预制混凝土夹心保温剪力墙安装		300以内		47155.16	1399.95	45755.21	10.37					10.05
4-125			300以外		46509.00	1273.05	45235.95	9.43					
4-126	预制混凝土外墙面板安装（PCF板）				60405.38	3233.25	57172.13	23.95					

编号	项目			单位	预制混凝土夹心保温剪力墙外墙板（墙厚300以外）	预制混凝土外墙面板(PCF板)	垫铁 2.0～7.0	湿拌砌筑砂浆 M7.5	保温岩棉板 50mm A级	PE海绵填充棒 φ40	垫木	斜支撑杆件 D48×3.5	预埋铁件	定位钢板	零星材料费
					m³	m³	kg	m³	m³	m	m³	套	kg	kg	元
					4450.00	5600.00	2.76	343.43	151.43	1.12	1049.18	155.75	9.49	7.25	
4-120	预制混凝土实心剪力墙安装	内墙板	墙厚（mm） 200以内	10m³			9.990	0.09		52.976	0.010	0.377	7.448	3.640	229.04
4-121			200以外				7.695	0.09		40.615	0.010	0.289	5.710	3.640	234.76
4-122		外墙板	200以内				12.491	0.10		40.751	0.012	0.487	9.307	4.550	266.66
4-123			200以外				9.577	0.10		31.242	0.012	0.373	7.136	4.550	255.47
4-124	预制混凝土夹心保温剪力墙安装		300以内				9.234	0.10	0.039	24.476	0.015	0.360	6.880	3.734	272.89
4-125			300以外		10.05		8.393	0.10	0.070	22.248	0.015	0.327	6.254	3.394	269.80
4-126	预制混凝土外墙面板安装（PCF板）					10.05	24.528	0.10	0.179	56.537	0.015	0.832	15.893	8.624	340.99

(3) 预制混凝土板安装

工作内容: 结合面清理,构件吊装、就位、校正、垫实、固定,接头钢筋调直、焊接,搭设及拆除钢支撑。

编号	项 目	单位	预 算 基 价				人工	材						料		机 械
			总价	人工费	材料费	机械费	综合工	预制混凝土叠合板	垫铁 2.0~7.0	电焊条	板枋材	立支撑杆件 D48×3.5	零星卡具	钢支撑	零星材料费	交流弧焊机 32kV•A
			元	元	元	元	工日	m³	kg	kg	m³	套	kg	kg	元	台班
							135.00	3360.00	2.76	7.59	2001.17	129.79	7.57	7.46		87.97
4-127	预制混凝土叠合板安装	10m³	**37956.56**	2756.70	35148.75	51.11	20.42	10.05	3.14	6.10	0.091	2.73	37.31	39.85	209.63	0.581

115

(4) 预制混凝土楼梯段安装

工作内容：结合面清理，构件吊装、就位、校正、垫实、固定，接头钢筋调直、焊接，灌缝、嵌缝，搭设及拆除钢支撑。

编号	项目	单位	预算基价				人工	材					料				机械
			总价	人工费	材料费	机械费	综合工	预制混凝土楼梯段	电焊条	垫铁 2.0~7.0	湿拌砌筑砂浆 M7.5	板枋材	立支撑杆件 D48×3.5	零星卡具	钢支撑	零星材料费	交流弧焊机 32kV·A
			元	元	元	元	工日	m³	kg	kg	m³	m³	套	kg	kg	元	台班
							135.00	3970.00	7.59	2.76	343.43	2001.17	129.79	7.57	7.46		87.97
4-128	预制混凝土直行楼梯安装 （带休息平台）	10m³	42806.66	2278.80	40516.86	11.00	16.88	10.05	1.31	9.03	0.14	0.024	0.72	9.80	10.47	241.65	0.125

（5）预制混凝土其他构件安装

工作内容： 支撑杆连接件预埋,结合面清理,构件吊装、就位、校正、垫实、固定,接头钢筋调直、焊接,构件打磨、座浆料铺筑、填缝料填缝,搭设及拆除钢支撑。

编号	项目	单位	预 算 基 价				人工	材				料	
			总 价	人工费	材料费	机械费	综合工	预制混凝土叠合式阳台板	预制混凝土全预制式阳台板	预制混凝土空调板	预制混凝土女儿墙（墙高1400以内）	垫 铁 2.0~7.0	电焊条
			元	元	元	元	工日	m³	m³	m³	m³	kg	kg
							135.00	4000.00	4210.00	4030.00	4380.00	2.76	7.59
4-129	预制混凝土叠合板式阳台板安装	10m³	44605.80	2929.50	41625.19	51.11	21.70	10.05				5.24	6.102
4-130	全预制式混凝土阳台板安装		45509.56	2328.75	43155.21	25.60	17.25		10.05			2.62	3.051
4-131	预制混凝土空调板安装		45324.96	3222.45	42046.30	56.21	23.87			10.05		5.76	6.710
4-132	预制混凝土女儿墙安装		46742.47	2062.80	44665.33	14.34	15.28				10.05	7.43	1.708

编号	项 目	单位	材						料					机械
			湿拌砌筑砂浆 M7.5	PE海绵填充棒 ϕ40	垫木	斜支撑杆件 D48×3.5	预埋铁件	定位钢板	板枋材	立支撑杆件 D48×3.5	零星卡具	钢支撑	零星材料费	交流弧焊机 32kV·A
			m³	m	m³	套	kg	kg	m³	套	kg	kg	元	台班
			343.43	1.12	1049.18	155.75	9.49	7.25	2001.17	129.79	7.57	7.46		87.97
4-129	预制混凝土叠合板式阳台板安装	10m³							0.091	2.730	37.310	39.850	248.26	0.581
4-130	全预制式混凝土阳台板安装								0.045	1.364	18.653	19.925	257.39	0.291
4-131	预制混凝土空调板安装								0.100	3.000	41.040	43.840	250.77	0.639
4-132	预制混凝土女儿墙安装		0.113	23.375	0.014	0.473	18.333	2.64					266.39	0.163

(6) 预埋套筒、注浆、嵌缝、打胶

工作内容: 1.预埋全灌浆套筒:套筒安装埋设、固定、安装胶塞、连接塑料波纹管。2.预埋全灌浆套筒:套筒安装埋设、钢筋的攻丝、套扣、固定连接、安装胶塞、连接塑料波纹管。3.套筒灌浆准备注浆料及注浆机、压力罐,注浆料搅拌、分仓注浆、封堵。

编号	项 目			单位	预　算　基　价				人　工	材　料
					总　价	人工费	材料费	机械费	综合工	注浆料
					元	元	元	元	工日	L
									135.00	17.31
4-133	预 埋 套 筒	全　灌　浆		10个	578.36	22.55	555.81		0.167	
4-134		半　灌　浆			580.82	37.53	543.29		0.278	
4-135	套 筒 注 浆	全 灌 浆	D12	100个	1459.87	43.61	1398.45	17.81	0.323	80.784
4-136			D14		1751.14	52.38	1677.43	21.33	0.388	96.900
4-137			D16		2068.04	61.83	1981.14	25.07	0.458	114.444
4-138			D18		2480.90	74.12	2376.65	30.13	0.549	137.292
4-139			D20		2775.94	82.89	2659.18	33.87	0.614	153.612
4-140			D22		3247.86	97.07	3111.20	39.59	0.719	179.724
4-141			D25		4014.31	119.75	3845.74	48.82	0.887	222.156
4-142			D28		5033.94	150.39	4822.19	61.36	1.114	278.562
4-143			D32		6185.80	184.82	5925.76	75.22	1.369	342.312

编号	项 目			单位	材　　　　料				机　　械	
					水	半灌浆套筒	全灌浆套筒	零星材料费	气动灌浆机	灰浆搅拌机 200L
					m³	个	个	元	台班	台班
					7.62	38.94	50.08		11.17	208.76
4-133	预埋套筒	全 灌 浆		10个			10.10	50.00		
4-134		半 灌 浆				10.10		150.00		
4-135	套 筒 注 浆	全 灌 浆	D12	100个	0.010				0.081	0.081
4-136			D14		0.012				0.097	0.097
4-137			D16		0.015				0.114	0.114
4-138			D18		0.017				0.137	0.137
4-139			D20		0.020				0.154	0.154
4-140			D22		0.023				0.180	0.180
4-141			D25		0.029				0.222	0.222
4-142			D28		0.037				0.279	0.279
4-143			D32		0.044				0.342	0.342

工作内容: 1.套筒灌浆准备注浆料及注浆机、压力罐,注浆料搅拌、分仓注浆、封堵。2.嵌缝、打胶:清理缝道、剪裁、固定、注胶、清理。

编号	项目			单位	预算基价				人工	材				料		机	械
					总价	人工费	材料费	机械费	综合工	注浆料	水	泡沫条 φ25	双面胶纸	耐候胶	零星材料费	气动灌浆机	灰浆搅拌机200L
					元	元	元	元	工日	L	m³	m	m	L	元	台班	台班
									135.00	17.31	7.62	1.30	2.22	65.68		11.17	208.76
4-144	套筒注浆	半灌浆	D12	100个	500.20	14.99	479.05	6.16	0.111	27.673	0.004					0.028	0.028
4-145			D14		569.31	17.01	545.26	7.04	0.126	31.498	0.004					0.032	0.032
4-146			D16		835.51	24.98	800.41	10.12	0.185	46.237	0.006					0.046	0.046
4-147			D18		993.52	29.70	951.72	12.10	0.220	54.978	0.007					0.055	0.055
4-148			D20		1136.98	34.02	1089.10	13.86	0.252	62.914	0.008					0.063	0.063
4-149			D22		1333.26	39.83	1277.16	16.27	0.295	73.777	0.010					0.074	0.074
4-150			D25		1876.23	56.03	1797.33	22.87	0.415	103.826	0.013					0.104	0.104
4-151	嵌缝、打胶			100m	4016.73	1270.35	2746.38		9.410			102.00	204.00	31.50	91.98		

121

（7）装配式后浇混凝土

工作内容： 混凝土浇筑、振捣、养护等。

编号	项 目	单位	预 算 基 价				人 工	材 料			机 械
			总 价	人工费	材料费	机械费	综合工	预拌混凝土 AC30	塑料薄膜	水	小型机具
			元	元	元	元	工日	m³	m²	m³	元
							135.00	472.89	1.90	7.62	
4-152	梁、柱接头	10m³	8631.94	3742.20	4876.03	13.71	27.72	10.15		10.000	13.71
4-153	叠合梁、板		6126.25	846.45	5272.54	7.26	6.27	10.15	175.000	18.400	7.26
4-154	叠合剪力墙		6100.62	1273.05	4816.60	10.97	9.43	10.15		2.200	10.97
4-155	连接墙、柱		6561.51	1699.65	4850.89	10.97	12.59	10.15		6.700	10.97

4. 钢 筋 工 程
(1)普 通 钢 筋

工作内容：制作、运输、绑扎、安装。

编号	项目			单位	预 算 基 价				人工	材			料
					总 价	人工费	材料费	机械费	综合工	钢筋 D10以内	钢筋 D10以外	螺纹钢 D20以内	螺纹钢 D20以外
					元	元	元	元	工日	t	t	t	t
									135.00	3970.73	3799.94	3741.46	3725.86
4-156	现浇构件 普通钢筋	圆 钢 筋	D10以内		5633.50	1525.50	4082.94	25.06	11.30	1.020			
4-157			D10以外		5145.09	1119.15	3970.09	55.85	8.29		1.025		
4-158		螺纹钢筋	D20以内		5126.69	1148.85	3904.22	73.62	8.51			1.025	
4-159			D20以外		4667.85	720.90	3888.64	58.31	5.34				1.025
4-160	预制构件 普通钢筋	圆 钢 筋	D10以内	t	5551.19	1444.50	4082.94	23.75	10.70	1.020			
4-161			D10以外		5086.32	1062.45	3970.09	53.78	7.87		1.025		
4-162		螺纹钢筋	D20以内		5065.33	1089.45	3904.22	71.66	8.07			1.025	
4-163			D20以外		4631.31	685.80	3888.64	56.87	5.08				1.025
4-164	冷拔低碳钢丝		D5以内		7533.70	3206.25	4292.46	34.99	23.75				

编号	项目			单位	材		料		机			械	
					冷拔钢丝 D4.0	镀锌钢丝 D0.7	水	电焊条	钢筋切断机 D40	钢筋调直机 D14	钢筋弯曲机 D40	交流弧焊机 32kV·A	对焊机 75kV·A
					t	kg	m³	kg	台班	台班	台班	台班	台班
					3907.95	7.42	7.62	7.59	42.81	37.25	26.22	87.97	113.07
4-156	现浇构件普通钢筋	圆钢筋	D10 以内			4.42			0.13	0.27	0.36		
4-157			D10 以外			2.63	0.13	7.20	0.08	0.20	0.22	0.33	0.09
4-158		螺纹钢筋	D20 以内			1.80	0.16	7.20	0.10	0.18	0.28	0.50	0.10
4-159			D20 以外			0.69	0.10	8.40	0.08	0.13	0.14	0.45	0.06
4-160	预制构件普通钢筋	圆钢筋	D10 以内	t		4.42			0.15	0.24	0.32		
4-161			D10 以外			2.63	0.13	7.20	0.07	0.17	0.20	0.33	0.09
4-162		螺纹钢筋	D20 以内			1.80	0.16	7.20	0.09	0.16	0.25	0.50	0.10
4-163			D20 以外			0.69	0.10	8.40	0.07	0.11	0.13	0.45	0.06
4-164		冷拔低碳钢丝	D5 以内		1.09	4.42			0.33	0.56			

(2)高 强 钢 筋

工作内容:制作、运输、绑扎、安装。

编号	项 目		单位	预 算 基 价				人 工 综合工	材 螺 纹 钢 HRB 400 10mm	螺 纹 钢 HRB 400 16~18mm	料 螺 纹 钢 HRB 400 36mm
				总 价	人工费	材料费	机械费	综合工			
				元	元	元	元	工日	t	t	t
								135.00	3685.41	3648.79	3682.98
4-165	现浇构件高强钢筋	D10 以内		5628.76	1775.25	3800.97	52.54	13.15	1.020		
4-166		D20 以内		5089.07	1201.50	3817.92	69.65	8.90		1.025	
4-167		D40 以内	t	4664.55	776.25	3832.61	55.69	5.75			1.025
4-168	预制构件高强钢筋	D10 以内		5484.03	1679.40	3782.54	22.09	12.44	1.015		
4-169		D20 以内		5023.65	1139.40	3815.86	68.39	8.44		1.025	
4-170		D40 以内		4627.31	738.45	3834.19	54.67	5.47			1.025

125

编号	项目		单位	材　　　　料			机　　　　　　　　　　　　　械					
				镀锌钢丝 D0.7	水	电焊条	钢筋调直机 D14	钢筋切断机 D40	钢筋弯曲机 D40	直流弧焊机 32kW	对焊机 75kV·A	电焊条烘干箱 450×350×450
				kg	m³	kg	台班	台班	台班	台班	台班	台班
				7.42	7.62	7.59	37.25	42.81	26.22	92.43	113.07	17.33
4-165	现浇构件高强钢筋	D10 以内	t	5.640			0.614	0.426	0.436			
4-166		D20 以内		3.650	0.144	6.552	0.095	0.105	0.242	0.473	0.095	0.047
4-167		D40 以内		1.597	0.093	5.928		0.095	0.189	0.420	0.063	0.042
4-168	预制构件高强钢筋	D10 以内		5.640			0.284	0.095	0.284			
4-169		D20 以内		3.373	0.143	6.552	0.095	0.095	0.210	0.473	0.095	0.047
4-170		D40 以内		1.811	0.093	5.928		0.084	0.168	0.420	0.063	0.042

(3) 箍 筋

工作内容：制作、运输、绑扎、安装。

编号	项目	单位	预算基价 总价 元	人工费 元	材料费 元	机械费 元	人工 综合工 工日	钢筋 HPB 300 D10 t	钢筋 HPB 300 D12 t	螺纹钢 HRB 400 10mm t	螺纹钢 HRB 400 12～14mm t	镀锌钢丝 D0.7 kg	钢筋调直机 D14 台班	钢筋切断机 D40 台班	钢筋弯曲机 D40 台班
							135.00	3929.20	3858.40	3685.41	3665.44	7.42	37.25	42.81	26.22
4-171	普通箍筋 D10 以内	t	6299.54	2164.05	4082.26	53.23	16.03	1.020				10.037	0.30	0.18	1.31
4-172	D10 以外		5135.01	1120.50	3989.14	25.37	8.30		1.025			4.620	0.12	0.09	0.65
4-173	高强箍筋 D10 以内		6008.98	2099.25	3852.02	57.71	15.55			1.025		10.037	0.32	0.20	1.42
4-174	D10 以外		5024.39	1205.55	3791.36	27.48	8.93				1.025	4.620	0.13	0.10	0.70

（4）先张法预应力钢筋

工作内容：1.制作、绑扎、安装。2.预应力钢筋张拉、锚具安装、孔道灌浆、预埋管孔道铺设、孔道压浆、养护等。

编号	项目	单位	预算基价 总价	人工费	材料费	机械费	人工 综合工	材料 钢筋 D10以内	螺纹钢 D20以内	零星材料费	冷拉设备摊销费	张拉台座机具摊销费	机械 卷扬机单筒慢速50kN	钢筋调直机D14	钢筋切断机D40	钢筋弯曲机D40	钢筋拉伸机650kN	对焊机75kV·A
			元	元	元	元	工日	t	t	元	元	元	台班	台班	台班	台班	台班	台班
							135.00	3970.73	3741.46				211.29	37.25	42.81	26.22	26.28	113.07
4-175	矩 形 梁		6460.45	1555.20	4793.32	111.93	11.52		1.06	61.57	376.27	389.53	0.20	0.25	0.27	0.25	0.79	0.19
4-176	大型屋面板、双T板	t	7206.50	2258.55	4846.16	101.79	16.73		1.06	90.61	382.07	407.53	0.22	0.16	0.19	0.16	0.72	0.16
4-177	槽形板、肋形板		6931.38	1744.20	5075.08	112.10	12.92	1.06		76.51	382.07	407.53	0.20	0.36	0.38	0.36	0.61	0.13

（5）后张法预应力钢筋

工作内容： 1.制作、绑扎、安装。2.预应力钢筋张拉、锚具安装、孔道灌浆、预埋管孔道铺设、孔道压浆、养护等。

编号	项目	单位	预算基价				人工	材料			
			总价	人工费	材料费	机械费	综合工	螺纹钢 D20以外	水泥	端杆螺栓带母	零星材料费
			元	元	元	元	工日	t	kg	kg	元
							135.00	3725.86	0.39	10.17	
4-178	吊车梁	t	**9380.07**	1618.65	7570.82	190.60	11.99	1.13	739.00	246.53	32.16

续前

编号	项目	单位	材料			机				械	
			冷拉设备摊销费	张拉机具摊销费	孔道成型材料摊销费	卷扬机单筒慢速50kN	钢筋拉伸机650kN	对焊机75kV·A	点焊机长臂75kV·A	电焊机（综合）	电动灌浆机3m³/h
			元	元	元	台班	台班	台班	台班	台班	台班
						211.29	26.28	113.07	138.95	89.46	25.28
4-178	吊车梁	t	194.26	94.63	244.13	0.16	0.77	0.24	0.68	0.02	0.52

工作内容：1.制作、绑扎、安装。2.预应力钢筋张拉、锚具安装、孔道灌浆、预埋管孔道铺设、孔道压浆、养护等。

编号	项　目		单位	预　算　基　价				人工	材				
				总　价	人工费	材料费	机械费	综合工	钢筋 D6	预应力钢绞线 1×(7~15) 1860MPa	电焊条	端杆螺栓带母	锚具 JM12-6
				元	元	元	元	工日	t	t	kg	kg	套
								135.00	3970.73	5641.13	7.59	10.17	154.81
4-179	预应力钢丝	平板	t	12797.44	7857.00	4738.98	201.46	58.20	1.09				
4-180		大楼板		9858.30	4342.95	4772.38	742.97	32.17	1.09				
4-181	预应力钢绞线	鱼腹式吊车梁		33910.79	8838.45	24446.09	626.25	65.47		1.13	4.20	140.35	73.42
4-182		托架梁		19861.99	3380.40	16220.25	261.34	25.04		1.13	1.29		41.12
4-183		拱（梯）形屋架		25093.03	9080.10	14296.16	1716.77	67.26		1.13	7.63		27.66
4-184		薄腹屋架		20596.71	4826.25	15511.16	259.30	35.75		1.13	7.02		33.64

丝、钢绞线

料								机							械	
氧气 6m³	水泥	乙炔气 5.5~6.5kg	零星材料费	张拉台座机具摊销费	冷拉设备摊销费	张拉机具摊销费	孔道成型材料摊销费	卷扬机单筒慢速 50kN	钢筋调直机 D14	钢筋切断机 D40	钢筋弯曲机 D40	钢筋拉伸机 650kN	对焊机 75kV·A	点焊机 长臂75kV·A	电焊机（综合）	电动灌浆机 3m³/h
m³	kg	m³	元	元	元	元	元	台班	台班	台班	台班	台班	台班	台班	台班	台班
2.88	0.39	16.13						211.29	37.25	42.81	26.22	26.28	113.07	138.95	89.46	25.28
			0.86	410.02				0.27	0.25	0.28		1.67	0.16	0.44		
			34.26	410.02				0.28	0.13	1.24		4.82	1.22	2.60		
28.85	1385.00	6.84	2682.55	410.02	666.64	142.83	610.62	0.35	0.34	0.34	0.34	2.49	0.58		4.00	1.08
10.28	1353.00	5.97	1443.64	410.02	667.52	71.52	223.92	0.26	0.37	0.37	0.37	0.97	0.54		0.53	1.31
6.93	2221.00	5.63	982.98	410.02	667.52	71.52	472.73	6.93	0.94	0.94	0.94	0.28	0.42		0.59	1.78
8.41	2468.00	5.75	1220.76	410.02	667.52	71.52	426.28	0.27	0.47	0.47	0.47	0.80	0.32		0.56	1.78

（7）无粘结预应力钢丝束

工作内容： 制作、编束、穿筋、张拉、孔道灌浆等。

编号	项 目	单位	预 算 基 价				人 工	材			料	
			总 价	人工费	材料费	机械费	综合工	无粘结钢丝束	锚具JM12-6	承压板	金属七孔板	塑料管$\phi20$
			元	元	元	元	工日	t	套	kg	kg	kg
							135.00	5563.26	154.81	7.54	7.36	16.73
4-185	无粘结预应力钢丝束	t	**24958.85**	4932.90	19605.92	420.03	36.54	1.06	52.56	49.20	45.15	3.38

续前

编号	项 目	单位	材			料		机			械	
			穴 模	钢 筋D10以内	镀锌钢丝D1.6	砂轮片	电焊条	油压千斤顶200t	高压油泵50MPa	自升式塔式起重机800kN·m	载货汽车6t	小型机具
			套	t	kg	片	kg	台班	台班	台班	台班	元
			115.57	3970.73	7.09	26.97	7.59	11.50	110.93	629.84	461.82	
4-185	无粘结预应力钢丝束	t	37.44	0.011	4.50	9.00	22.00	1.80	1.80	0.05	0.36	1.91

（8）螺栓、铁件安装

工作内容：1.安装、运输。2.埋设、焊接固定。

编号	项目	单位	预算基价				人工	材料			机械
			总价	人工费	材料费	机械费	综合工	预埋螺栓	铁件	电焊条	电焊机（综合）
			元	元	元	元	工日	t	kg	kg	台班
							135.00	7766.06	9.49	7.59	74.17
4-186	螺栓安装	t	10800.22	2956.50	7843.72		21.90	1.01			
4-187	预埋铁件安装		13080.61	2956.50	9812.60	311.51	21.90		1010.00	30.00	4.20

133

工作内容：1.钢筋切断、磨光、上卡具扶筋、焊接及加压、取试样等。 2.电渣焊接、挤压、安装套管、冷压连接、套丝等操作过程。

编号	项目		单位	预 算 基 价				人工	材					
				总价	人工费	材料费	机械费	综合工	乙炔气 5.5~6.5kg	氧气 6m³	螺纹连接套筒 D32	螺纹连接套筒 D40	油封	机油 5#~7#
				元	元	元	元	工日	m³	m³	个	个	个	kg
								135.00	16.13	2.88	6.79	12.59	13.33	7.21
4-188	钢筋气压焊接头	DN25 以内	100个	5779.19	4893.75	818.47	66.97	36.25	16.00	18.58			6.19	0.77
4-189		DN32 以内		9907.94	8267.40	1476.69	163.85	61.24	28.77	33.40			13.19	1.76
4-190	钢筋电渣压力焊接头			134.50	83.70	37.49	13.31	0.62						
4-191	钢筋冷挤压接头	DN22 以内	10个	93.17	85.05	5.39	2.73	0.63						
4-192		DN38 以内		105.00	95.85	6.07	3.08	0.71						
4-193	直螺纹钢筋接头	≤32		150.21	45.90	98.52	5.79	0.34			10.10			
4-194	（钢筋直径mm）	≤40		223.43	49.95	166.59	6.89	0.37				10.10		

特种接头

料										机			械		
砂轮片	无齿锯片	钢筋 D10以外	润滑冷却液	塑料帽 D32	塑料帽 D40	电焊条	焊剂	石棉垫	零星材料费	电焊机(综合)	电渣焊机 1000A	钢筋挤压连接机 D40	螺栓套丝机 D39	设备摊销费	综合机械
片	片	t	kg	个	个	kg	kg	个	元	台班	台班	台班	台班	元	元
26.97	22.21	3799.94	20.65	1.38	1.85	7.59	8.22	0.89		89.46	165.52	31.71	27.57		
6.19	6.19	0.006							91.59					23.73	43.24
10.55	10.55	0.011							167.28					35.85	128.00
						0.11	4.35	0.5	0.45	0.01	0.075				
									5.39			0.086			
									6.07			0.097			
			0.10	20.20									0.21		
			0.10		20.20								0.25		

工作内容：材料运输、孔点测位、钻孔、矫正、清灰、灌胶、养护等。

编号	项　　　目	单位	预　算　基　价			人　工
			总　　价	人　工　费	材　料　费	综　合　工
			元	元	元	工日
						135.00
4-195			58.69	36.45	22.24	0.27
4-196			83.20	47.25	35.95	0.35
4-197	钢　筋　植　筋	*D*10　以　内	118.16	59.40	58.76	0.44
4-198		*D*25　以　内	167.02	67.50	99.52	0.50
4-199		*D*40　以　内	374.69	79.65	295.04	0.59

植 筋

材						料	
植 筋 胶 粘 剂	钻 头 D14	钻 头 D16	钻 头 D22	钻 头 D28	钻 头 D40	丙 酮	零星材料费
L	个	个	个	个	个	kg	元
35.50	16.22	16.65	20.09	37.06	107.02	9.89	
0.229	0.29					0.350	5.95
0.514		0.29				0.700	5.95
0.969			0.38			1.090	5.95
1.756				0.38		1.622	7.06
5.212					0.63	3.370	9.26

工作内容：钢筋制作、运输、绑扎、安装等。

编号	项目			单位	预 算 基 价				人工 综合工	材				
					总 价	人工费	材料费	机械费		钢筋 D10以内	螺纹钢 D20以外	电焊条	镀锌钢丝 D0.7	水泥
					元	元	元	元	工日	t	t	kg	kg	kg
									135.00	3970.73	3725.86	7.59	7.42	0.39
4-200	楼面、屋面成品钢筋网片	钢筋直径 (mm)	D5.0	t	9004.33	4338.90	4316.49	348.94	32.14				2.14	
4-201			D6.0		6669.23	2317.95	4073.05	278.23	17.17	1.015			1.10	
4-202			D8.0		5866.37	1611.90	4059.77	194.70	11.94	1.015			0.82	
4-203			D10.0		5522.20	1294.65	4054.87	172.68	9.59	1.015			0.54	
4-204	伸 出 加 固 筋				7292.14	3048.30	4190.70	53.14	22.58	1.010			7.00	210.67
4-205	墙 体 加 固 钢 筋				4712.32	661.50	4017.19	33.63	4.90	1.010			0.91	
4-206	混凝土灌注桩钢筋笼	圆 钢			5102.09	765.45	4121.38	215.26	5.67	1.020			9.60	
4-207		带 肋 钢 筋			4898.52	742.50	3895.02	261.00	5.50		1.025	6.72	3.37	
4-208	地下连续墙钢筋笼安放 深 度（m以内）	15			3345.03	2601.45	213.16	530.42	19.27			10.10	10.00	
4-209		25			3643.13	2628.45	228.34	786.34	19.47			12.10	10.00	
4-210		35			4002.22	2722.95	232.89	1046.38	20.17			12.70	10.00	
4-211		45			4258.78	2817.45	237.45	1203.88	20.87			13.30	10.00	

他

料					机								械	
砂 子	水	冷拔钢丝 D5.0	硬泡沫塑料板	水泥砂浆 1:2	钢 筋 调直机 D14	钢 筋 切断机 D40	钢 筋 弯曲机 D40	点 焊 机 长臂75kV·A	直 流 弧焊机 32kW	对 焊 机 75kV·A	汽车式 起重机 20t	电焊条烘干箱 450×350×450	履带式 起重机 40t	履带式 起重机 60t
t	m³	t	m³	m³	台班	台班	台班	台班	台班	台班	台班	台班	台班	台班
87.03	7.62	3908.67	415.34		37.25	42.81	26.22	138.95	92.43	113.07	1043.80	17.33	1302.22	1507.29
	5.27	1.09			0.73	0.44		2.18						
	4.54				0.33	0.11		1.88						
	3.07				0.29	0.10	0.12	1.27						
	2.70				0.27	0.09	0.12	1.12						
0.519	0.13			(0.373)	0.50	0.50	0.50							
					0.42	0.42								
					0.29	0.13	0.42				0.180			
						0.10	0.14		0.560	0.110	0.180	0.056		
			0.15						1.199		0.400	0.120		
			0.15						1.436			0.144	0.500	
			0.15						1.508			0.151		0.600
			0.15						1.580			0.158		0.700

5.预制混凝土

工作内容： 1.构件翻身就位、加固。2.大拼需要组合的构件。3.吊装、校正、垫实节点、焊接或紧固螺栓。4.灌缝找平等操作过程。

编号	项目		单位	预算基价				人工	材					
				总价	人工费	材料费	机械费	综合工	预拌混凝土 AC20	水泥	砂子	水	方木	镀锌钢丝 D4
				元	元	元	元	工日	m³	kg	t	m³	m³	kg
								135.00	450.56	0.39	87.03	7.62	3266.74	7.08
4-212	矩形柱、工形柱、双肢柱、空格柱安装 （t以内）	8	10m³	2051.74	957.15	604.89	489.70	7.09	0.63	39.54	0.097	0.44	0.036	15.00
4-213		15		1748.62	824.85	485.62	438.15	6.11	0.63	39.54	0.097	0.44	0.013	15.34
4-214		25		2095.09	982.80	467.95	644.34	7.28	0.63	39.54	0.097	0.44	0.016	12.47
4-215		35		3913.05	2060.10	448.29	1404.66	15.26	0.63	39.54	0.097	0.44	0.015	10.49
4-216		45		4810.57	2454.30	436.14	1920.13	18.18	0.63	39.54	0.097	0.44	0.018	7.47
4-217	柱接柱	起重机施工(钢板焊)		6416.71	3619.35	625.42	2171.94	26.81		141.20	0.348	0.16		
4-218		塔吊施工(钢板焊)		4096.45	2600.10	625.42	870.93	19.26		141.20	0.348	0.16		
4-219	吊车梁安装			4224.51	1667.25	1785.87	771.39	12.35	0.60	54.25	0.015	1.28		4.47
4-220	基础梁安装			1666.59	974.70	242.15	449.74	7.22	0.49			0.03		
4-221	连系梁、承墙梁、天井梁安装			4132.45	1988.55	1094.88	1049.02	14.73	0.49	17.04	0.128	0.05		6.25
4-222	框架梁安装	起重机施工		4566.37	2114.10	1303.77	1148.50	15.66	0.49	17.04	0.128	0.05		
4-223		塔吊施工		3692.95	1852.20	1303.77	536.98	13.72	0.49	17.04	0.128	0.05		
4-224	薄腹梁、风道梁安装			2124.58	945.00	518.55	661.03	7.00					0.062	4.00
4-225	拱形、梯形、三角形屋架、托架、组合屋架 （无拼装）	跨度18m以内		4942.63	2432.70	1360.31	1149.62	18.02					0.052	32.90
4-226		跨度24m以内		5018.70	2554.20	1142.44	1322.06	18.92					0.052	29.26
4-227		跨度30m以内		5234.01	2903.85	667.85	1662.31	21.51					0.030	19.62

构件拼装、安装

阻燃防火保温草袋片	铁楔	镀锌拧花铅丝网 914×900×13	电焊条	铁屑	铁钉	零星材料费	脚手架周转费	木模板周转费	水泥砂浆 1:2	钢屑砂浆 1:0.3:1.5:3.121	水泥砂浆 M5	安装吊车(综合)	电焊机(综合)	自升式塔式起重机 800kN·m	载货汽车 6t	木工圆锯机 D500
m²	kg	m²	kg	kg	kg	元	元	元	m³	m³	m³	台班	台班	台班	台班	台班
3.34	9.49	7.30	7.59	2.37	6.68							1288.68	74.17	629.84	461.82	26.53
0.40	6.12					10.60			(0.07)			0.38				
0.40	1.86					4.49			(0.07)			0.34				
0.40	1.14					4.17			(0.07)			0.50				
0.40	0.96					3.51			(0.07)			1.09				
0.40	0.90					3.51			(0.07)			1.49				
		9.73	47.00			111.09			(0.25)			1.37	5.48			
		9.73	47.00			111.09			(0.25)					3.76	0.94	
1.18			19.60	82.50	5.84	52.84	843.05	168.54		(0.05)		0.53	1.06		0.02	0.02
0.69			2.36			0.93						0.33	0.33			
0.69			4.00			54.33	724.69				(0.08)	0.73	1.46			
0.69			21.92			52.87	843.28				(0.08)	0.76	2.28			
0.69			21.92			52.87	843.28				(0.08)			1.89	0.63	
			13.43			30.18	155.58					0.46	0.92			
			20.00			65.36	740.35					0.80	1.60			
			18.00			56.07	572.72					0.92	1.84			
			15.00			32.69	284.40					1.10	3.30			

工作内容： 1.构件翻身就位、加固。 2.大拼需要组合的构件。 3.吊装、校正、垫实节点、焊接或紧固螺栓。 4.灌缝找平等操作过程。

编号	项目		单位	预算基价 总价 元	人工费 元	材料费 元	机械费 元	人工 综合工 工日 135.00	预拌混凝土AC20 m³ 450.56	水 m³ 7.62	电焊条 kg 7.59	阻燃防火保温草袋片 m² 3.34	方木 m³ 3266.74	镀锌钢丝D2.2 kg 7.09	镀锌钢丝D4 kg 7.08	铁钉 kg 6.68
4-228	组合板式屋架安装（有拼装）		10m³	8543.12	4445.55	1190.41	2907.16	32.93	0.05	0.036	45.71	0.03	0.044		28.26	1.21
4-229	锯齿形屋架安装		10m³	2210.38	1080.00	411.87	718.51	8.00			18.69				26.17	
4-230	门式刚架安装	双拼	10m³	5484.85	2887.65	1361.36	1235.84	21.39	0.19	0.245	6.47	0.27	0.038		17.51	
4-231		三拼	10m³	7838.56	4236.30	1747.39	1854.87	31.38	0.19	0.245	18.88	0.27	0.052		17.10	
4-232	天窗端壁、天窗架安装（有拼装）		10m³	14749.25	8232.30	1516.12	5000.83	60.98		0.030	73.66	0.10			58.93	
4-233	檩条、天窗侧板、天沟、屋面支撑安装		10m³	4481.64	2579.85	407.29	1494.50	19.11			15.45				5.00	
4-234	钢筋混凝土墙板安装		10m³	5670.41	2990.25	1632.02	1048.14	22.15	0.42	1.013	5.78	0.10			0.77	1.40
4-235	屋面板、工业楼板安装	起重机施工	10m³	3259.66	1748.25	943.80	567.61	12.95	1.31	1.526	5.70	1.66		3.11		
4-236		塔吊施工	10m³	2799.42	1591.65	943.80	263.97	11.79	1.31	1.526	5.70	1.66		3.11		
4-237	大楼板安装		10m³	1375.22	843.75	497.12	34.35	6.25		0.070	6.79					5.40
4-238	槽形板、平板、楼梯休息板安装	起重机施工 不焊接	10m³	3526.45	1995.30	751.30	779.85	14.78	0.84	5.316		3.47		4.32		
4-239		起重机施工 焊接	10m³	3783.78	2056.05	881.13	846.60	15.23	0.84	5.316	6.00	3.47		4.32		
4-240		塔吊施工 不焊接	10m³	2070.85	1038.15	748.93	283.77	7.69	0.84	5.316		3.47		4.32		
4-241		塔吊施工 焊接	10m³	2292.50	1078.65	881.13	332.72	7.99	0.84	5.316	6.00	3.47		4.32		

料													机				械	
水泥	砂子	铁楔	石油沥青10#	麻丝	钢筋D10以内	零星材料费	安装损耗费	脚手架周转费	木模板周转费	水泥砂浆1:2	水泥砂浆1:3	水泥砂浆M5	安装吊车（综合）	载货汽车6t	电焊机（综合）	木工圆锯机D500	钢筋切断机D40	自升式塔式起重机800kN·m
kg	t	kg	kg	kg	t	元	元	元	元	m³	m³	m³	台班	台班	台班	台班	台班	台班
0.39	87.03	9.49	4.04	14.54	3970.73								1288.68	461.82	74.17	26.53	42.81	629.84
						74.82		342.30	51.55				1.92	0.01	5.76	0.04		
						84.73							0.50		1.00			
5.65	0.014	5.10	80.95	21.80		21.62		258.32		(0.01)			0.86		1.72			
5.65	0.014	4.98	80.95	21.80		25.55		504.54		(0.01)			1.17		4.68			
5.65	0.014					164.63	249.09	122.11		(0.01)			3.48		6.96			
						91.17	163.45						1.04		2.08			
472.90	1.749					48.50	68.22	837.43	85.26	(1.100)			0.72	0.02	1.44	0.16		
					0.010	20.25	131.80		79.32				0.39	0.01	0.78	0.08	0.01	
					0.010	20.25	131.80		79.32					0.01	0.66	0.08	0.01	0.33
76.52	0.283					24.45	80.22		249.84	(0.178)				0.02	0.31	0.08		
63.90	0.479				0.011	21.16	99.17		59.49			(0.30)	0.60	0.01		0.06	0.01	
63.90	0.479				0.011	105.45	99.17		59.49			(0.30)	0.60	0.01	0.90	0.06	0.01	
63.90	0.479				0.011	18.79	99.17		59.49			(0.30)		0.01		0.06	0.01	0.44
63.90	0.479				0.011	105.45	99.17		59.49			(0.30)		0.01	0.66	0.06	0.01	0.44

工作内容：1.构件翻身就位、加固。2.大拼需要组合的构件。3.吊装、校正、垫实节点、焊接或紧固螺栓。4.灌缝找平等操作过程。

编号	项　　目		单位	预　算　基　价				人工	预拌混凝土 AC20	铁　钉	电焊条
				总　价	人工费	材料费	机械费	综合工			
				元	元	元	元	工日	m³	kg	kg
								135.00	450.56	6.68	7.59
4-242	阳 台 板 安 装	起 重 机 施 工	10m³	4433.99	1948.05	556.30	1929.64	14.43		5.40	15.90
4-243		塔 吊 施 工		3218.61	1702.35	556.30	959.96	12.61		5.40	15.90
4-244	阳 台 栏 板 安 装	起 重 机 施 工		4172.32	1691.55	282.50	2198.27	12.53			15.90
4-245		塔 吊 施 工		2775.25	1410.75	282.50	1082.00	10.45			15.90
4-246	阳 台 隔 板 安 装	起 重 机 施 工		5302.29	2177.55	282.50	2842.24	16.13			15.90
4-247		塔 吊 施 工		3492.86	1817.10	282.50	1393.26	13.46			15.90
4-248	楼 梯 段 安 装	起 重 机 施 工		3215.76	1578.15	419.30	1218.31	11.69	0.16		10.00
4-249		塔 吊 施 工		2436.43	1424.25	419.30	592.88	10.55	0.16		10.00
4-250	漏 空 花 格 砌 筑		10m²	784.68	762.75	21.93		5.65			
4-251	其 他 小 构 件 安 装 0.1m³以内	起 重 机 施 工	10m³	4676.07	2188.35	348.51	2139.21	16.21	0.41		
4-252		塔 吊 施 工		3189.57	1890.00	348.51	951.06	14.00	0.41		

材								料	机				械
水 泥	砂 子	水	阻燃防火保温草袋片	安装损耗费	零星材料费	木模板周转费	水泥砂浆 1:2	水泥砂浆 M5	安装吊车（综合）	载货汽车 6t	电焊机（综合）	木工圆锯机 D500	自升式塔式起重机 800kN·m
kg	t	m³	m²	元	元	元	m³	m³	台班	台班	台班	台班	台班
0.39	87.03	7.62	3.34						1288.68	461.82	74.17	26.53	629.84
				102.60	47.11	249.84			1.37	0.02	2.06	0.08	
				102.60	47.11	249.84				0.02	1.92	0.08	1.28
				97.94	63.88				1.57		2.36		
				97.94	63.88						2.19		1.46
				97.94	63.88				2.03		3.05		
				97.94	63.88						2.82		1.88
73.43	0.181	0.263	0.30	160.03	63.88		(0.13)		0.87		1.31		
73.43	0.181	0.263	0.30	160.03	63.88		(0.13)				1.20		0.80
33.89	0.083	0.151	0.10				(0.06)						
40.47	0.303	0.617	1.16	106.04	7.01			(0.19)	1.66				
40.47	0.303	0.617	1.16	106.04	7.01			(0.19)					1.51

6.预制混凝土构件运输

工作内容： 设置一般支架(垫方木)，装车绑扎，运往规定地点卸车堆放，支垫稳固。

编号	项 目	单位	预算基价 总价	人工费	材料费	机械费	人工 综合工	材料 方木	钢丝绳 D7.5	镀锌钢丝 D4	运输损耗费	钢支架摊销费	机械 载货汽车8t	装卸吊车(综合)	装卸吊车(综合)	载货汽车15t	壁板运输车15t
			元	元	元	元	工日	m³	kg	kg	元	元	台班	台班	台班	台班	台班
							135.00	3266.74	6.66	7.08			521.59	641.08	658.80	809.06	629.23
4-253	一类构件 场外包干运费		1380.07	415.80	43.14	921.13	3.08	0.001	0.37	0.1	36.70		1.09	0.55			
4-254	500m以内场内运输		431.14	148.50	24.79	257.85	1.10	0.001	0.37	0.1	18.35		0.31	0.15			
4-255	二类构件 场外包干运费		1625.98	475.20	61.51	1089.27	3.52	0.001	0.37	0.1	55.07		1.28		0.64		
4-256	500m以内场内运输	10m³	489.37	166.05	33.98	289.34	1.23	0.001	0.37	0.1	27.54		0.34		0.17		
4-257	三类构件 场外包干运费		2504.35	677.70	96.19	1730.46	5.02	0.001	0.37	0.1	65.89	23.86			0.76	1.52	
4-258	500m以内场内运输		709.17	221.40	63.25	424.52	1.64	0.001	0.37	0.1	32.95	23.86			0.19	0.37	
4-259	四类构件 场外包干运费		2200.70	646.65	68.11	1485.94	4.79	0.001	0.37	0.1	37.81	23.86	1.75		0.87		
4-260	500m以内场内运输		793.25	272.70	49.21	471.34	2.02	0.001	0.37	0.1	18.91	23.86	0.55		0.28		
4-261	五类构件 场外包干运费		1133.75	326.70	26.38	780.67	2.42				26.38					0.44	0.78
4-262	500m以内场内运输		362.81	125.55	13.19	224.07	0.93				13.19					0.13	0.22
4-263	六类构件 场外包干运费		1485.09	460.35	31.10	993.64	3.41				31.10					0.62	0.93
4-264	500m以内场内运输		470.53	172.80	15.55	282.18	1.28				15.55					0.18	0.26

第五章　木结构工程

说　明

一、本章包括屋架、屋面木基层、木构件3节,共46条基价子目。

二、本章项目中凡综合刷油者,除已注明者外,均为底油一遍,调和漆二遍,如设计要求与基价不同时按设计要求调整。

三、基价中的木料断面或厚度均以毛料为准,如设计要求刨光时,板、方材一面刨光加3 mm;两面刨光加5 mm。

四、本章项目中木材种类均以一、二类木种为准,如采用三、四类木种时,人工工日、机械费乘以系数1.35。

木种分类见下表:

木种分类表

木 种 类 别	木 种 名 称
一、二类	红松、水桐木、樟木松、白松、杉木(云杉、冷杉)、杨木、柳木、椴木
三、四类	青松、黄花松、秋子木、马尾松、东北榆木、柏木、苦楝木、梓木、黄菠萝、椿木、楠木、柚木、樟木、栎木(柞木)、檀木、色木、槐木、荔木、麻栗木(麻栎、青刚)、桦木、荷木、水曲柳、华北榆木、榉木、橡木、枫木、核桃木、樱桃木

五、屋架项目适用于带气楼和不带气楼的方木屋架及钢木屋架。

六、方木屋架基价项目中已综合考虑铁件。基价中的木材消耗量系按下表所列断面面积计算的,设计如与基价不同时,可按比例换算木材用量,其他内容不变。

木屋架上、下弦断面面积取定表

工　程　项　目		上、下弦断面面积合计 (cm²)
木屋架不带气楼	跨度6 m以内	210
	跨度8 m以内	336
	跨度10 m以内	392
木屋架带气楼	跨度6 m以内	176
	跨度8 m以内	260
	跨度10 m以内	288

七、钢木屋架的木材和下弦角钢系按下表所列木材断面面积和角钢规格计算的,如设计与基价不同时,可按比例换算木材及角钢用量,其他内容不变。

钢木屋架上、下弦断面面积取定表

工 程 项 目		上、下弦断面面积合计 （cm²）	下 弦 角 钢 断 面
钢木屋架不带气楼	跨度 6 m 以内	168	2L 36×4
	跨度 8 m 以内	221	2L 45×4
	跨度 10 m 以内	224	2L 45×5
钢木屋架带气楼	跨度 6 m 以内	168	2L 40×4
	跨度 8 m 以内	224	2L 45×5
	跨度 10 m 以内	233	2L 50×5

八、半屋架按相应跨度整屋架基价执行。

九、木椽子应根据檩木斜间距分别执行相应基价,设计木材用量与基价不同时不得调整。

十、木楼梯项目适用于楼梯和爬梯。

工程量计算规则

一、木屋架、钢木屋架分不同的跨度按设计图示数量以榀计算。屋架的跨度应以上、下弦中心线两交点之间的距离计算。

二、封檐板、封檐盒按设计图示尺寸以檐口外围长度计算。博风板,每个大刀头增加长度 50 cm。

三、屋架风撑及挑檐木按设计图示尺寸以体积计算。

四、檩木按设计规格以体积计算。垫木、托木已包括在基价内,不另计算。简支檩长度设计未规定者,按屋架或山墙中距增加 20 cm 计算;两端出山墙长度算至博风板;连续檩接头长度按总长度增加 5% 计算。

五、椽子、屋面板按设计图示尺寸以屋面斜面积计算。不扣除屋面烟囱及斜沟部分所占的面积。天窗挑檐重叠部分按实增加。

六、木楼梯按设计图示尺寸以水平投影面积计算。不扣除宽度小于 300 mm 的楼梯井,其踢脚板、平台和伸入墙内部分,不另计算。

七、木搁板按设计图示尺寸以面积计算。基价内未考虑金属托架，如采用金属托架者,应另行计算。

八、黑板及布告栏均按设计图示框外围尺寸以垂直投影面积计算。

九、上人孔盖板、通气孔、信报箱安装按设计图示数量计算。

1. 屋　架
(1)方 木 屋 架

工作内容：选料、画线、制作、拼装、钉扒牛，垫木、装配铁件、梁端及垫木刷油、安装等全部操作过程。

编号	项　目			单位	预　算　基　价				人工	材							料	机械
					总 价	人工费	材料费	机械费	综合工	红白松锯材一类	红白松锯材二类	铁件	铁钉	稀料	防锈漆	调和漆	零星材料费	安装吊车(综合)
					元	元	元	元	工日	m³	m³	kg	kg	kg	kg	kg	元	台班
									135.00	4069.17	3266.74	9.49	6.68	10.88	15.51	14.11		658.80
5-1	方木屋架	不带气楼	跨度6m以内	榀	1406.74	317.25	964.32	125.17	2.35	0.185	0.005	17.43	0.39	0.02	0.11	0.14	23.27	0.19
5-2			跨度8m以内		2108.24	368.55	1614.52	125.17	2.73	0.320	0.005	27.61	0.50	0.04	0.17	0.23	24.38	0.19
5-3			跨度10m以内		3471.68	445.50	2901.01	125.17	3.30	0.580	0.005	50.84	0.59	0.07	0.31	0.42	26.65	0.19
5-4		带气楼	跨度6m以内		2344.79	487.35	1659.80	197.64	3.61	0.333	0.007	26.15	0.51	0.04	0.16	0.21	24.45	0.30
5-5			跨度8m以内		3196.46	549.45	2449.37	197.64	4.07	0.490	0.007	41.42	0.65	0.06	0.25	0.34	25.86	0.30
5-6			跨度10m以内		4457.11	666.90	3592.57	197.64	4.94	0.687	0.007	76.26	0.77	0.11	0.46	0.63	28.11	0.30

152

(2) 钢 木 屋 架

工作内容： 选料、画线、制作、拼装、钉扒牛,垫木、装配铁件、梁端及垫木刷油、安装等全部操作过程。

编号	项 目			单位	预 算 基 价				人工	材				料				机械
					总 价	人工费	材料费	机械费	综合工	红白松锯材一类	红白松锯材二类	铁件	铁钉	稀料	防锈漆	调和漆	零星材料费	安装吊车(综合)
					元	元	元	元	工日	m³	m³	kg	kg	kg	kg	kg	元	台班
									135.00	4069.17	3266.74	9.49	6.68	10.88	15.51	14.11		658.80
5-7	钢木屋架	不带气楼	跨度 12m以内	榀	4100.85	772.20	3157.36	171.29	5.72	0.367	0.005	166.25	0.38	0.24	1.01	1.37	29.78	0.26
5-8			跨度 15m以内		6340.88	988.20	5181.39	171.29	7.32	0.638	0.005	260.52	0.48	0.37	1.58	2.14	34.66	0.26
5-9			跨度 18m以内		8987.67	1390.50	7399.53	197.64	10.30	0.908	0.005	375.08	0.60	0.54	2.27	3.08	40.33	0.30
5-10		带气楼	跨度 12m以内		6604.93	1109.70	5244.89	250.34	8.22	0.727	0.007	228.97	0.76	0.33	1.39	1.88	34.06	0.38
5-11			跨度 15m以内		9038.74	1412.10	7376.30	250.34	10.46	1.001	0.007	333.00	0.86	0.48	2.01	2.74	39.22	0.38
5-12			跨度 18m以内		12103.18	2025.00	9748.78	329.40	15.00	1.346	0.007	432.07	0.95	0.62	2.61	3.55	44.80	0.50

153

2.屋面

工作内容：1.制作、安装檩木,檩托木(或垫木)伸入墙内部分及垫木刷防腐油。2.檩木上钉屋面板,铺油毡、钉挂瓦条。3.封檐盒制作安装。4.封檐板、

编号	项 目		单位	预 算 基 价				人 工
				总 价	人 工 费	材 料 费	机 械 费	综 合 工
				元	元	元	元	工日
								135.00
5-13	方 木 檩	简 支	m³	**4256.78**	523.80	3732.98		3.88
5-14		悬 臂		**4456.67**	658.80	3797.87		4.88
5-15	檩 木 上 钉 屋 面 板	带 油 毡 挂 瓦 条 （不刨光 1.5 cm厚）	100m²	**4496.08**	920.70	3569.01	6.37	6.82
5-16		不 带 油 毡 挂 瓦 条 （不刨光 1.5 cm厚）		**3396.52**	757.35	2632.80	6.37	5.61
5-17		屋面板厚度每增加 0.1 cm		**179.49**		179.49		

注：檩木刨光者,人工工日乘以系数1.25。

154

木基层

博风板制作安装,檩木上钉椽子。

材									料	机 械
红白松锯材 二类	松木锯材 三类	铁 钉	铁 件	调和漆	防锈漆	稀 料	板 条 1200×38×6	油 毡	零星材料费	木工圆锯机 D500
m³	m³	kg	kg	kg	kg	kg	千根	m²	元	台班
3266.74	1661.90	6.68	9.49	14.11	15.51	10.88	586.87	3.83		26.53
1.132		4.65							3.97	
1.132		3.45	7.50	0.06	0.05	0.01			3.97	
	1.790	7.26					0.212	110.00		0.24
	1.566	4.53								0.24
	0.108									

工作内容： 1.封檐盒制作、安装。2.封檐板、博风板制作、安装,檩木上钉椽子。

编号	项 目		单位	预 算 基 价				人 工	红白松锯材 二类烘干	红白松锯材 二类	黄花松锯材 二类
				总 价	人工费	材 料 费	机械费	综合工			
				元	元	元	元	工日	m³	m³	m³
								135.00	3759.27	3266.74	2778.72
5-18	封 檐 盒	混 水 板 条	100m	8847.19	3042.90	5803.49	0.80	22.54	0.926	0.433	
5-19		清 水 板 条		12096.76	4372.65	7723.31	0.80	32.39	1.510	0.433	
5-20	屋 架 风 撑 及 挑 檐 木		m³	4725.51	608.85	4116.66		4.51			1.050
5-21	封 檐 板 、 博 风 板		100m	5695.38	2003.40	3691.98		14.84	0.926		
5-22	檩 木 上 钉 椽 子	檩木斜间距 1m 以内	100m²	2123.42	396.90	1726.52		2.94	0.449		
5-23		檩木斜间距 1.5m 以内		2786.88	398.25	2388.63		2.95	0.629		
5-24	屋 面 板 制 作	平口一面刨光 1.5cm 以内		2874.69	232.20	2602.54	39.95	1.72			
5-25		平口一面刨光 1.7cm 以内		3516.09	518.40	2949.87	47.82	3.84			

注：清水板条面层如为双层时,可按单层基价项目乘以系数2.00。

材											机	械	
松木锯材 三类	板 条 1200×38×6	铁 钉	防 腐 油	调 和 漆	稀 料	清 油	油 腻 子	铁 件	防 锈 漆	零 星 材 料 费	木 工 圆锯机 D500	木 工 压刨床 双面600	木 工 压刨床 三面400
m³	千根	kg	kg	kg	kg	kg	kg	kg	kg	元	台班	台班	台班
1661.90	586.87	6.68	0.52	14.11	10.88	15.06	6.05	9.49	15.51		26.53	51.28	63.21
	1.102	8.87	1.50	8.13	0.82	1.92	1.22			41.21	0.03		
		8.76	1.50	23.08	2.32	5.42	3.48			119.44	0.03		
				0.50	0.09			61.31	0.37	603.40			
		1.46		8.13	0.82	1.92	1.22			41.21			
		5.78											
		3.60											
1.566											0.23	0.66	
1.775											0.23		0.66

工作内容： 制作、安装黑板边框,钉铺木筋、油毡,刷油漆,装配玻璃及挂钩。

编号	项目		单位	预算基价				人工	材				
				总价	人工费	材料费	机械费	综合工	红白松锯材一类烘干	松木锯材三类	方木	铁钉	防腐油
				元	元	元	元	工日	m³	m³	m³	kg	kg
								135.00	4650.86	1661.90	3266.74	6.68	0.52
5-26	木楼梯		10m²	7944.15	2079.00	5865.15		15.40	0.679		0.818	5.10	1.84
5-27	玻璃黑板	综合	100m²	27039.83	11893.50	14989.30	157.03	88.10	1.689	0.331		1.10	4.80
5-28		制作安装		23621.41	8928.90	14535.48	157.03	66.14	1.689	0.331		1.10	4.80
5-29		油漆		3418.42	2964.60	453.82		21.96					
5-30	粘板布告栏	综合		17931.06	9067.95	8726.98	136.13	67.17	1.111	0.217		4.41	
5-31		制作安装		15809.30	7435.80	8237.37	136.13	55.08	1.111	0.217		4.41	
5-32		油漆		2121.76	1632.15	489.61		12.09					

构 件

	料												机	械	
木 螺 钉 M4×40	调和漆	稀 料	清 油	油腻子	铁 件	磨砂玻璃 5.0	油 毡	油 灰	挂 图 钩 6#	胶合板 3mm厚	零 星 材料费	木 工 圆锯机 D500	木 工 压刨床 四面300	木 工 裁口机 多面400
个	kg	kg	kg	kg	kg	m²	m²	kg	个	m²	元	台班	台班	台班
0.07	14.11	10.88	15.06	6.05	9.49	46.68	3.83	2.94	0.20	20.88		26.53	84.89	34.36
1569.00	21.03	2.11	4.97	3.17	14.25	111.49	147.34	16.40	82.00		82.00	1.29	1.22	0.56
1569.00					14.25	111.49	147.34	16.40	82.00		41.90	1.29	1.22	0.56
	21.03	2.11	4.97	3.17							40.10			
	22.64	2.27	5.31	3.43			111.00			108.00	44.74	0.72	1.16	0.54
							111.00			108.00		0.72	1.16	0.54
	22.64	2.27	5.31	3.43							44.74			

工作内容：制作、安装、油漆等全部过程。

编号	项目		单位	预 算 基 价				人 工	红白松锯材一类烘干	松木锯材三类
				总 价	人 工 费	材 料 费	机 械 费	综 合 工		
				元	元	元	元	工日	m³	m³
								135.00	4650.86	1661.90
5-33		综 合		**41237.55**	8259.30	32747.83	230.42	61.18	6.930	
5-34	木 盖 板	制 作 安 装	100m²	**39282.14**	6755.40	32296.32	230.42	50.04	6.930	
5-35		油 漆		**1955.41**	1503.90	451.51		11.14		
5-36		综 合		**4238.69**	2166.75	2062.74	9.20	16.05	0.281	0.018
5-37	上 人 孔 盖 板	制 作 安 装	10个	**3672.06**	1755.00	1907.86	9.20	13.00	0.281	0.018
5-38		油 漆		**566.63**	411.75	154.88		3.05		

材				料					机		械
调和漆	稀料	清油	油腻子	铁件	防锈漆	铁钉	镀锌薄钢板 0.46	零星材料费	木工圆锯机 D500	木工压刨床 四面300	木工裁口机 多面400
kg	kg	kg	kg	kg	kg	kg	m²	元	台班	台班	台班
14.11	10.88	15.06	6.05	9.49	15.51	6.68	17.48		26.53	84.89	34.36
20.88	2.09	4.90	3.16	6.94				41.24	0.59	2.19	0.84
				6.94					0.59	2.19	0.84
20.88	2.09	4.90	3.16					41.24			
5.04	0.87			9.50	3.71	1.60	26.90	16.76	0.02	0.09	0.03
				9.50		1.60	26.90		0.02	0.09	0.03
5.04	0.87				3.71			16.76			

工作内容：制作、安装、油漆等全部过程。

编号	项 目		单位	预 算 基 价				人 工	红白松锯材一类烘干	信 报 箱 3×(6~7)格
				总 价	人 工 费	材 料 费	机 械 费	综合工		
				元	元	元	元	工日	m³	个
								135.00	4650.86	335.74
5-39	木 搁 板	综 合	100m²	22113.37	6840.45	15262.87	10.05	50.67	3.060	
5-40		制作安装		18011.84	3685.50	14316.29	10.05	27.30	3.060	
5-41		油 漆		4101.53	3154.95	946.58		23.37		
5-42	通 气 孔	综 合	100个	8537.55	8295.75	238.38	3.42	61.45	0.030	
5-43		制作安装		8361.03	8167.50	190.11	3.42	60.50	0.030	
5-44		油 漆		176.52	128.25	48.27		0.95		
5-45	木 格 踏 板 制 作 安 装		100m²	21074.25	4833.00	16199.86	41.39	35.80	3.420	
5-46	信 报 箱 安 装		10个	3497.80	140.40	3357.40		1.04		10.00

材 料								机 械		
铁 钉	调 和 漆	稀 料	清 油	油 腻 子	钢 板 网	防 锈 漆	零星材料费	木工圆锯机 D500	木工压刨床 四面300	木工裁口机 多面400
kg	kg	kg	kg	kg	m²	kg	元	台班	台班	台班
6.68	14.11	10.88	15.06	6.05	15.92	15.51		26.53	84.89	34.36
6.00	43.78	4.38	10.27	6.63	2.80		86.41	0.02	0.10	0.03
6.00					2.80			0.02	0.10	0.03
	43.78	4.38	10.27	6.63			86.41			
0.90	1.57	0.27			2.80	1.16	5.19	0.02	0.03	0.01
0.90					2.80			0.02	0.03	0.01
	1.57	0.27				1.16	5.19			
44.00								0.22	0.35	0.17

第六章　金属结构工程

说　明

一、本章包括钢柱、钢吊车梁、钢制动梁,钢桁架,钢网架(焊接型),钢檩条、钢支撑、钢拉杆、钢平台、钢扶梯、钢支架,压型钢板墙板,金属零件,金属结构探伤与除锈,金属结构构件运输,金属结构构件拼装,金属结构构件刷防火涂料10节,共143条基价子目。

二、构件制作是按焊接为主考虑的,对构件局部采用螺栓连接时,已考虑在基价内不再换算,但如遇有铆接为主的构件时,应另行补充基价项目。

三、防火涂料基价中已包括高处作业的人工费及高度在3.6 m以内的脚手架费用,如在3.6 m以上作业时,另按施工措施项目章节有关规定计算脚手架费用。

四、钢网架基价是按焊接考虑的,其他连接形式可自行补充基价项目。

五、天窗挡风架、柱侧挡风板、遮阳板及挡雨板支架工程均按挡风架基价执行。

六、栏杆基价项目适用于工业厂房中平台、操作台的栏杆。民用建筑中的栏杆等按装饰装修工程预算基价中相应章节有关项目计算。

七、拼装基价项目中未包括拼装平台摊销费。钢构件拼装平台的搭拆和材料摊销费另行计算。

八、构件的场外运费按构件运输基价子目计算运输费用,其距离计算应按施工企业加工厂至工程坐落地点的最短可行距离为准。构件运输分类见下表。

金属构件运输分类表

类　别	包　含　内　容
I	钢柱、屋架(普通)、托架梁、防风架
II	吊车梁、制动梁、型钢檩条、钢支撑、上下挡、钢拉杆、栏杆、盖板、箅子、U形爬梯、阳台晒衣钩、零星构件、平台操作台、走道休息台、扶梯、钢吊车梯台、烟囱紧固箍
III	网架、墙架、挡风架、天窗架、组合檩条、轻型屋架、滚动支架、管道支架、悬挂支架

工程量计算规则

一、构件制作、安装、运输的工程量均按设计图示钢材尺寸以质量计算。所需的螺栓、电焊条、铆钉等的质量已包括在基价材料消耗量内,不另增加。不扣除孔眼、切肢、切边的质量。计算不规则或多边形钢板质量时均按其外接矩形面积乘以厚度乘以单位理论质量计算。

二、计算钢柱工程量时,依附于柱上的牛腿及悬臂梁的主材质量,并入钢柱工程量内计算。

三、计算钢管柱工程量时,钢管柱上的节点板、加强环、内衬管、牛腿等并入钢管柱工程量内计算。

四、计算吊车梁工程量时,制动梁和制动板的主材质量应分别计算,执行制动梁项目。

五、计算墙架工程量时,应包括墙架柱、墙架梁及连接柱杆的主材质量。

六、平台、操作台、走道休息台的工程量均应包括钢支架在内一并计算。

七、踏步式、爬式扶梯工程量均应包括其楼梯栏杆、围栏及平台一并计算。

八、压型钢板墙板按设计图示尺寸以铺挂面积计算。不扣除单个 0.3 m² 以内的孔洞所占面积,包角、包边、窗台泛水等不另加面积。

九、钢构件喷砂除锈、抛丸除锈按构件质量计算。

十、超声波探伤按构件质量计算,X 光探伤按拍片数量计算。

十一、金属结构刷防火涂料按展开面积计算。钢材的展开面积可按构件总质量乘以下表中不同厚度主材展开面积的系数计算。

金属结构不同主材厚度展开面积系数表

主 材 厚 度 (mm)	展 开 面 积 (m²/t)	主 材 厚 度 (mm)	展 开 面 积 (m²/t)
1	256.102	11	24.486
2	128.713	12	22.556
3	86.251	13	20.913
4	65.019	14	19.523
5	52.280	15	18.302
6	43.788	16	17.248
7	37.722	17	16.306
8	33.172	18	15.479
9	29.633	19	14.729
10	26.803	20	14.604

1.钢柱、钢吊车梁、钢制动梁

工作内容：1.制作：放样、钢材校正、画线下料（机切或氧切）、平直、钻孔、刨边、倒棱、搣弯、装配、焊接成品、校正、运输及堆放。2.安装：构件加固、吊装、校正、拧紧螺栓、电焊固定、构件翻身、就位、场内运输。

编号	项目			单位	预算基价				人工	材料					料
					总价	人工费	材料费	机械费	综合工	钢材 钢柱3t以内	钢材 钢柱3~10t	钢材 碳钢板卷管	电焊条	带帽螺栓	氧气 6m³
					元	元	元	元	工日	t	t	t	kg	kg	m³
									135.00	3625.07	3632.20	3755.45	7.59	7.96	2.88
6-1	钢柱	3t以内	综合	t	7777.32	2697.30	4405.18	674.84	19.98	1.06			41.29	0.50	6.50
6-2			制作		7386.46	2524.50	4316.45	545.51	18.70	1.06			40.00	0.50	6.00
6-3			安装		390.86	172.80	88.73	129.33	1.28				1.29		0.50
6-4		3~10t	综合		7627.22	2567.70	4393.77	665.75	19.02		1.06		38.29	0.30	6.50
6-5			制作		7236.36	2394.90	4305.04	536.42	17.74		1.06		37.00	0.30	6.00
6-6			安装		390.86	172.80	88.73	129.33	1.28				1.29		0.50
6-7	箱型钢柱	3t以内	综合		7991.84	2338.20	4706.44	947.20	17.32	1.06			12.35		15.36
6-8			制作		7544.17	2110.05	4566.79	867.33	15.63	1.06			1.25		13.32
6-9			安装		447.67	228.15	139.65	79.87	1.69				11.10		2.04
6-10	卷板管钢柱		综合		6346.02	1533.60	4400.23	412.19	11.36		1.06				8.62
6-11			制作		6042.88	1485.00	4351.32	206.56	11.00		1.06				8.12
6-12			安装		303.14	48.60	48.91	205.63	0.36						0.50

169

编号	项目			单位	乙炔气 5.5~6.5kg	焦炭	木柴	方木	防锈漆	稀料	镀锌钢丝 D4	焊丝 D1.6	焊丝 D5	焊剂	普通螺栓
					m³	kg	kg	m³	kg	kg	kg	kg	kg	kg	套
					16.13	1.25	1.03	3266.74	15.51	10.88	7.08	7.40	6.13	8.22	4.33
6-1	钢柱	3t以内	综合	t	3.05	5.00	0.50	0.008	2.79	0.28	0.24				
6-2			制作		2.61	5.00	0.50	0.005	2.79	0.28					
6-3			安装		0.44			0.003			0.24				
6-4		3~10t	综合		3.05	3.00	0.30	0.008	2.79	0.28	0.24				
6-5			制作		2.61	3.00	0.30	0.005	2.79	0.28					
6-6			安装		0.44			0.003			0.24				
6-7	箱型钢柱	3t以内	综合		2.82				4.40	0.44		4.96	27.78	24.69	3.03
6-8			制作		2.16				4.40	0.44		4.96	27.78	24.69	3.03
6-9			安装		0.66										
6-10	卷板管钢柱		综合		3.21				4.69	0.47					
6-11			制作		2.71				4.69	0.47					
6-12			安装		0.50										

料						机								械	
混合气	丙烷气	地脚螺栓 12×50	焊丝 D1.2	零星材料费	模胎具费	制作吊车（综合）	安装吊车（综合）	金属结构下料机（综合）	台式钻床 D35	电焊机（综合）	自动埋弧焊机 1200A	二氧化碳自动保护焊机 250A	半自动切割机 100mm	电焊条烘干箱 800×800×1000	电焊机（综合）
m³	kg	个	kg	元	元	台班	台班	台班	台班	台班	台班	台班	台班	台班	台班
8.70	22.50	0.86	7.72			664.97	1288.68	366.82	9.64	74.17	186.98	64.76	88.45	51.03	89.46
				96.40		0.17	0.09	0.25	0.11	4.76					
				37.50		0.17		0.25	0.11	4.58					
				58.90			0.09			0.18					
				104.50		0.17	0.09	0.25	0.09	4.64					
				45.60		0.17		0.25	0.09	4.46					
				58.90			0.09			0.18					
2.22	2.50			83.79	24.95	0.17	0.12	0.10	0.11	1.53	2.07	0.75	0.22	0.12	0.75
2.22	2.50			44.91	24.95	0.17	0.06	0.10	0.11	1.53	2.07	0.75	0.22	0.07	0.75
				38.88			0.06							0.05	
8.20		4.14	10.93	80.76	24.95	0.14	0.06	0.08	0.11	1.73		0.65	0.19		0.27
8.20			10.93	44.92	24.95	0.14		0.08	0.11	1.73		0.65	0.19		0.27
		4.14		35.84			0.06			1.73					

工作内容: 1.制作:放样、钢材校正、画线下料(机切或氧切)、平直、钻孔、刨边、倒棱、撼弯、装配、焊接成品、校正、运输及堆放。2.安装:构件加固、吊装、

编号	项 目			单位	预 算 基 价				人工	材								
					总价	人工费	材料费	机械费	综合工	钢材 吊车梁、钢梁 3t以内	钢材 吊车梁、钢梁 3~10t	钢材 制动梁	电焊条	带帽螺栓	氧气 6m³	乙炔气 5.5~6.5kg	焦炭	木柴
					元	元	元	元	工日	t	t	t	kg	kg	m³	m³	kg	kg
									135.00	3646.96	3647.21	3677.41	7.59	7.96	2.88	16.13	1.25	1.03
6-13	钢吊车梁、钢梁	3t以内	综合	t	7571.83	2513.70	4431.50	626.63	18.62	1.06			33.83	0.50	6.50	3.05	5.00	0.50
6-14			制作		7148.09	2320.65	4287.03	540.41	17.19	1.06			32.00	0.50	6.00	2.61	5.00	0.50
6-15			安装		423.74	193.05	144.47	86.22	1.43				1.83		0.50	0.44		
6-16		3~10t	综合		7310.57	2281.50	4412.92	616.15	16.90		1.06		31.83	0.30	6.50	3.05	3.50	0.30
6-17			制作		6886.83	2088.45	4268.45	529.93	15.47		1.06		30.00	0.30	6.00	2.61	3.50	0.30
6-18			安装		423.74	193.05	144.47	86.22	1.43				1.83		0.50	0.44		
6-19	H 型 钢 梁	3t以内	综合		6845.06	1899.45	4261.66	683.95	14.07	1.06			4.16		20.94	3.06		
6-20			制作		6484.47	1817.10	4219.03	448.34	13.46	1.06			0.72		18.90	2.40		
6-21			安装		360.59	82.35	42.63	235.61	0.61				3.44		2.04	0.66		
6-22	钢 制 动 梁		综合		7011.85	2254.50	4307.92	449.43	16.70			1.06	24.13		0.67	0.52		
6-23			制作		6595.55	2049.30	4183.04	363.21	15.18			1.06	22.30		0.17	0.08		
6-24			安装		416.30	205.20	124.88	86.22	1.52				1.83		0.50	0.44		

172

校正、拧紧螺栓、电焊固定、构件翻身、就位、场内运输。

料											机							械			
方木	防锈漆	稀料	镀锌钢丝D4	焊丝D1.2	焊丝D5	焊剂	混合气	丙烷气	零星材料费	脚手架周转材料费	制作吊车(综合)	安装吊车(综合)	金属结构下料机(综合)	台式钻床D35	电焊机(综合)	电焊机(综合)	自动埋弧焊机1200A	二氧化碳自动保护焊机250A	半自动切割机100mm	型钢矫正机	型钢组立机
m³	kg	kg	kg	kg	kg	kg	m³	kg	元	元	台班	台班	台班	台班	台班	台班	台班	台班	台班	台班	台班
3266.74	15.51	10.88	7.08	7.72	6.13	8.22	8.70	22.50			664.97	1288.68	366.82	9.64	74.17	89.46	186.98	64.76	88.45	257.01	247.36
0.011	2.79	0.28	0.24						80.16	66.18	0.17	0.06	0.25	0.12	4.63						
0.005	2.79	0.28							45.60		0.17		0.25	0.12	4.51						
0.006			0.24						34.56	66.18		0.06		0.12							
0.011	2.79	0.28	0.24						80.16	66.18	0.17	0.06	0.25	0.11	4.49						
0.005	2.79	0.28							45.60		0.17		0.25	0.11	4.37						
0.006			0.24						34.56	66.18		0.06		0.12							
				0.91	11.45	11.80	0.84	3.25			0.17	0.06	0.20	0.12	0.61	0.27	1.31	0.21	0.12	0.14	0.18
				0.91	11.45	11.80	0.84	3.25					0.20	0.12		0.27	1.31	0.21	0.12	0.14	0.18
											0.17	0.06			0.61						
0.005	3.26	0.33	0.24						78.03	66.18	0.17	0.06	0.25	0.28	2.22						
0.005	3.26	0.33							43.46		0.17		0.25	0.28	2.10						
			0.24						34.57	66.18		0.06		0.12							

工作内容：1.制作：放样、钢材校正、画线下料(机切或氧切)、平直、钻孔、刨边、倒棱、搬弯、装配、焊接成品、校正、运输及堆放。2.安装:构件加固、吊装、

编号	项 目			单位	预 算 基 价				人工	钢材钢屋架3t以内	钢材钢屋架3~8t	钢材轻型屋架	钢材托架梁	电焊条
					总 价	人工费	材料费	机械费	综合工					
					元	元	元	元	工日	t	t	t	t	kg
									135.00	3641.32	3640.92	3799.96	3643.22	7.59
6-25	普通钢屋架	3t以内	综合	t	7947.90	2593.35	4562.69	791.86	19.21	1.06				42.47
6-26			制作		6961.98	2166.75	4326.38	468.85	16.05	1.06				37.00
6-27			安装		985.92	426.60	236.31	323.01	3.16					5.47
6-28		3~8t	综合		7286.31	1938.60	4562.23	785.48	14.36		1.06			41.47
6-29			制作		6300.39	1512.00	4325.92	462.47	11.20		1.06			36.00
6-30			安装		985.92	426.60	236.31	323.01	3.16					5.47
6-31	轻型钢屋架		综合		9766.84	3699.00	4805.32	1262.52	27.40			1.06		38.53
6-32			制作		7649.72	2710.80	4523.50	415.42	20.08			1.06		34.90
6-33			安装		2117.12	988.20	281.82	847.10	7.32					3.63
6-34	钢托架梁		综合		7366.41	2172.15	4476.47	717.79	16.09				1.06	30.47
6-35			制作		6380.49	1745.55	4240.16	394.78	12.93				1.06	25.00
6-36			安装		985.92	426.60	236.31	323.01	3.16					5.47

桁 架

校正、拧紧螺栓、电焊固定、构件翻身、就位、场内运输。

料											机		械		
带帽螺栓	氧 气 6m³	乙炔气 5.5~6.5kg	焦 炭	方 木	防锈漆	稀 料	镀锌钢丝 D4	木 柴	零 星 材料费	脚手架周 转材料费	制作吊车（综合）	安装吊车（综合）	金属结构 下料机（综合）	台式钻床 D35	电焊机（综合）
kg	m³	m³	kg	m³	kg	kg	kg	kg	元	元	台班	台班	台班	台班	台班
7.96	2.88	16.13	1.25	3266.74	15.51	10.88	7.08	1.03			664.97	1288.68	366.82	9.64	74.17
0.50	5.00	2.61	2.00	0.033	4.65	0.47	2.69	0.50	68.52	44.45	0.17	0.20	0.25	0.16	4.42
0.50	4.00	1.74	2.00	0.005	4.65	0.47		0.50	45.60		0.17		0.25	0.16	3.54
	1.00	0.87		0.028			2.69		22.92	44.45		0.20			0.88
0.30	6.00	3.05	1.50	0.033	4.65	0.47	2.69	0.30	68.52	44.45	0.17	0.20	0.25	0.19	4.33
0.30	5.00	2.18	1.50	0.005	4.65	0.47		0.30	45.60		0.17		0.25	0.19	3.45
	1.00	0.87		0.028			2.69		22.92	44.45		0.20			0.88
	5.70	2.91	4.00	0.055	6.51	0.66	2.42	1.00	92.52	18.06	0.17	0.59	0.25	0.08	4.00
	4.70	2.04	4.00	0.005	6.51	0.66		1.00	53.70		0.17		0.25	0.08	2.83
	1.00	0.87		0.050			2.42		38.82	18.06		0.59			1.17
0.70	5.00	2.61	3.00	0.033	4.65	0.47	2.69	0.50	68.52	44.45	0.17	0.20	0.25	0.17	3.42
0.70	4.00	1.74	3.00	0.005	4.65	0.47		0.50	45.60		0.17		0.25	0.17	2.54
	1.00	0.87		0.028			2.69		22.92	44.45		0.20			0.88

工作内容：1.制作：放样、钢材校正、画线下料（机切或氧切）、平直、钻孔、刨边、倒棱、撖弯、装配、焊接成品、校正、运输及堆放。2.安装：构件加固、吊装、

编号	项 目		单位	预 算 基 价				人工	材				
				总 价	人工费	材料费	机械费	综合工	钢 材 墙 架	钢 材 防风桁架	钢 材 挡风架	钢 材 天窗架	电焊条
				元	元	元	元	工日	t	t	t	t	kg
								135.00	3672.95	3641.82	3612.80	3659.13	7.59
6-37	钢 墙 架	综 合	t	9404.70	3195.45	4518.55	1690.70	23.67	1.06				54.48
6-38		制 作		7051.05	2146.50	4271.68	632.87	15.90	1.06				30.00
6-39		安 装		2353.65	1048.95	246.87	1057.83	7.77					24.48
6-40	钢 防 风 桁 架	综 合		7983.36	2586.60	4575.71	821.05	19.16		1.06			44.47
6-41		制 作		6985.57	2160.00	4327.53	498.04	16.00		1.06			39.00
6-42		安 装		997.79	426.60	248.18	323.01	3.16					5.47
6-43	钢 挡 风 架	综 合		8637.09	2689.20	4492.74	1455.15	19.92			1.06		53.48
6-44		制 作		6283.43	1640.25	4245.86	397.32	12.15			1.06		29.00
6-45		安 装		2353.66	1048.95	246.88	1057.83	7.77					24.48
6-46	钢 天 窗 架	综 合		8560.52	2763.45	4533.68	1263.39	20.47				1.06	32.63
6-47		制 作		6446.88	1771.20	4259.39	416.29	13.12				1.06	29.00
6-48		安 装		2113.64	992.25	274.29	847.10	7.35					3.63

校正、拧紧螺栓、电焊固定、构件翻身、就位、场内运输。

					料								机		械
带帽螺栓	氧 气 6m³	乙 炔 气 5.5~6.5kg	焦 炭	木 柴	方 木	防锈漆	稀 料	镀锌钢丝 D4	零 星 材料费	脚手架周 转材料费	金属结构 下 料 机 （综合）	台式钻床 D35	电焊机 （综合）	制作吊车 （综合）	安装吊车 （综合）
kg	m³	m³	kg	kg	m³	kg	kg	kg	元	元	台班	台班	台班	台班	台班
7.96	2.88	16.13	1.25	1.03	3266.74	15.51	10.88	7.08			366.82	9.64	74.17	664.97	1288.68
1.00	3.00	1.53	3.00	0.50	0.007	3.72	0.38	0.09	70.26	10.58	0.25	0.17	7.85	0.17	0.70
1.00	2.50	1.09	3.00	0.50	0.005	3.72	0.38		35.48		0.25	0.17	5.75	0.17	
	0.50	0.44			0.002			0.09	34.78	10.58			2.10		0.70
1.00	3.00	1.74	3.00	0.50	0.033	4.65	0.47	2.69	80.39	44.45	0.25	0.11	4.82	0.17	0.20
1.00	2.00	0.87	3.00	0.50	0.005	4.65	0.47		45.60		0.25	0.11	3.94	0.17	
	1.00	0.87			0.028			2.69	34.79	44.45			0.88		0.20
1.50	5.06	2.42			0.007	4.65	0.47	0.09	80.39	10.58	0.25	0.28	4.66	0.17	0.70
1.50	4.56	1.98			0.005	4.65	0.47		45.60		0.25	0.28	2.56	0.17	
	0.50	0.44			0.002			0.09	34.79	10.58			2.10		0.70
1.00	1.90	1.28	3.00	0.50	0.055	4.65	0.47	2.42	84.37	10.58	0.25	0.17	4.00	0.17	0.59
1.00	0.90	0.41	3.00	0.50	0.005	4.65	0.47		45.60		0.25	0.17	2.83	0.17	
	1.00	0.87			0.050			2.42	38.77	10.58			1.17		0.59

3.钢网

工作内容：1.制作：放样、画线、截裁料、钢球钻孔成型、电焊、钢管刨边、清毛刺、成品堆放等。2.拼装及安装：拼装台座架制作、搭设、拆除,将单件运至拼

编号	项 目		单位	预 算 基 价				人 工	材				
				总 价	人工费	材料费	机械费	综合工	钢 材 钢网架	电焊条	带帽螺栓	氧 气 6m³	乙炔气 5.5～6.5kg
				元	元	元	元	工日	t	kg	kg	m³	m³
								135.00	6478.48	7.59	7.96	2.88	16.13
6-49	钢 网 架	综 合	t	**19115.24**	7869.15	8953.89	2292.20	58.29	1.24	44.93	0.64	6.27	3.03
6-50		钢球、钢管制作		**13178.91**	3726.00	8371.23	1081.68	27.60	1.24	9.25	0.64	5.26	2.59
6-51		拼 装		**4736.93**	3464.10	505.78	767.05	25.66		28.85		1.01	0.44
6-52		安 装		**1199.40**	679.05	76.88	443.47	5.03		6.83			

架（焊接型）

装台架上,拼成单片或成品,电焊固定及安装准备,网球架就位安装,校正、电焊固定(包括支座安装)、清理等全过程。

料									机			械		
煤	木柴	方木	防锈漆	稀料	镀锌钢丝 D4	模胎具费	拼装台座架费	零星材料费	履带式起重机 15t	汽车式起重机 8t	可倾压力机 1250kN	普通车床 630×2000	管子切断机 DN150	电焊机（综合）
kg	kg	m³	kg	kg	kg	元	元	元	台班	台班	台班	台班	台班	台班
0.53	1.03	3266.74	15.51	10.88	7.08				759.77	767.15	386.39	242.35	33.97	74.17
81.40	3.60	0.008	7.21	0.72	4.42	8.96	255.09	19.54	0.53	0.32	0.25	3.02	0.82	10.62
81.40	3.60	0.005	7.21	0.72		8.96		13.88		0.14	0.25	3.02	0.82	1.59
					2.42		255.09	4.58			0.18			8.48
		0.003			2.00			1.08	0.53					0.55

工作内容：1.制作：放样、钢材校正、画线下料(机切或氧切)、平直、钻孔、刨边、倒棱、撖弯、装配、焊接成品、校正、运输及堆放。2.安装:构件加固、吊装、

编号	项目		单位	预算基价				人工	钢材 栏条(组合式)	钢材 栏条(型钢)、天窗上下挡	钢材 钢支撑	钢材 钢拉杆	钢材 平台操作台、走道休息台(钢板为主)
				总价	人工费	材料费	机械费	综合工					
				元	元	元	元	工日	t	t	t	t	t
								135.00	3720.66	3590.53	3656.62	3801.38	3706.12
6-53	钢檩条、天窗上下挡	组合式型钢 综合	t	9299.18	3180.60	4645.33	1473.25	23.56	1.06				
6-54		制作		6945.52	2131.65	4398.45	415.42	15.79	1.06				
6-55		安装		2353.66	1048.95	246.88	1057.83	7.77					
6-56		型钢 综合		8008.19	2119.50	4471.81	1416.88	15.70		1.06			
6-57		制作		5650.55	1070.55	4220.95	359.05	7.93		1.06			
6-58		安装		2357.64	1048.95	250.86	1057.83	7.77					
6-59	钢支撑	综合		8414.20	2569.05	4512.42	1332.73	19.03			1.06		
6-60		制作		6060.36	1520.10	4265.36	274.90	11.26			1.06		
6-61		安装		2353.84	1048.95	247.06	1057.83	7.77					
6-62	钢拉杆	综合		9081.93	2833.65	4775.03	1473.25	20.99				1.06	
6-63		制作		6728.09	1784.70	4527.97	415.42	13.22				1.06	
6-64		安装		2353.84	1048.95	247.06	1057.83	7.77					
6-65	钢平台	钢板 综合		12800.36	6781.05	4557.02	1462.29	50.23					1.06
6-66		制作		9067.23	4241.70	4419.96	405.57	31.42					1.06
6-67		安装		3733.13	2539.35	137.06	1056.72	18.81					
6-68		圆钢 综合		12814.48	6774.30	4633.78	1406.40	50.18					
6-69		制作		9088.10	4241.70	4496.72	349.68	31.42					
6-70		安装		3726.38	2532.60	137.06	1056.72	18.76					

钢平台、钢扶梯、钢支架

校正、拧紧螺栓、电焊固定、构件翻身、就位、场内运输。

钢材 平台操作台、走道休息台（圆钢为主）	电焊条	带帽螺栓	氧气 6m³	乙炔气 5.5~6.5kg	焦炭	木柴	方木	防锈漆	稀料	镀锌钢丝 D4	零星材料费	脚手架周转材料费	金属结构下料机（综合）	台式钻床 D35	电焊机（综合）	制作吊车（综合）	安装吊车（综合）
t	kg	kg	m³	m³	kg	kg	m³	kg	kg	kg	元	元	台班	台班	台班	台班	台班
3832.97	7.59	7.96	2.88	16.13	1.25	1.03	3266.74	15.51	10.88	7.08			366.82	9.64	74.17	664.97	1288.68
	62.18	1.00	1.50	0.88	5.00	0.50	0.007	4.65	0.47	0.09	84.93	10.58	0.25	0.08	4.93	0.17	0.70
	37.70	1.00	1.00	0.44	5.00	0.50	0.005	4.65	0.47		50.14		0.25	0.08	2.83	0.17	
	24.48		0.50	0.44			0.002			0.09	34.79	10.58			2.10		0.70
	58.98		1.90	1.05			0.007	4.65	0.47	0.09	84.46	10.58	0.25	0.08	4.17	0.17	0.70
	34.50		1.40	0.61			0.005	4.65	0.47		45.69		0.25	0.08	2.07	0.17	
	24.48		0.50	0.44			0.002			0.09	38.77	10.58			2.10		0.70
	54.48	1.00	1.50	0.88			0.007	4.65	0.47	0.09	85.11	10.58	0.25		4.57		0.70
	30.00	1.00	1.00	0.44			0.005	4.65	0.47		50.14		0.25		2.47		
	24.48		0.50	0.44			0.002			0.09	34.97	10.58			2.10		0.70
	59.48		9.50	4.36			0.007	4.65	0.47	0.09	85.11	10.58	0.25	0.08	4.93	0.17	0.70
	35.00		9.00	3.92			0.005	4.65	0.47		50.14		0.25	0.08	2.83	0.17	
	24.48		0.50	0.44			0.002			0.09	34.97	10.58			2.10		0.70
	36.19	0.70	9.90	4.31			0.010	4.65	0.47	10.15	68.48		0.31	0.07	2.85	0.12	0.82
	34.32	0.70	9.90	4.31				4.65	0.47		50.14		0.31	0.07	2.85	0.12	
	1.87						0.010				10.15	18.34					0.82
1.06	30.95	0.70	8.10	3.52			0.010	4.65	0.47	10.15	68.48		0.21	0.07	2.86	0.09	0.82
1.06	29.08	0.70	8.10	3.52				4.65	0.47		50.14		0.21	0.07	2.86	0.09	
	1.87						0.010				10.15	18.34					0.82

工作内容：1.制作：放样、钢材校正、画线下料（机切或氧切）、平直、钻孔、刨边、倒棱、撼弯、装配、焊接成品、校正、运输及堆放。2.安装：构件加固、吊装、

编号	项　　目			单位	预　算　基　价				人工	钢材栏杆（圆钢）	钢材栏杆（型钢）
					总　价	人工费	材料费	机械费	综合工		
					元	元	元	元	工日	t	t
									135.00	3842.98	3683.05
6-71	钢栏杆	圆钢	综　合	t	10431.53	5555.25	4497.54	378.74	41.15	1.06	
6-72			制　作		7244.37	2543.40	4426.07	274.90	18.84	1.06	
6-73			安　装		3187.16	3011.85	71.47	103.84	22.31		
6-74		型钢	综　合		10565.92	5891.40	4312.83	361.69	43.64		1.06
6-75			制　作		7378.76	2879.55	4241.36	257.85	21.33		1.06
6-76			安　装		3187.16	3011.85	71.47	103.84	22.31		
6-77		钢管	综　合		10950.52	6046.65	4514.74	389.13	44.79		
6-78			制　作		7763.36	3034.80	4443.27	285.29	22.48		
6-79			安　装		3187.16	3011.85	71.47	103.84	22.31		
6-80		钢花饰	综　合		11171.21	6390.90	4401.57	378.74	47.34		
6-81			制　作		7984.05	3379.05	4330.10	274.90	25.03		
6-82			安　装		3187.16	3011.85	71.47	103.84	22.31		

校正、拧紧螺栓、电焊固定、构件翻身、就位、场内运输。

材						料				机	械
钢　材 栏杆(钢管)	钢　材 花饰栏杆	电焊条	氧　气 6m³	乙炔气 5.5~6.5kg	方　木	防锈漆	稀　料	零星材料费	金属结构 下料机 (综合)	电焊机 (综合)
t	t	kg	m³	m³	m³	kg	kg	元	台班	台班
3844.55	3756.55	7.59	2.88	16.13	3266.74	15.51	10.88		366.82	74.17
		26.00	0.70	0.30	0.005	7.91	0.79	72.17	0.25	3.87
		19.00	0.70	0.30	0.005	7.91	0.79	53.83	0.25	2.47
		7.00						18.34		1.40
		24.00	0.70	0.30	0.005	7.91	0.79	72.17	0.25	3.64
		17.00	0.70	0.30	0.005	7.91	0.79	53.83	0.25	2.24
		7.00						18.34		1.40
1.06		27.00	1.50	0.65	0.005	7.91	0.79	72.17	0.25	4.01
1.06		20.00	1.50	0.65	0.005	7.91	0.79	53.83	0.25	2.61
		7.00						18.34		1.40
	1.06	26.00	0.70	0.03	0.005	7.91	0.79	72.17	0.25	3.87
	1.06	19.00	0.70	0.03	0.005	7.91	0.79	53.83	0.25	2.47
		7.00						18.34		1.40

工作内容：1.制作：放样、钢材校正、画线下料(机切或氧切)、平直、钻孔、刨边、倒棱、撼弯、装配、焊接成品、校正、运输及堆放。2.安装：构件加固、吊装、

编号	项	目		单位	预 算 基 价				人工	材			料
					总 价	人工费	材料费	机械费	综合工	钢 材 踏步式扶梯	钢 材 爬式扶梯	钢 材 钢吊车梯台 包括钢梯扶手及平台	钢 材 滚动支架
					元	元	元	元	工日	t	t	t	t
									135.00	3658.17	3738.28	6448.01	5380.30
6-83	钢 扶 梯	踏步式	综 合	t	10536.88	5404.05	4833.81	299.02	40.03	1.06			
6-84			制 作		7964.58	2970.00	4695.56	299.02	22.00	1.06			
6-85			安 装		2572.30	2434.05	138.25		18.03				
6-86		爬式	综 合		8540.85	3771.90	4577.00	191.95	27.94		1.06		
6-87			制 作		7600.70	2970.00	4438.75	191.95	22.00		1.06		
6-88			安 装		940.15	801.90	138.25		5.94				
6-89	钢吊车梯台		综 合		13389.92	5404.05	7686.85	299.02	40.03			1.06	
6-90			制 作		10817.62	2970.00	7548.60	299.02	22.00			1.06	
6-91			安 装		2572.30	2434.05	138.25		18.03				
6-92	钢滚动支架		综 合		9418.51	2988.90	6087.32	342.29	22.14				1.06
6-93			制 作		8796.37	2401.65	6052.43	342.29	17.79				1.06
6-94			安 装		622.14	587.25	34.89		4.35				
6-95	悬挂钢支架		综 合		10805.56	2786.40	7676.87	342.29	20.64				
6-96			制 作		9172.90	1239.30	7591.31	342.29	9.18				
6-97			安 装		1632.66	1547.10	85.56		11.46				
6-98	管道钢支架		综 合		6637.30	1757.70	4537.31	342.29	13.02				
6-99			制 作		5978.42	1293.30	4342.83	342.29	9.58				
6-100			安 装		658.88	464.40	194.48		3.44				

184

校正、拧紧螺栓、电焊固定、构件翻身、就位、场内运输。

		料									机		械	
钢 材 悬挂支架	钢 材 管道支架	电焊条	带帽螺栓	氧 气 6m³	乙炔气 5.5~6.5kg	方 木	防锈漆	稀 料	镀锌钢丝 D4	零 星 材料费	制作吊车 (综合)	金属结构 下料机 (综合)	台式钻床 D35	电焊机 (综合)
t	t	kg	kg	m³	m³	m³	kg	kg	kg	元	台班	台班	台班	台班
3752.49	3825.70	7.59	7.96	2.88	16.13	3266.74	15.51	10.88	7.08		664.97	366.82	9.64	74.17
		26.01	60.00	2.70	1.19	0.020	4.65	0.47	6.09	68.48	0.10	0.13	0.17	2.47
		24.50	60.00	2.70	1.19		4.65	0.47		50.14	0.10	0.13	0.17	2.47
		1.51				0.020			6.09	18.34				
		20.51	24.80	0.70	0.32	0.020	4.65	0.47	6.09	68.48	0.06	0.11	0.20	1.48
		19.00	24.80	0.70	0.32		4.65	0.47		50.14	0.06	0.11	0.20	1.48
		1.51				0.020			6.09	18.34				
		26.01	18.13	2.70	1.19	0.089	4.65	0.47	6.09	72.17	0.10	0.13	0.17	2.47
		24.50	18.13	2.70	1.19	0.069	4.65	0.47	6.09	53.83	0.10	0.13	0.17	2.47
		1.51				0.020			6.09	18.34				
		26.18	1.00	2.10	0.93		4.65	0.47	1.00	72.17	0.18	0.09	0.20	2.53
		24.00	1.00	2.10	0.93		4.65	0.47	1.00	53.83	0.18	0.09	0.20	2.53
		2.18								18.34				
1.06		23.18	0.81	2.10	0.93	1.010	4.65	0.47		119.15	0.18	0.09	0.20	2.53
1.06		21.00	0.81	2.10	0.93	1.010	4.65	0.47		50.14	0.18	0.09	0.20	2.53
		2.18								69.01				
	1.06	20.84	10.00	1.43	0.69	0.010	4.65	0.47		119.15	0.18	0.09	0.20	2.53
	1.06	19.10		1.43	0.69		4.65	0.47		50.14	0.18	0.09	0.20	2.53
		1.74	10.00			0.010				69.01				

5.压型钢板墙板

工作内容：制作、运输、安装。

编号	项 目	单位	预 算 基 价			人 工	材 料
			总 价	人 工 费	材 料 费	综 合 工	彩钢板双层夹芯聚苯复合板 0.6mm板芯75mm厚 V205/820
			元	元	元	工日	m²
						135.00	75.77
6-101	压 型 钢 板 墙 板 安 装	100m²	**9564.60**	886.95	8677.65	6.57	103.73

编号	项 目	单位	材					料
			彩钢板外墙转角收边板	彩钢板墙、屋面收边板	自攻螺钉 M4×35	铝拉铆钉 4×10	玻璃胶 310g	零星材料费
			m²	m²	个	个	支	元
			52.84	52.84	0.06	0.03	23.15	
6-101	压 型 钢 板 墙 板 安 装	100m²	1.27	7.32	770.00	213.00	12.15	30.27

6.金属零件

工作内容: 1.制作:放样、钢材校正、画线下料(机切或氧切)、平直、钻孔、刨边、倒棱、撅弯、装配、焊接成品、校正、运输及堆放。 2.安装:构件加固、吊装、校正、拧紧螺栓、电焊固定、构件翻身、就位、场内运输。

编号	项目		单位	预 算 基 价				人 工 综合工	材 料			
				总 价	人工费	材料费	机械费		钢材算子	钢材盖板	钢材零星构件	铁件
				元	元	元	元	工日	t	t	t	kg
								135.00	3750.30	3769.00	3769.55	9.49
6-102	钢算子	综 合	t	10726.60	5863.05	4496.67	366.88	43.43	1.06			
6-103		制 作		9046.20	4214.70	4464.62	366.88	31.22	1.06			
6-104		安 装		1680.40	1648.35	32.05		12.21				
6-105	钢盖板	综 合		9997.65	5216.40	4458.13	323.12	38.64		1.06		
6-106		制 作		8340.41	3566.70	4450.59	323.12	26.42		1.06		
6-107		安 装		1657.24	1649.70	7.54		12.22				
6-108	U 形 爬 梯	综 合	100个	3362.01	707.40	2654.61		5.24				275.00
6-109		制 作		2900.95	248.40	2652.55		1.84				275.00
6-110		安 装		461.06	459.00	2.06		3.40				
6-111	阳 台 晒 衣 钩	综 合		2342.85	849.15	1345.36	148.34	6.29				135.00
6-112		制 作		1725.77	405.00	1320.77		3.00				135.00
6-113		安 装		617.08	444.15	24.59	148.34	3.29				
6-114	烟 囱 紧 固 箍	综 合	t	15084.27	4727.70	10261.07	95.50	35.02				1040.00
6-115		制 作		11643.94	1647.00	9901.44	95.50	12.20				1040.00
6-116		安 装		3440.33	3080.70	359.63		22.82				
6-117	零星钢构件	综 合		10790.80	6172.20	4334.05	284.55	45.72			1.06	
6-118		制 作		7563.67	2999.70	4279.42	284.55	22.22			1.06	
6-119		安 装		3227.13	3172.50	54.63		23.50				

编号	项目		单位	材						料	机		械
				氧气 6m³	电焊条	乙炔气 5.5~6.5kg	防锈漆	稀料	带帽螺栓	零星材料费	金属结构下料机（综合）	电焊机（综合）	台式钻床 D35
				m³	kg	m³	kg	kg	kg	元	台班	台班	台班
				2.88	7.59	16.13	15.51	10.88	7.96		366.82	74.17	9.64
6-102	钢箅子	综合	t	13.10	30.30	5.71	6.05	0.61		61.07	0.25	3.71	
6-103		制作		13.10	30.30	5.71	6.05	0.61		29.02	0.25	3.71	
6-104		安装								32.05			
6-105	钢盖板	综合		9.00	31.20	3.92	6.05	0.61		36.56	0.25	3.12	
6-106		制作		9.00	31.20	3.92	6.05	0.61		29.02	0.25	3.12	
6-107		安装								7.54			
6-108	U形爬梯	综合	100个				1.66	0.17		17.26			
6-109		制作					1.66	0.17		15.20			
6-110		安装								2.06			
6-111	阳台晒衣钩	综合			5.81		0.82	0.08		6.53		2.00	
6-112		制作			2.57		0.82	0.08		6.53			
6-113		安装			3.24							2.00	
6-114	烟囱紧固箍	综合	t						45.18	31.84	0.14	0.59	0.04
6-115		制作								31.84	0.14	0.59	0.04
6-116		安装							45.18				
6-117	零星钢构件	综合		0.70	19.00	0.32	6.05	0.61		86.47	0.25	2.60	
6-118		制作		0.70	19.00	0.32	6.05	0.61		31.84	0.25	2.60	
6-119		安装								54.63			

7.金属结构探伤与除锈

工作内容：1.喷砂、抛丸除锈:运砂、丸,机械喷砂、抛丸,现场清理。2.超声波探伤:准备工作、机具搬运、焊道表面清理除锈、涂拌耦合剂、探伤、检查、记录、清理。3.X光透视探伤:准备工作、机具搬运安装、焊缝除锈、固定底片、拍片、暗室处理、鉴定、技术报告。

编号	项 目		单位	预 算 基 价				人工	材				料		
				总 价	人工费	材料费	机械费	综合工	石英砂	钢丸	直探头	机油 5#~7#	铅油	汤布	砂布 1#
				元	元	元	元	工日	kg	kg	个	kg	kg	kg	张
								135.00	0.28	4.34	206.66	7.21	11.17	12.33	0.93
6-120	喷 砂 除 锈		t	245.72	113.40	4.70	127.62	0.84	16.80						
6-121	抛 丸 除 锈			268.30	56.70	63.71	147.89	0.42		14.680					
6-122	超声波探伤	钢柱、钢屋架、钢网架		1660.78	1008.45	265.69	386.64	7.47			0.71	3.65	0.73	2.91	15.91
6-123		其 他		1316.02	799.20	209.49	307.33	5.92			0.56	2.89	0.58	2.31	12.04
6-124	X 光 透 视 探 伤		10张	1696.51	1067.85	250.49	378.17	7.91							

编号	项目	单位	材料					机					械		综合机械
			软胶片 85×300	增感纸 85×300	显影剂 5000mL	定影剂 1000mL	零星材料费	喷砂除锈机 3m³/min	抛丸除锈机 219mm	电动空气压缩机 0.6m³	超声波探伤机 CTS-22	X射线探伤机 2005	汽车式起重机 16t	轨道平车 10t	
			张	张	袋	瓶	元	台班	台班	台班	台班	台班	台班	台班	元
			16.89	4.85	9.60	8.15		34.55	281.23	38.51	194.53	258.70	971.12	85.91	
6-120	喷砂除锈							0.30		0.30			0.10	0.10	
6-121	抛丸除锈								0.150				0.10	0.10	
6-122	超声波探伤 钢柱、钢屋架、钢网架	t					33.81				1.95				7.31
6-123	其他						26.77				1.55				5.81
6-124	X光透视探伤	10张	12.00	0.60	0.58	2.88	15.86					1.44			5.64

8.金属结构构件运输

工作内容：装车、绑扎、运输，按指定地点卸车、堆放。

编号	项目	单位	预算基价 总价 元	人工费 元	材料费 元	机械费 元	人工 综合工 工日	硬杂木锯材二类 m³	钢丝绳 D7.5 kg	镀锌钢丝 D4 kg	平板拖车组 20t 台班	装卸吊车(综合) 台班	载货汽车 8t 台班	装卸吊车(综合) 台班
							135.00	4015.45	6.66	7.08	1101.26	1288.68	521.59	658.80
6-125	I 类 构 件		710.24	149.85	7.19	553.20	1.11	0.001	0.37	0.10	0.28	0.19		
6-126	I 类 构 件		1010.29	214.65	7.19	788.45	1.59	0.001	0.37	0.10	0.40	0.27		
6-127			88.10			88.10					0.08			
6-128	II 类 构 件	10t	480.67	151.20	7.19	322.28	1.12	0.001	0.37	0.10			0.34	0.22
6-129	II 类 构 件	10t	668.52	211.95	7.19	449.38	1.57	0.001	0.37	0.10			0.47	0.31
6-130			36.51			36.51							0.07	
6-131	III 类 构 件		776.93	245.70	7.19	524.04	1.82	0.001	0.37	0.10			0.55	0.36
6-132	III 类 构 件		997.84	315.90	7.19	674.75	2.34	0.001	0.37	0.10			0.70	0.47
6-133			41.73			41.73							0.08	

项目说明：6-125、6-128、6-131为1 km以内；6-126、6-129、6-132为5 km以内；6-127、6-130、6-133为每增加1 km。

191

9.金属结构构件拼装

工作内容：搭、拆拼装台,将构件的榀、段拼装成整体,校正、固定。

编号	项 目	单位	预 算 基 价				人 工	材	料		机	械
			总 价	人工费	材料费	机械费	综合工	镀锌钢丝 D4	电焊条	零 星 材料费	安装吊车 （综合）	电焊机 （综合）
			元	元	元	元	工日	kg	kg	元	台班	台班
							135.00	7.08	7.59		1288.68	74.17
6-134	屋 架		413.56	187.65	35.67	190.24	1.39	2.42	1.53	6.92	0.12	0.48
6-135	天 窗 架	t	771.10	340.20	42.90	388.00	2.52	2.33	2.40	8.19	0.27	0.54
6-136	柱		81.29	32.40	14.96	33.93	0.24		0.76	9.19	0.02	0.11

10.金属结构构件刷防火涂料

工作内容： 底层清扫、除污、涂刷防火涂料。

编号	项		目			单位	预 算 基 价			人 工	材			料
							总 价	人工费	材料费	综合工	防火涂料厚型	防火涂料薄型	防火涂料超薄型	零星材料费
							元	元	元	工日	kg	kg	kg	元
										135.00	2.47	6.13	15.49	
6-137	防火涂料	厚型	19 mm厚	耐火极限(h)	3.00	100m²	8872.86	2631.15	6241.71	19.49	2516.94			24.87
6-138		薄型	4.2 mm厚		2.50		5596.00	1633.50	3962.50	12.10		643.13		20.11
6-139			2.6 mm厚		1.50		3618.64	1136.70	2481.94	8.42		402.91		12.10
6-140			1.8 mm厚		1.00		3152.73	888.30	2264.43	6.58		367.60		11.04
6-141		超薄型	2.19 mm厚		2.00		7492.75	1501.20	5991.55	11.12			385.26	23.87
6-142			1.63 mm厚		1.50		5750.90	1223.10	4527.80	9.06			291.14	18.04
6-143			1.2 mm厚		1.00		5106.91	1009.80	4097.11	7.48			263.42	16.73

第七章　屋面及防水工程

说　明

一、本章包括找平层,瓦屋面,卷材防水,涂料防水,彩色压型钢板屋面,薄钢板、瓦楞铁皮屋面,屋面排水7节,共119条基价子目。

二、卷材屋面不分屋面形式,如平屋面、锯齿形屋面、弧形屋面等均执行同一项目。刷冷底子油一遍已综合在项目内,不另计算。

三、卷材屋面的接缝、收头、找平层的嵌缝、冷底子油已计入基价项目内,不另计算。

四、卷材屋面项目中对弯起部分的圆角增加的混凝土及砂浆,基价用量中已考虑,不另计算。

五、防水卷材、防水涂料,基价以平面和立面列项,桩头、地沟、零星部位执行相应项目,人工工日乘以系数1.43。立面是以直形为依据编制的,为弧形时,相应项目的人工工日乘以系数1.18。

六、卷材防水附加层执行卷材防水相应项目,人工工日乘以系数1.43。

七、冷粘法是以满铺为依据编制的,点、条铺粘时按其相应项目的人工工日乘以系数0.91,胶粘剂乘以系数0.70。

八、镀锌薄钢板、瓦楞铁屋面及排水项目中,镀锌瓦楞铁咬口和搭接的工、料已包括在基价内,不另计算。

九、室内雨水管执行安装工程预算基价。

十、钢板焊接的雨水口制作按第四章铁件项目计算,安装用的工、料,已包括在雨水管的预算基价内,不另计算。

十一、檐头钢筋压毡条项目中已综合屋面混凝土梗工、料。

十二、如设计要求刷油与预算基价不同时,允许换算。

十三、找平层的砂浆厚度,设计要求与基价不同时可按比例换算,人工费、机械费不调整。

十四、屋面伸缩缝做法均参照12J系列标准设计图集的做法,当设计要求与基价不同时,可按设计要求进行换算。

十五、屋面木基层按第五章相应项目计算。

工程量计算规则

一、卷材防水:

1.斜屋顶(不包括平屋顶找坡)按设计图示尺寸的水平投影面积乘以屋面延尺系数(见屋面坡度系数表)以斜面积计算。

屋面坡度系数表

坡度			延尺系数 $K_C = \dfrac{C}{A}$	隅延尺系数 $K_D = \dfrac{D}{A}$ (A=S)	坡度			延尺系数 $K_C = \dfrac{C}{A}$	隅延尺系数 $K_D = \dfrac{D}{A}$ (A=S)
$\dfrac{B}{A}$	$\dfrac{B}{2A}$	角度 θ			$\dfrac{B}{A}$	$\dfrac{B}{2A}$	角度 θ		
1.000	1/2	45°00′	1.4142	1.7321	0.400	1/5	21°48′	1.0770	1.4697
0.750		36°52′	1.2500	1.6008	0.350		19°17′	1.0595	1.4569
0.700		35°00′	1.2207	1.5780	0.300		16°42′	1.0440	1.4457
0.667	1/3	33°41′	1.2019	1.5635	0.250	1/8	14°02′	1.0308	1.4361
0.650		33°01′	1.1927	1.5564	0.200	1/10	11°19′	1.0198	1.4283
0.600		30°58′	1.1662	1.5362	0.167	1/12	9°28′	1.0138	1.4240
0.577		30°00′	1.1547	1.5275	0.150		8°32′	1.0112	1.4221
0.550		28°49′	1.1413	1.5174	0.125	1/16	7°08′	1.0078	1.4197
0.500	1/4	26°34′	1.1180	1.5000	0.100	1/20	5°43′	1.0050	1.4177
0.450		24°14′	1.0966	1.4841	0.083	1/24	4°46′	1.0035	1.4167
0.414		22°30′	1.0824	1.4736	0.067	1/30	3°49′	1.0022	1.4158

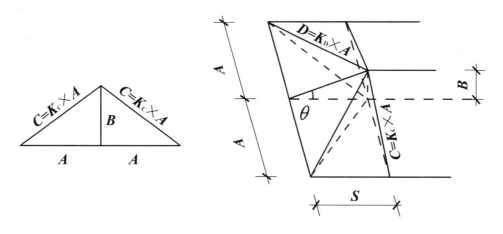

坡屋面示意图

注：1.两坡水及四坡水屋面的斜面积均为屋面水平投影面积乘以延尺系数 K_C。
   2.四坡水屋面斜脊长度 $D = K_D \times A$（当 $S = A$ 时）。
   3.沿山墙泛水长度 $C = K_C \times A$。

2.平屋顶按设计图示尺寸以水平投影面积计算,由于屋面泛水引起的尺寸增加已在基价内综合考虑。

3.计算卷材屋面的工程量时,不扣除房上烟囱、风帽底座、风道、屋面小气窗和斜沟所占面积,其根部弯起部分不另计算。屋面的女儿墙、伸缩缝和天窗等处的弯起部分并入屋面工程量内。天窗出檐部分重叠的面积按图示尺寸以面积计算,并入卷材屋面工程量内。如图纸未注明尺寸时,伸缩缝、女儿墙处的弯起高度可按 250 mm 计算,天窗处弯起高度按 500 mm 计算,计入立面工程量内。

4.墙的立面防水层,不论内墙、外墙,均按设计图示尺寸以面积计算。

5.基础底板的防水层按设计图示尺寸以面积计算,不扣除桩头所占面积。桩头处外包防水按桩头投影外扩 300 mm 以面积计算,地沟处防水按展开面积计算,均计入平面工程量,执行相应项目。

6.屋面、楼地面及墙面、基础底板等,其防水搭接、拼缝、压边、留槎用量已综合考虑,不另计算,防水附加层按设计铺贴尺寸以面积计算。

7.屋面抹水泥砂浆找平层的工程量计算规则同卷材屋面。

二、瓦屋面、型材屋面(包括挑檐部分)均按设计图示尺寸的水平投影面积乘以屋面延尺系数以斜面积计算。不扣除房上烟囱、风帽底座、风道、屋面小气窗和斜沟等所占面积。屋面小气窗出檐与屋面重叠部分的面积亦不增加,但天窗出檐部分重叠的面积计入相应的屋面工程量内。瓦屋面的出线、披水、稍头抹灰、脊瓦加腮等工、料均已综合在基价内,不另计算。

三、屋面伸缩缝按设计图示尺寸以长度计算。

四、混凝土板刷沥青一道按设计图示尺寸以面积计算。

五、檐头钢筋压毡条按设计图示尺寸以长度计算。

六、涂膜屋面的工程量计算规则同卷材屋面。

七、聚合物水泥防水涂料、水泥基渗透结晶防水涂料按喷涂部位的面积计算。

八、彩色压型钢板屋脊盖板、内天沟、外天沟按设计图示尺寸以长度计算。

九、屋面排水管按设计图示尺寸以展开长度计算。如设计未标注尺寸,以檐口下皮算至设计室外地坪以上150 mm为止,下端与铸铁弯头连接者,算至接头处。

十、屋面天沟、檐沟按设计图示尺寸以面积计算。薄钢板和卷材天沟按展开面积计算。

十一、屋面排水中,雨水斗、铸铁落水口、弯头、短管、铅丝网球按数量计算。

1.找 平 层

工作内容：清理基层,调制砂浆,抹水泥砂浆找平层。

编号	项 目			单位	预 算 基 价				人工 综合工 工日	材 料						机 械	
					总 价	人工费	材料费	机械费		干拌抹灰砂浆M15	湿拌抹灰砂浆M15	水泥	砂子	水	水泥砂浆1:3	灰浆搅拌机400L	干混砂浆罐式搅拌机
					元	元	元	元		t	m³	kg	t	m³	m³	台班	台班
									135.00	342.18	422.75	0.39	87.03	7.62		215.11	254.19
7-1	1:3 水泥砂浆 抹 找 平 层	在填充材料上 2 cm厚	现场搅拌砂浆	100m²	1741.09	837.00	833.10	70.99	6.20			1160.76	4.293	0.89	(2.70)	0.33	
7-2			干拌地面砂浆		2642.29	792.45	1725.29	124.55	5.87	5.02				0.99			0.49
7-3			湿拌地面砂浆		1889.33	747.90	1141.43		5.54		2.70						
7-4		在混凝土或硬基层上 2 cm厚	现场搅拌砂浆		1559.36	837.00	666.43	55.93	6.20			928.61	3.434	0.71	(2.16)	0.26	
7-5			干拌地面砂浆		2285.16	801.90	1381.58	101.68	5.94	4.02				0.79			0.40
7-6			湿拌地面砂浆		1679.94	766.80	913.14		5.68		2.16						
7-7		每 增 减 0.5 cm厚	现场搅拌砂浆		355.88	174.15	166.67	15.06	1.29			232.15	0.859	0.18	(0.54)	0.07	
7-8			干拌地面砂浆		533.82	164.70	343.70	25.42	1.22	1.00				0.20			0.10
7-9			湿拌地面砂浆		383.54	155.25	228.29		1.15		0.54						

201

工作内容： 1.铺水泥瓦、黏土瓦、屋脊抹灰。2.调制砂浆、安脊瓦及抹脊背。3.檩上铺钉石棉瓦、安脊瓦、石棉瓦裁角、钻眼等。

编号	项　　　目		单位	预　算　基　价			人工	材					
				总价	人工费	材料费	综合工	水泥平瓦 385×235	水泥脊瓦 455×195	黏土平瓦 385×235	黏土脊瓦 455×195	小波石棉瓦 1800×720×6	小波石棉脊瓦 700×180×5
				元	元	元	工日	块	块	块	块	块	块
							135.00	1.38	1.46	1.16	1.33	20.21	22.36
7-10	在屋面板或椽子挂瓦条上铺设	水泥瓦		3015.24	610.20	2405.04	4.52	1691	28.20				
7-11		黏土瓦		2591.73	608.85	1982.88	4.51			1651	28.20		
7-12	小波石棉瓦	木檩上	100m²	3411.79	619.65	2792.14	4.59					99	14.85
7-13		钢檩上		3977.20	963.90	3013.30	7.14					99	14.85
7-14		混凝土檩上		4100.76	963.90	3136.86	7.14					99	14.85

屋　面

					料									
水　泥	砂　子	水	白　灰	麻　刀	镀锌螺钉 M7.5 带垫	镀锌螺栓钩 M4.6×600	镀锌扁钢钩 3×12×300	镀锌螺栓钩 M4.6×800	镀锌扁钢钩 3×12×400	镀锌钢丝 D0.9	零星材料费	白灰膏	水泥砂浆 1:2.5	白灰麻刀浆
kg	t	m³	kg	kg	套	个	个	个	个	kg	元	m³	m³	m³
0.39	87.03	7.62	0.30	3.92	1.10	1.46	1.85	1.86	2.06	7.31				
43.939	0.135	0.031								0.16			(0.09)	
43.939	0.135	0.031								0.15			(0.09)	
		0.015	20.55	0.60	402						8.47	(0.029)		(0.03)
		0.015	20.55	0.60		206	196				8.47	(0.029)		(0.03)
		0.015	20.55	0.60				206	196		8.47	(0.029)		(0.03)

工作内容：1.铺油毡,钉顺水条、挂瓦条。2.预埋铁钉、铁丝,做水泥砂浆条。3.钻孔、固定角钢。

编号	项		目	单位	预 算 基 价				人 工	松木锯材三类	木挂瓦条	板 条 1200×38×6
					总 价	人工费	材料费	机械费	综合工			
					元	元	元	元	工日	m³	m³	千根
									135.00	1661.90	2319.50	586.87
7-15	挂瓦条	木 基 层	钉 挂 瓦 条	100m²	2026.98	322.65	1704.33		2.39	0.691	0.225	
7-16			钉纤维板、油毡、挂瓦条		3756.65	450.90	3305.75		3.34	0.691	0.225	0.15
7-17		混凝土基层	单独钉挂瓦条		677.57	126.90	550.67		0.94		0.225	
7-18			钉顺水条、挂瓦条		1178.76	205.20	973.56		1.52		0.405	
7-19			砂 浆 条		814.76	540.00	274.76		4.00			
7-20			角 钢 条		2913.60	648.00	2056.12	209.48	4.80			

材										料	机	械
纤维板	油毡	圆钉	水泥钉	湿拌抹灰砂浆 M15	镀锌钢丝 D0.7	热轧等边角钢 25×4	膨胀螺栓 M6×60	电焊条	氧气 6m³	乙炔气 5.5~6.5kg	台式钻床 D35	交流弧焊机 32kV·A
m²	m²	kg	kg	m³	kg	t	套	kg	m³	m³	台班	台班
10.35	3.83	6.68	7.36	422.75	7.42	3715.62	0.45	7.59	2.88	16.13	9.64	87.97
		5.10										
105.00	110.00	5.90										
			3.91									
		2.26	2.59									
			9.51	0.431	3.04							
						0.455	558.000	12.87	1.72	0.73	1.38	2.23

3. 卷 材

工作内容： 1.清扫基层、刷冷底子油一道。2.铺卷材、撒豆粒石。3.刷冷玛琋脂、铺卷材、撒云母粉扫匀。4.屋面浇水试验。

编号	项 目			单位	总 价	人工费	材料费	综合工	预拌混凝土 AC10	页岩标砖 240×115×53	松木锯材 三类	钢 筋 D10以内
					元	元	元	工日	m³	千块	m³	t
								135.00	430.17	513.60	1661.90	3970.73
7-21	玻璃纤维油毡	热做法	二毡三油带豆石	100m²	6556.92	1879.20	4677.72	13.92				
7-22			每增减一毡一油		2011.00	585.90	1425.10	4.34				
7-23		冷做法	二毡三油带云母粉		5455.24	1051.65	4403.59	7.79				
7-24			每增减一毡一油		1746.03	311.85	1434.18	2.31				
7-25	混凝土板刷沥青一道				1118.45	135.00	983.45	1.00				
7-26	伸缩缝		靠 墙	100m	11659.02	4814.10	6844.92	35.66		1.63	0.819	
7-27			不 靠 墙		16578.66	4907.25	11671.41	36.35		3.25	1.189	
7-28	檐头钢筋压毡条				2319.22	1024.65	1294.57	7.59	1.44			0.024

206

防 水

铁钉	玻璃纤维油毡80g	石油沥青10#	豆粒石	水	沥青冷胶	云母粉	麻丝	水泥	砂子	镀锌薄钢板0.56	油毡	调和漆	稀料	零星材料费	水泥砂浆M5
kg	m²	kg	t	m³	kg	kg	kg	kg	t	m²	m²	kg	kg	元	m³
6.68	6.37	4.04	139.19	7.62	7.08	0.97	14.54	0.39	87.03	20.08	3.83	14.11	10.88		
	228.00	728.00	0.787	2.500										155.65	
	114.00	173.00													
	228.00			2.500	386.00	45.00								155.65	
	114.00				100.00										
		200.00												175.45	
2.80		329.20		0.165			97.00	159.75	1.197	57.30	46.10	12.00	1.20	210.35	(0.75)
2.80		658.40		0.330			195.00	319.50	2.394	62.50	46.10	13.00	1.30	547.66	(1.50)
2.13		140.00													

工作内容：清理基层,刷基底处理剂,收头钉压条等全部操作过程。

编号	项 目		单位	预 算 基 价			人 工	材			料	
				总 价	人工费	材料费	综合工	SBS改性沥青防水卷材3mm	改性沥青嵌缝油膏	液化石油气	SBS弹性沥青防水胶	聚丁胶胶粘剂
				元	元	元	工日	m²	kg	kg	kg	kg
							135.00	34.20	8.44	4.36	30.29	17.31
7-29	改性沥青卷材	热熔法一层	平面	5329.58	330.75	4998.83	2.45	115.635	5.977	26.992	28.92	
7-30			立面	5571.23	572.40	4998.83	4.24	115.635	5.977	26.992	28.92	
7-31		热熔法每增一层	平面	4413.17	283.50	4129.67	2.10	115.635	5.165	30.128		
7-32			立面	4621.07	491.40	4129.67	3.64	115.635	5.165	30.128		
7-33		冷粘法一层	平面	6112.49	301.05	5811.44	2.23	115.635	5.977		28.92	53.743
7-34			立面	6371.69	560.25	5811.44	4.15	115.635	5.977		28.92	53.743
7-35		冷粘法每增一层	平面	5295.88	259.20	5036.68	1.92	115.635	5.165			59.987
7-36			立面	5484.88	448.20	5036.68	3.32	115.635	5.165			59.987

208

工作内容： 清理基层,刷基底处理剂,收头钉压条等全部操作过程。

编号	项 目		单位	预 算 基 价			人 工	材					料
				总 价	人工费	材料费	综合工	高聚物改性沥青自粘卷材4mm厚II型	耐根穿刺防水卷材4mm厚	冷底子油30:70	改性沥青嵌缝油膏	液化石油气	SBS弹性沥青防水胶
				元	元	元	工日	m²	m²	kg	kg	kg	kg
							135.00	34.20	87.06	6.41	8.44	4.36	30.29
7-37	高聚物改性沥青自粘卷材	自粘法一层	平面	100m²	4539.52	274.05	4265.47	2.03	115.635		48.48			
7-38			立面		4743.37	477.90	4265.47	3.54	115.635		48.48			
7-39		自粘法每增一层	平面		4189.62	234.90	3954.72	1.74	115.635					
7-40			立面		4363.77	409.05	3954.72	3.03	115.635					
7-41	耐根穿刺复合铜胎基改性沥青卷材				11485.25	373.95	11111.30	2.77		115.635		5.977	26.992	28.92

工作内容： 清理基层,刷基底处理剂,收头钉压条等全部操作过程。

编号	项目			单位	预算基价				人工	材料								机械
					总价	人工费	材料费	机械费	综合工	聚氯乙烯防水卷材1.5mm厚 P类	FL-15胶粘剂	聚氯乙烯薄膜0.1mm厚	水泥钉	防水密封胶	胶粘剂	焊剂	焊丝D3.2	小型机具
					元	元	元	元	工日	m²	kg	m²	kg	支	kg	kg	kg	元
									135.00	31.98	15.58	1.24	7.36	12.98	23.36	8.22	6.92	
7-42	聚氯乙烯卷材	冷粘法一层	平面	100m²	5940.93	418.50	5522.43		3.10	115.635	117.10							
7-43			立面		6214.98	692.55	5522.43		5.13	115.635	117.10							
7-44		冷粘法每增一层	平面		5858.58	336.15	5522.43		2.49	115.635	117.10							
7-45			立面		6077.28	554.85	5522.43		4.11	115.635	117.10							
7-46		热风焊接法一层	平面		4938.48	461.70	4462.18	14.60	3.42	115.635		12.50	0.06	15.00	20.65	1.50	8.50	14.60
7-47			立面		5244.93	768.15	4462.18	14.60	5.69	115.635		12.50	0.06	15.00	20.65	1.50	8.50	14.60
7-48		热风焊接法每增一层	平面		4846.68	369.90	4462.18	14.60	2.74	115.635		12.50	0.06	15.00	20.65	1.50	8.50	14.60
7-49			立面		5091.03	614.25	4462.18	14.60	4.55	115.635		12.50	0.06	15.00	20.65	1.50	8.50	14.60

工作内容：清理基层,刷基底处理剂,收头钉压条等全部操作过程。

编号	项目			单位	预算基价			人工	材料	
					总价	人工费	材料费	综合工	高分子自粘胶膜卷材 1.5mm厚 W类	冷底子油 30:70
					元	元	元	工日	m²	kg
								135.00	28.43	6.41
7-50	高分子自粘胶膜卷材	自粘法一层	平面	100m²	3977.61	379.35	3598.26	2.81	115.635	48.48
7-51			立面		4227.36	629.10	3598.26	4.66	115.635	48.48
7-52		自粘法每增一层	平面		3589.90	302.40	3287.50	2.24	115.635	
7-53			立面		3789.70	502.20	3287.50	3.72	115.635	

4.涂 料 防 水

工作内容： 清理基层,调配及涂刷涂料。

编号	项目			单位	预 算 基 价			人 工	材		料
					总 价	人工费	材料费	综合工	聚氨酯甲料	聚氨酯乙料	二甲苯
					元	元	元	工日	kg	kg	kg
								135.00	15.28	14.85	5.21
7-54	聚氨酯防水涂膜	2mm厚	平面	100m²	**4531.99**	410.40	4121.59	3.04	108.00	162.00	12.60
7-55			立面		**5164.55**	622.35	4542.20	4.61	119.20	178.80	12.60
7-56		每增减 0.5mm厚	平面		**1194.43**	102.60	1091.83	0.76	28.40	42.60	4.85
7-57			立面		**1338.56**	156.60	1181.96	1.16	30.80	46.20	4.85

工作内容：清理基层，调配及涂刷涂料。

编号	项 目		单位	预 算 基 价			人 工	材	料
				总 价	人工费	材料费	综合工	防水涂料 JS Ⅰ型	水
				元	元	元	工日	kg	m³
							135.00	10.82	7.62
7-58	聚合物水泥防水涂料	1.0 mm厚 平 面	100m²	**2669.67**	283.50	2386.17	2.10	220.500	0.047
7-59		1.0 mm厚 立 面		**2937.40**	368.55	2568.85	2.73	237.384	0.047
7-60		每增减0.5 mm厚 平 面		**1135.93**	113.40	1022.53	0.84	94.500	0.005
7-61		每增减0.5 mm厚 立 面		**1246.08**	141.75	1104.33	1.05	102.060	0.005

工作内容: 清理基层,调配及涂刷涂料。

编号	项目	单位	预算基价			人工	材料	
			总价	人工费	材料费	综合工	水泥基渗透结晶防水涂料 I 型	水
			元 ·	元	元	工日	kg	m³
						135.00	14.71	7.62
7-62	水泥基渗透结晶型防水涂料	1.0 mm厚 平面	100m²	2313.91	298.35	2015.56	2.21	137.000	0.038
7-63		立面		2545.33	368.55	2176.78	2.73	147.960	0.038
7-64		每增 0.5 mm厚 平面		731.32	113.40	617.92	0.84	42.000	0.013
7-65		立面		809.09	141.75	667.34	1.05	45.360	0.013

工作内容：1.清理基层、配制涂刷冷底子油。2.清理基层,刷石油沥青,撒砂。

编号	项目		单位	预 算 基 价				人 工	材 料			机 械
				总 价	人 工 费	材 料 费	机 械 费	综 合 工	冷底子油 30:70	石油沥青 10#	砂 粒 1~1.5mm	沥青熔化炉 XLL-0.5t
				元	元	元	元	工日	kg	kg	m³	台班
								135.00	6.41	4.04	258.38	282.91
7-66	冷 底 子 油	第 一 遍	100m²	518.51	205.20	310.76	2.55	1.52	48.48			0.009
7-67		第 二 遍		403.58	167.40	233.07	3.11	1.24	36.36			0.011
7-68	防 水 层 表 面 撒 砂 粒			912.73	167.40	735.99	9.34	1.24		147.00	0.55	0.033

215

工作内容：1.铺彩钢屋面板、檐口堵头、防水。2.彩色压型钢板上铺屋脊盖板。3.铺彩钢板内、外天沟。

编号	项目	目	单位	预 算 基 价			人 工	彩色压型钢板 YX 35-115-677
				总 价	人 工 费	材 料 费	综 合 工	
				元	元	元	工日	m²
							135.00	271.43
7-69	彩色压型屋面板	铺在钢檩条上	100m²	31512.57	3041.55	28471.02	22.53	104.00
7-70		屋脊盖板		7654.67	878.85	6775.82	6.51	
7-71	彩色压型钢板	外天沟	100m	11827.64	3041.55	8786.09	22.53	
7-72		内天沟		9427.37	878.85	8548.52	6.51	

钢板屋面

材						料				
彩钢板檐口堵头 WD-1	彩钢屋脊板 2mm厚	彩钢板外天沟 B600	彩钢板天沟专用挡板	彩钢板内天沟 B600	热轧等边角钢 40×4	胶泥带	自攻螺钉 M4×35	玻璃胶 310g	塑料压条	零星材料费
m	m	m	块	m	t	m	个	支	m	元
13.04	32.01	63.37	5.37	64.89	3752.49	1.53	0.06	23.15	3.23	
10.74						11.58	1400.00			0.53
204.00	108.00					220.00	734.00	12.00		0.14
		108.00	2.43		0.45		1689.30	6.00		0.20
		4.86	108.00			220.00	2200.00	16.70	204.00	0.18

6.薄钢板、瓦

工作内容：1.薄钢板的截料、制作,固定薄钢板带和折合缝、铺设咬口、刷油漆。2.薄钢板钻孔、稳固、上螺钉、刷油漆等。3.薄钢板排水的制作、安装、油

编号	项		目	单位	预 算 基 价	人 工 费	材 料 费	人 工
					总 价	人 工 费	材 料 费	综 合 工
					元	元	元	工日
								135.00
7-73	薄 钢 板 屋 面	单咬口	综 合	100m²	4682.23	1853.55	2828.68	13.73
7-74			制 作 安 装		2832.45	499.50	2332.95	3.70
7-75			油 漆		1849.78	1354.05	495.73	10.03
7-76		双咬口	综 合		4911.55	1902.15	3009.40	14.09
7-77			制 作 安 装		3061.77	548.10	2513.67	4.06
7-78			油 漆		1849.78	1354.05	495.73	10.03
7-79	瓦 楞 铁 皮 屋 面	木檩上	综 合		6291.79	1833.30	4458.49	13.58
7-80			制 作 安 装		4094.64	225.45	3869.19	1.67
7-81			油 漆		2197.15	1607.85	589.30	11.91
7-82		钢檩上	综 合		6347.14	1888.65	4458.49	13.99
7-83			制 作 安 装		4149.99	280.80	3869.19	2.08
7-84			油 漆		2197.15	1607.85	589.30	11.91

楞铁皮屋面

漆及漏斗安装等操作过程。

材					料		
镀锌薄钢板 0.56	镀锌瓦楞铁 0.56	铁 钉	防 锈 漆	调 和 漆	稀 料	镀锌瓦钉带垫 长60	零 星 材 料 费
m²	m²	kg	kg	kg	kg	套	元
20.08	28.51	6.68	15.51	14.11	10.88	0.45	
116.00		0.55	12.22	16.62	2.88		40.36
116.00		0.55					
			12.22	16.62	2.88		40.36
125.00		0.55	12.22	16.62	2.88		40.36
125.00		0.55					
			12.22	16.62	2.88		40.36
4.41	126	0.14	14.54	19.76	3.43	404	53.29
4.41	126	0.14				404	5.64
			14.54	19.76	3.43		47.65
4.41	126	0.14	14.54	19.76	3.43	404	53.29
4.41	126	0.14				404	5.64
			14.54	19.76	3.43		47.65

工作内容：雨水管、雨水斗、弯头、短管的安装、油漆。

编号	项目			单位	预算基价			人工	镀锌薄钢板 0.56	UPVC雨水管 D110以内
					总价	人工费	材料费	综合工		
					元	元	元	工日	m²	m
								135.00	20.08	25.96
7-85	薄钢板雨水管	周长 270~330 mm	综合	100m	2405.48	1297.35	1108.13	9.61	38.16	
7-86			制作		1089.25	290.25	799.00	2.15	38.16	
7-87			安装		691.80	549.45	142.35	4.07		
7-88			油漆		624.43	457.65	166.78	3.39		
7-89		周长 330~420 mm	综合		2846.22	1439.10	1407.12	10.66	47.70	
7-90			制作		1291.44	290.25	1001.19	2.15	47.70	
7-91			安装		736.40	549.45	186.95	4.07		
7-92			油漆		818.38	599.40	218.98	4.44		
7-93		周长 420~570 mm	综合		3540.64	1653.75	1886.89	12.25	63.60	
7-94			制作		1625.56	290.25	1335.31	2.15	63.60	
7-95			安装		803.02	549.45	253.57	4.07		
7-96			油漆		1112.06	814.05	298.01	6.03		
7-97	UPVC 雨水管	直径 110 mm 以内			4087.67	527.85	3559.82	3.91		105.00
7-98		直径 110 mm 以外			7045.10	712.80	6332.30	5.28		
7-99	薄钢板天沟泛水	综合		100m²	4717.59	1849.50	2868.09	13.70	107.35	
7-100		制作			3007.69	681.75	2325.94	5.05	107.35	
7-101		安装			730.07	710.10	19.97	5.26		
7-102		油漆			979.83	457.65	522.18	3.39		

排 水

UPVC 雨水管 D110以外	铁 钉	防 锈 漆	调 和 漆	稀 料	焊 锡	铁 件	卡箍膨胀螺栓 D110以内	卡箍膨胀螺栓 D110以外	伸缩节 D110以内	伸缩节 D110以外	零星材料费
m	kg	kg	kg	kg	kg	kg	套	套	个	个	元
46.73	6.68	15.51	14.11	10.88	59.85	9.49	1.73	2.60	15.83	35.77	
		4.12	5.61	0.97	0.40	15.00					21.98
					0.40						8.81
						15.00					
		4.12	5.61	0.97							13.17
		5.41	7.35	1.28	0.53	19.70					29.09
					0.53						11.65
						19.70					
		5.41	7.35	1.28							17.44
		7.34	9.99	1.73	0.71	26.72					40.12
					0.71						15.73
						26.72					
		7.34	9.99	1.73							24.39
						31.69	61.20		27.00		
105.00						31.69		61.20		27.00	
	2.99	12.89	17.52	3.04	2.08						87.83
					2.08						45.86
	2.99										
		12.89	17.52	3.04							41.97

工作内容: 雨水管、雨水斗、弯头、短管的安装、油漆。

编号	项 目				单位	预 算 基 价			人 工	镀锌薄钢板 0.56	铸铁落水口 D100×300	UPVC 雨水斗 160带罩	铸铁弯头排水口 336×200	UPVC 弯头 90°
						总 价	人工费	材料费	综合工					
						元	元	元	工日	m²	套	个	个	个
									135.00	20.08	49.08	71.10	41.42	41.53
7-103	雨 水 斗	薄钢板		综合		619.52	432.00	187.52	3.20	4.24				
7-104				制作		536.84	371.25	165.59	2.75	4.24				
7-105				油漆		82.68	60.75	21.93	0.45					
7-106		UPVC				1180.49	423.90	756.59	3.14			10.10		
7-107	铸 铁 落 水 口		综 合			1255.93	585.90	670.03	4.34		10.10			
7-108			安 装			1219.23	562.95	656.28	4.17		10.10			
7-109			油 漆			36.70	22.95	13.75	0.17					
7-110	弯 头	铸铁		综合	10个	1260.78	747.90	512.88	5.54				10.10	
7-111				安装		1008.29	589.95	418.34	4.37				10.10	
7-112				油漆		252.49	157.95	94.54	1.17					
7-113		UPVC				599.49	176.85	422.64	1.31					10.10
7-114	铅 丝 网 球 D100					155.65	74.25	81.40	0.55					
7-115	UPVC 短 管					563.13	176.85	386.28	1.31					
7-116	阳 台 出 水 口					132.24	108.00	24.24	0.80					
7-117	烟道、掏灰口薄钢板盖		综 合			295.93	279.45	16.48	2.07	0.66				
7-118			制作安装			283.25	270.00	13.25	2.00	0.66				
7-119			油 漆			12.68	9.45	3.23	0.07					

材料												
铅丝网球 D100出气罩	UPVC短管	硬塑料管 D50.0	稀料	调和漆	防锈漆	焊锡	预拌混凝土 AC20	密封胶	铁件	石油沥青 10#	清油	零星材料费
个	个	kg	kg	kg	kg	kg	m³	kg	kg	kg	kg	元
8.14	37.93	11.02	10.88	14.11	15.51	59.85	450.56	31.90	9.49	4.04	15.06	
			0.13	0.74	0.550	0.72						38.90
						0.72						37.36
			0.13	0.74	0.550							1.54
							0.05	0.50				
			0.65						16.92	0.59	0.07	3.24
									16.92			
			0.65							0.59	0.07	3.24
			4.51							4.06	0.45	22.29
			4.51							4.06	0.45	22.29
								0.10				
10												
	10.10							0.10				
		2.20										
			0.02	0.12	0.085							
			0.02	0.12	0.085							

第八章　防腐、隔热、保温工程

第八章 预测、控制和相关

说　明

一、本章包括防腐,隔热、保温工程2节,共264条基价子目。

二、防腐:

1.整体面层、隔离层适用于平面、立面的防腐耐酸工程,包括沟、坑、槽。

2.块料面层以平面砌为准,砌立面者按平面砌相应项目的人工工日乘以系数1.38,踢脚线人工工日乘以系数1.56。

3.砂浆、胶泥的配合比如设计要求与基价不同时,按设计要求调整,其他不变。

4.整体面层的砂浆厚度如设计要求与基价不同时,可按比例换算,其他不变。

5.本章各种面层均未包括踢脚线。

6.防腐卷材接缝、收头等人工、材料已计入在基价中,不另计算。

7.花岗岩板以六面剁斧的板材为准。如底面为毛面者,水玻璃砂浆每100 m² 增加0.38 m³,耐酸沥青砂浆每100 m² 增加0.44 m³。

三、隔热、保温:

1.本章隔热、保温项目只包括隔热保温材料的铺贴,未包括隔气防潮、保护层或衬墙等。

2.保温层的保温材料配合比、材质、厚度与基价不同时,按设计要求调整,其他不变。

3.弧形墙墙面保温隔热层按相应项目的人工工日乘以系数1.10。

4.墙面岩棉板保温、聚苯乙烯板保温如使用钢骨架,按装饰装修基价相应项目执行。

5.柱面保温根据墙面保温项目人工工日乘以系数1.19,材料乘以系数1.04。

6.抗裂保护层工程如采用塑料膨胀螺栓固定时,每平方米增加人工0.03工日,塑料膨胀螺栓6.12套。

工程量计算规则

一、防腐:

1.防腐工程项目区分不同防腐材料种类及其厚度,按设计图示尺寸以实铺面积计算。扣除凸出地面的构筑物、设备基础等所占面积,砖垛等突出墙面部分按展开面积并入墙面防腐工程量内。

2.踢脚线按设计图示尺寸以实铺长度乘以高度以面积计算,扣除门洞所占的面积,增加门洞口侧壁面积。

二、隔热、保温:

1.屋面保温隔热层工程量按设计图示尺寸以面积计算,扣除单个面积大于0.3 m² 孔洞所占面积。其他项目按设计图示尺寸的面积乘以平均厚度以体积计算,不扣除烟囱、风帽、水斗及斜沟所占面积。

2.天棚保温隔热层工程量按设计图示尺寸以面积计算。扣除单个面积大于0.3 m² 柱、垛、孔洞所占面积,与天棚相连的梁按展开面积计算,其工程量并入天棚内。

3.墙面保温隔热层工程量按设计图示尺寸以面积计算。扣除门窗洞口面积及单个面积大于0.3 m² 梁、孔洞所占面积；门窗洞口侧壁以及与墙相连的柱并入保温墙体工程量内。墙体及混凝土板下铺贴隔热层不扣除木框架及木龙骨的体积。其中外墙按隔热层中心线长度计算,内墙按隔热层净长度计算。

4.柱、梁保温隔热层工程量按设计图示尺寸以面积计算。柱按设计图示柱断面保温层中心线展开长度乘以高度以面积计算,扣除单个面积大于0.3 m² 梁所占面积。梁按设计图示梁断面保温层中心线展开长度乘以保温层长度以面积计算。

5.楼地面保温隔热层工程量按设计图示尺寸以面积计算。扣除单个面积大于0.3 m² 柱、垛、孔洞所占面积。

6.单个面积大于0.3 m² 的孔洞侧壁周围及梁头、连系梁等其他零星工程保温隔热工程量,并入墙面的保温隔热工程量内。

7.柱帽保温隔热层并入天棚保温隔热层工程量内。

8.池槽隔热层按设计图示池槽保温隔热层的长、宽及其厚度以体积计算。其中池壁执行墙面隔热保温相关子目,池底执行楼地面隔热保温相关子目。

9.其他保温隔热层工程量按设计图示尺寸以面积计算。扣除单个面积大于0.3 m² 孔洞所占面积。

10.保温层排气管按设计图示尺寸以长度计算,不扣除管件所占长度,保温层排气孔以数量计算。

11.保温线条加工按设计图示尺寸以长度计算,粘贴及表面刮胶贴网按设计图示尺寸以面积计算。

12.防火隔离带工程量按设计图示尺寸以面积计算。

1.防 腐
(1)整 体 面 层
①砂浆、混凝土、胶泥面层

工作内容：1.清理基层。2.铺沥青、填充料加热。3.调运砂浆、混凝土。4.摊铺砂浆、浇灌混凝土。

编号	项 目		单位	预 算 基 价				人 工	材		料
				总 价	人工费	材料费	机械费	综合工	石英石	石英砂	石英粉
				元	元	元	元	工日	kg	kg	kg
								135.00	0.58	0.28	0.42
8-1	水玻璃耐酸混凝土	60 mm	100m²	**19200.37**	4541.40	14308.86	350.11	33.64	5716.08	4314.60	1681.68
8-2		每增减 10 mm		**2985.13**	681.75	2245.98	57.40	5.05	952.68	719.10	264.18
8-3	碎 石 灌 沥 青	100 mm		**27331.67**	3997.35	23334.32		29.61			
8-4	硫 黄 混 凝 土	60 mm		**24086.41**	5827.95	17908.35	350.11	43.17	8457.84	2417.40	1405.05
8-5		每增减 10 mm		**3593.04**	896.40	2639.24	57.40	6.64	1395.82	342.39	198.97
8-6	环 氧 砂 浆	5 mm		**13721.01**	4819.50	8901.51		35.70		681.51	345.42
8-7		每增减 1 mm		**2225.03**	757.35	1467.68		5.61		133.63	66.70

229

编号	项 目		单位	材							
				水玻璃	氟硅酸钠	铸石粉	石油沥青 10#	碴 石 13~19	木 柴	硫 黄	聚硫橡胶
				kg	kg	kg	kg	t	kg	kg	kg
				2.38	7.99	1.11	4.04	85.85	1.03	1.93	14.80
8-1	水玻璃耐酸混凝土	60 mm	100m²	1929.39	304.17	1853.04					
8-2		每增减 10 mm		289.68	45.90	292.74					
8-3	碎 石 灌 沥 青	100 mm					3608.00	15.44	7216.00		
8-4	硫 黄 混 凝 土	60 mm							137.00	4051.95	206.04
8-5		每 增 减 10 mm							20.00	573.68	28.28
8-6	环 氧 砂 浆	5 mm									
8-7		每 增 减 1 mm									

				料							机　　械	
煤	环氧树脂6101	丙　酮	乙二胺	零　星材　料　费	水玻璃混凝土	水玻璃稀胶泥1:0.15:0.5:0.5	硫黄混凝土	硫黄砂浆	环氧砂浆	环氧树脂底料	滚筒式混凝土搅拌机500L	小型机具
kg	kg	kg	kg	元	m³	m³	m³	m³	m³	m³	台班	元
0.53	28.33	9.89	21.96								273.53	
					(6.12)	(0.21)					1.22	16.40
					(1.02)						0.20	2.69
1368.00							(6.12)	(0.51)			1.22	16.40
196.00								(1.01)			0.20	2.69
	207.09	69.39	87.63	88.13					(0.51)	(0.03)		
	33.70	6.70	16.70	14.53					(0.10)			

工作内容：1.清理基层。2.打底料。3.调运砂浆、混凝土。4.摊铺砂浆、浇灌混凝土。

编号	项目		单位	预算基价			人工	材								
				总价	人工费	材料费	综合工	石英砂	石英粉	环氧树脂6101	丙酮	乙二胺	防腐油	二甲苯	糠醇树脂	白云石砂
				元	元	元	工日	kg	kg	kg	kg	kg	kg	kg	kg	kg
							135.00	0.28	0.42	28.33	9.89	21.96	0.52	5.21	7.74	0.47
8-8	环氧煤焦油砂浆	5 mm		9267.00	4704.75	4562.25	34.85	668.10	339.30	119.37	42.36	9.60	84.66	16.83		
8-9		每增减 1 mm		1302.59	688.50	614.09	5.10	131.00	65.50	16.50	1.40	1.40	16.60	3.30		
8-10	环氧呋喃砂浆	5 mm	100m²	10838.39	4819.50	6018.89	35.70	675.24	343.52	154.30	59.04	11.13			55.08	
8-11		每增减 1 mm		1659.84	757.35	902.49	5.61	132.40	66.33	23.35	4.67	1.70			10.80	
8-12	不发火沥青砂浆	20 mm		12976.41	3582.90	9393.51	26.54									2666.40
8-13	重晶石混凝土		10m³	37673.98	4668.30	33005.68	34.58									
8-14	重晶石砂浆	30 mm		14916.59	6709.50	8207.09	49.70									
8-15		每增减 5 mm	100m²	2119.77	751.95	1367.82	5.57									
8-16	酸 化 处 理			917.86	757.35	160.51	5.61									

石棉粉	石油沥青 10#	硅藻土	汽油 90#	木柴	水	水泥	重晶石砂	重晶石	硫酸	零星材料费	环氧树脂底料	环氧煤焦油砂浆	环氧呋喃树脂砂浆	不发火沥青砂浆	沥青胶泥	冷底子油 3:7	重晶石混凝土	重晶石砂浆 1:4:0.8
kg	kg	kg	kg	kg	m³	kg	kg	kg	kg	元	m³	m³	m³	m³	m³	m³	kg	m³
2.14	4.04	1.76	7.16	1.03	7.62	0.39	1.00	1.05	3.55									
										89.46	(0.03)	(0.51)						
										12.04		(0.10)						
										59.59	(0.03)		(0.51)					
										8.94			(0.10)					
442.38	1070.28	452.48	36.96	1756.00										(2.02)	(0.20)	(48.00)		
					18.73	3471.30	11611.60	18950.05									(10.15)	
					9.62	1499.40	7549.02											(3.06)
					1.60	249.90	1258.17											(0.51)
					0.10				45.00									

②玻璃钢面层

工作内容：1.清理基层。2.填料干燥、过筛。3.胶浆配置、涂刷。4.配制腻子及嵌刮。5.贴布一层。

编号	项目	单位	预算基价 总价 元	人工费 元	材料费 元	机械费 元	人工 综合工 工日	环氧树脂6101 kg	丙酮 kg	乙二胺 kg	石英粉 kg	砂布1# 张	玻璃布0.2 m²	酚醛树脂 kg	苯磺酰氯 kg	乙醇 kg	糠醇树脂 kg	零星材料费 元	轴流通风机7.5kW 台班
							135.00	28.33	9.89	21.96	0.42	0.93	3.95	24.09	14.49	9.69	7.74		42.17
8-17	底漆 每层		1085.76	580.50	463.09	42.17	4.30	11.96	9.68	0.84	2.39							9.08	1.00
8-18	刮腻子 每层		577.44	352.35	157.62	67.47	2.61	3.59	0.72	0.25	7.18	40.00						3.09	1.60
8-19	环氧玻璃钢 贴布每层	100m²	6147.91	4845.15	1091.91	210.85	35.89	17.94	6.09	1.26	3.59	20.00	115.00					21.41	5.00
8-20	面漆每层		802.67	360.45	400.05	42.17	2.67	11.96	4.29	0.84	0.84								1.00
8-21	环氧酚醛玻璃钢 贴布每层		6088.53	4845.15	1032.53	210.85	35.89	12.56	5.19	0.90	3.59		115.00	5.38				20.25	5.00
8-22	面漆每层		755.82	364.50	349.15	42.17	2.70	8.37	1.20	0.60	1.20			3.59					1.00
8-23	酚醛玻璃钢 贴布每层		7354.61	5328.45	1815.31	210.85	39.47	22.36	15.92	1.57	7.16		115.00	17.94	1.61	4.29		35.59	5.00
8-24	面漆每层		744.76	364.50	338.09	42.17	2.70				1.20			11.96	1.08	3.49			1.00
8-25	环氧呋喃玻璃钢 贴布每层		5973.81	4845.15	917.81	210.85	35.89	12.56	2.69	0.90	2.69	20.00	115.00				5.38		5.00
8-26	面漆每层		697.13	364.50	290.46	42.17	2.70	8.37	1.20	0.60	1.20						3.59		1.00

（2）隔 离 层

工作内容： 1.清理基层,调运胶泥。2.填充料加热。3.涂冷底子油。4.铺设油毡、玻璃布。

编号	项　目		单位	预 算 基 价			人工	材						料		
				总价	人工费	材料费	综合工	油毡	石油沥青10#	石英粉	石棉6级	汽油90#	木柴	玻璃布0.2	耐酸沥青胶泥1:0.3:0.05	冷底子油3:7
				元	元	元	工日	m²	kg	kg	kg	kg	kg	m²	m³	kg
							135.00	3.83	4.04	0.42	3.76	7.16	1.03	3.95		
8-27	耐酸沥青胶泥卷材	二毡三油	100m²	5747.83	1341.90	4405.93	9.94	237.50	608.10	166.13	27.78	82.45	267.00		(0.567)	(107.08)
8-28		每 增 减 一毡一油		1921.49	600.75	1320.74	4.45	115.40	183.35	53.03	8.87		80.00		(0.181)	
8-29	耐酸沥青胶泥玻璃布	一布一油		3789.96	649.35	3140.61	4.81		438.93	117.20	19.60	82.45	194.00	115.00	(0.400)	(107.08)
8-30		每 增 减 一布一油		1924.03	498.15	1425.88	3.69		202.60	58.60	9.80		89.00	115.00	(0.200)	
8-31	一道冷底子油二道热沥青			2680.75	571.05	2109.70	4.23		405.20			36.96	202.00			(48.00)

工作内容：1.清理基层。2.清洗块料。3.调制胶泥。4.铺砌块料。

（3）平面砌

编号	项			目	单位	预 算 基 价				人 工	耐酸瓷砖 230×113×65	耐酸瓷板
						总 价	人 工 费	材 料 费	机 械 费	综合工		
						元	元	元	元	工日	千块	千块
										135.00	6882.77	
8-32	树脂类胶泥	瓷 砖	规格（mm）	230×113×65	100m²	66835.17	12868.20	53882.63	84.34	95.32	3.77414	
8-33		瓷 板		150×150×20		47940.55	13335.30	34520.91	84.34	98.78		4.50133×2441.57
8-34				150×150×30		51733.07	13336.65	38312.08	84.34	98.79		4.44267×2999.44
8-35				180×110×20		42711.64	13649.85	28977.45	84.34	101.11		
8-36				180×110×30		44367.44	13878.00	30405.10	84.34	102.80		
8-37		陶 板		150×150×20		39977.08	13309.65	26583.09	84.34	98.59		
8-38				150×150×30		42109.21	13423.05	28601.82	84.34	99.43		
8-39				180×110×20		49260.25	13649.85	35526.06	84.34	101.11		
8-40				180×110×30		55681.26	13878.00	41718.92	84.34	102.80		
8-41		铸石板		300×200×20		47437.23	12156.75	35196.14	84.34	90.05		
8-42				300×200×30		53737.03	12162.15	41490.54	84.34	90.09		

236

块料面层

材			料							机械
瓷 板	陶 板	铸 石 板	水	石 英 粉	环氧树脂6101	丙 酮	乙 二 胺	环氧树脂胶泥	环氧树脂底料	轴流通风机7.5kW
千块	千块	千块	m³	kg	kg	kg	kg	m³	m³	台班
			7.62	0.42	28.33	9.89	21.96			42.17
			6.00	1186.66	815.08	292.65	62.68	(0.89)	(0.20)	2.00
			5.00	914.92	678.16	279.00	51.76	(0.68)	(0.20)	2.00
			5.00	1005.50	723.80	283.55	55.40	(0.75)	(0.20)	2.00
5.10202×1026.82			5.00	927.86	684.68	279.65	52.28	(0.69)	(0.20)	2.00
5.02929×1036.04			5.00	1018.44	730.32	284.20	55.92	(0.76)	(0.20)	2.00
	4.50133×678.13		5.00	914.92	678.16	279.00	51.76	(0.68)	(0.20)	2.00
	4.44267×813.76		5.00	1005.50	723.80	283.55	55.40	(0.75)	(0.20)	2.00
		5.00556×2105.56	5.00	1005.50	723.80	283.55	55.40	(0.75)	(0.20)	2.00
		5.00556×3093.44	5.00	1083.14	762.92	287.45	58.52	(0.81)	(0.20)	2.00
		1.67900×6576.27	5.00	953.74	697.72	280.95	53.32	(0.71)	(0.20)	2.00
		1.67900×9705.77	5.00	1018.44	730.32	284.20	55.92	(0.76)	(0.20)	2.00

工作内容： 1.清理基层。2.清洗块料。3.调制胶泥。4.铺砌块料。

编号	项			目	单位	预 算 基 价				人 工	耐酸瓷砖 230×113×65	耐酸瓷板
						总 价	人工费	材料费	机械费	综合工	千块	千块
						元	元	元	元	工日		
										135.00	6882.77	
8-43			瓷 砖	230×113×65		**42214.76**	12955.95	29174.47	84.34	95.97	3.77414	
8-44				150×150×20		**26824.08**	13302.90	13436.84	84.34	98.54		4.50133×2441.57
8-45				150×150×30		**29521.97**	13417.65	16019.98	84.34	99.39		4.44267×2999.44
8-46			瓷 板	180×110×20		**21452.30**	13647.15	7720.81	84.34	101.09		
8-47				180×110×30		**21901.41**	13876.65	7940.42	84.34	102.79		
8-48	水 玻 璃 胶 泥	规格（mm）	陶 板	150×150×20	100m²	**18921.68**	13302.90	5534.44	84.34	98.54		
8-49				150×150×30		**19811.71**	13417.65	6309.72	84.34	99.39		
8-50				180×110×20		**27018.88**	13647.15	13287.39	84.34	101.09		
8-51				180×110×30		**32363.10**	13876.65	18402.11	84.34	102.79		
8-52			铸石板	300×200×20		**25897.53**	12156.75	13656.44	84.34	90.05		
8-53				300×200×30		**31292.12**	12174.30	19033.48	84.34	90.18		

材					料					机 械
瓷 板	陶 板	铸 石 板	水	石英粉	水玻璃	氟硅酸钠	铸 石 粉	水玻璃胶泥 1:0.18:1.2:1.1	轴流通风机 7.5kW
千块	千块	千块	m³	kg	kg	kg	kg	m³	台班
			7.62	0.42	2.38	7.99	1.11		42.17
			6.00	685.30	566.04	102.35	630.12	(0.89)	2.00
			5.00	523.60	432.48	78.20	481.44	(0.68)	2.00
			5.00	577.50	477.00	86.25	531.00	(0.75)	2.00
5.10202×1026.82			5.00	531.30	438.84	79.35	488.52	(0.69)	2.00
5.02929×1036.04			5.00	585.20	483.36	87.40	538.08	(0.76)	2.00
	4.50133×678.13		5.00	531.30	438.84	79.35	488.52	(0.69)	2.00
	4.44267×813.76		5.00	577.50	477.00	86.25	531.00	(0.75)	2.00
		5.07778×2105.56	6.00	554.40	457.92	82.80	509.76	(0.72)	2.00
		5.00657×3093.44	6.00	623.70	515.16	93.15	573.48	(0.81)	2.00
		1.69267×6576.27	6.00	539.00	445.20	80.50	495.60	(0.70)	2.00
		1.67900×9705.77	6.00	585.20	483.36	87.40	538.08	(0.76)	2.00

工作内容：1.清理基层。2.清洗块料。3.调制胶泥。4.铺砌块料。

编号	项		目	单位	预　算　基　价				人　工	耐酸瓷砖 230×113×65
					总　价	人工费	材料费	机械费	综合工	
					元	元	元	元	工日	千块
									135.00	6882.77
8-54	硫黄胶泥	瓷砖	230×113×65	100m²	44760.65	13300.20	31376.11	84.34	98.52	3.63217
8-55		瓷板	150×150×20		27966.98	13647.15	14235.49	84.34	101.09	
8-56			150×150×30		31189.06	13876.65	17228.07	84.34	102.79	
8-57		陶板 规格（mm）	150×150×20		19942.96	13302.90	6555.72	84.34	98.54	
8-58			150×150×30		21589.41	13417.65	8087.42	84.34	99.39	
8-59		铸石板	180×110×20		28258.58	13647.15	14527.09	84.34	101.09	
8-60			180×110×30		34172.00	13876.65	20211.01	84.34	102.79	

240

材					料			机 械
耐 酸 瓷 板	陶 板	铸 石 板	水	石 英 粉	硫 黄	聚 硫 橡 胶	硫 黄 胶 泥 6:4:0.2	轴 流 通 风 机 7.5kW
千块	千块	千块	m³	kg	kg	kg	m³	台班
			7.62	0.42	1.93	14.80		42.17
			8.00	1157.76	2558.06	60.30	(1.34)	2.00
4.32844×2441.57			5.00	665.28	1469.93	34.65	(0.77)	2.00
4.19111×2999.44			5.00	846.72	1870.82	44.10	(0.98)	2.00
	4.32889×678.13		5.00	656.64	1450.84	34.20	(0.76)	2.00
	4.27333×813.76		5.00	838.08	1851.73	43.65	(0.97)	2.00
		4.86667×2105.56	5.00	777.60	1718.10	40.50	(0.90)	2.00
		4.79949×3093.44	5.00	976.32	2157.17	50.85	(1.13)	2.00

工作内容： 1.清理基层。 2.清洗块料。 3.调制胶泥。 4.铺砌块料。

编号	项			目	单位	预 算 基 价				人 工	耐酸瓷砖 230×113×65
						总 价	人 工 费	材 料 费	机 械 费	综合工	
						元	元	元	元	工日	千块
										135.00	6882.77
8-61	耐酸沥青胶泥	瓷 砖	规格（mm）	230×113×65	100m²	42375.96	12960.00	29331.62	84.34	96.00	3.77414
8-62		瓷 板		150×150×20		26425.26	13302.90	13038.02	84.34	98.54	
8-63				150×150×30		29587.42	13417.65	16085.43	84.34	99.39	
8-64		陶 板		150×150×20		18506.89	13302.90	5119.65	84.34	98.54	
8-65				150×150×30		19886.45	13417.65	6384.46	84.34	99.39	
8-66		铸石板		180×110×20		26998.59	13647.15	13267.10	84.34	101.09	
8-67				180×110×30		32743.54	13876.65	18782.55	84.34	102.79	

242

材			料								机 械
耐 酸 瓷 板	陶 板	铸 石 板	石油沥青 10#	水	石英粉	石 棉 6级	汽 油 90#	木 柴	耐酸沥青胶泥 1:1:0.05	冷底子油 3:7	轴 流 通风机 7.5kW
千块	千块	千块	kg	m³	kg	kg	kg	kg	m³	kg	台班
			4.04	7.62	0.42	3.76	7.16	1.03			42.17
			561.06	6.00	516.78	25.74	64.68	258.00	(0.66)	(84.00)	2.00
4.44267×2441.57			334.26	5.00	297.54	14.82	64.68	154.00	(0.38)	(84.00)	2.00
4.38444×2999.44			480.06	5.00	438.48	21.84	64.68	221.00	(0.56)	(84.00)	2.00
	4.50133×678.13		309.96	5.00	274.05	13.65	64.68	143.00	(0.35)	(84.00)	2.00
	4.44267×813.76		447.66	5.00	407.16	20.28	64.68	206.00	(0.52)	(84.00)	2.00
		5.00556×2105.56	439.56	5.00	399.33	19.89	64.68	202.00	(0.51)	(84.00)	2.00
		4.90960×3093.44	609.66	5.00	563.76	28.08	64.68	280.00	(0.72)	(84.00)	2.00

工作内容： 1.清理基层。2.清洗块料。3.调制砂浆。4.铺砌块料。

编号	项			目	单位	预 算 基 价			
						总 价	人 工 费	材 料 费	机 械 费
						元	元	元	元
8-68	耐酸沥青砂浆	花岗岩	规格（mm）	500×400×60	100m²	49362.82	12162.15	37116.33	84.34
8-69				500×400×80		49585.94	12162.15	37339.45	84.34
8-70				500×400×100		50113.86	12276.90	37752.62	84.34
8-71				500×400×120		50730.27	12276.90	38369.03	84.34

人 工	材							机 械
综 合 工	花 岗 岩 石	水	木 柴	石 油 沥 青 10#	石 英 砂	石 英 粉	耐酸沥青砂浆 1.3:2.6:7.4	轴 流 通 风 机 7.5kW
工日	千块	m³	kg	kg	kg	kg	m³	台班
135.00		7.62	1.03	4.04	0.28	0.42		42.17
90.09	0.48500×68862.45	6.00	868.00	434.00	2397.90	841.70	(1.55)	2.00
90.09	0.48515×68862.45	6.00	918.00	459.20	2537.10	890.52	(1.64)	2.00
90.94	0.40296×83130.71	8.00	991.00	495.60	2738.20	961.10	(1.77)	2.00
90.94	0.40296×83130.71	8.00	1137.00	568.40	3140.40	1102.30	(2.03)	2.00

245

工作内容： 1.清理基层。2.清洗块料。3.调制胶泥。4.铺砌块料。5.树脂胶泥勾缝。

编号	项目				单位	预算基价				人工	耐酸瓷砖 230×113×65	耐酸瓷板
						总价	人工费	材料费	机械费	综合工	千块	千块
						元	元	元	元	工日		
										135.00	6882.77	
8-72	水玻璃胶泥结合层	树脂胶泥勾缝	瓷砖	230×113×65	100m²	45230.01	12988.35	32157.32	84.34	96.21	3.58638	
8-73			瓷板	150×150×20		29231.37	14048.10	15098.93	84.34	104.06		4.21911×2441.57
8-74				150×150×30		32018.60	14162.85	17771.41	84.34	104.91		4.21911×2999.44
8-75				180×110×20		24400.68	14393.70	9922.64	84.34	106.62		
8-76				180×110×30		24855.39	14450.40	10320.65	84.34	107.04		
8-77			陶板	规格(mm) 150×150×20		21506.38	13763.25	7658.79	84.34	101.95		
8-78				150×150×30		22626.88	13992.75	8549.79	84.34	103.65		
8-79				180×110×20		28222.60	13190.85	14947.41	84.34	97.71		
8-80			铸石板	180×110×30		34785.92	14451.75	20249.83	84.34	107.05		
8-81				300×200×20		27550.32	12730.50	14735.48	84.34	94.30		
8-82				300×200×30		32970.27	12730.50	20155.43	84.34	94.30		

246

材							料						机械
瓷 板	陶 板	铸 石 板	水	水玻璃	氟硅酸钠	铸石粉	石英粉	环氧树脂6101	丙酮	乙二胺	水玻璃胶泥 1:0.18:1.2:1.1	环氧树脂胶泥	轴流通风机 7.5kW
千块	千块	千块	m³	kg	kg	kg	kg	kg	kg	kg	m³	m³	台班
			7.62	2.38	7.99	1.11	0.42	28.33	9.89	21.96			42.17
			6.00	661.44	119.60	736.32	1033.72	117.36	11.70	9.36	(1.04)	(0.18)	2.00
			4.00	445.20	80.50	495.60	681.34	71.72	7.15	5.72	(0.70)	(0.11)	2.00
			4.00	502.44	90.85	559.32	750.64	71.72	7.15	5.72	(0.79)	(0.11)	2.00
4.75404×1026.82			4.00	451.56	81.65	502.68	701.98	78.24	7.80	6.24	(0.71)	(0.12)	2.00
4.75404×1036.04			4.00	515.16	93.15	573.48	778.98	78.24	7.80	6.24	(0.81)	(0.12)	2.00
	4.21911×678.13		4.00	445.20	80.50	495.60	681.34	71.72	7.15	5.72	(0.70)	(0.11)	2.00
	4.21911×813.76		4.00	502.44	90.85	559.32	750.64	71.72	7.15	5.72	(0.79)	(0.11)	2.00
		4.80000×2105.56	5.00	451.56	81.65	502.68	689.04	71.72	7.15	5.72	(0.71)	(0.11)	2.00
		4.79949×3093.44	5.00	515.16	93.15	573.48	778.98	78.24	7.80	6.24	(0.81)	(0.12)	2.00
		1.65267×6576.27	5.00	426.12	77.05	474.36	606.48	45.64	4.55	3.64	(0.67)	(0.07)	2.00
		1.65267×9705.77	5.00	470.64	85.10	523.92	660.38	45.64	4.55	3.64	(0.74)	(0.07)	2.00

工作内容： 1.清理基层。2.清洗块料。3.调制胶泥。4.铺砌块料。5.树脂胶泥勾缝。

编号	项 目			单位	预 算 基 价			人 工	耐酸瓷砖 230×113×65	耐酸瓷板
					总 价	人工费	材料费	综合工	千块	千块
					元	元	元	工日	6882.77	
								135.00		
8-83	耐酸沥青胶泥结合层	树脂胶泥勾缝	瓷 砖	100m²	44932.82	12988.35	31944.47	96.21	3.58638	
8-84			瓷 板 150×150×20		28735.52	14042.70	14692.82	104.02		4.21911×2441.57
8-85			150×150×30		31581.71	14162.85	17418.86	104.91		4.21911×2999.44
8-86			陶 板 规格（mm） 150×150×20		22135.07	14882.40	7252.67	110.24		
8-87			150×150×30		22189.99	13992.75	8197.24	103.65		
8-88			铸石板 180×110×20		30096.52	15391.35	14705.17	114.01		
8-89			180×110×30		35378.67	15518.25	19860.42	114.95		

248

材料											
陶 板	铸 石 板	水	石英粉	石油沥青 10#	石 棉 6级	环氧树脂 6101	丙 酮	乙 二 胺	木 柴	耐酸沥 青胶泥 1:1:0.05	环 氧 树 脂 胶 泥
千块	千块	m³	kg	kg	kg	kg	kg	kg	kg	m³	m³
		7.62	0.42	4.04	3.76	28.33	9.89	21.96	1.03		
		6.00	890.64	680.40	32.76	117.36	11.70	9.36	313.00	(0.84)	(0.18)
		5.00	533.84	405.00	19.50	71.72	7.15	5.72	186.00	(0.50)	(0.11)
		5.00	604.31	477.90	23.01	71.72	7.15	5.72	220.00	(0.59)	(0.11)
4.21911×678.13		5.00	533.84	405.00	19.50	71.72	7.15	5.72	186.00	(0.50)	(0.11)
4.21911×813.76		5.00	604.31	477.90	23.01	71.72	7.15	5.72	220.00	(0.59)	(0.11)
	4.79949×2105.56	5.00	546.78	405.00	19.50	78.24	7.80	6.24	186.00	(0.50)	(0.12)
	4.79949×3093.44	5.00	625.08	486.00	23.40	78.24	7.80	6.24	224.00	(0.60)	(0.12)

（4）池、沟、

工作内容：1.清理基层。2.清洗块料。3.调制胶泥。4.铺砌块料。

编号	项		目	单位	预 算 基 价			人 工	耐酸瓷砖 230×113×65
					总 价	人工费	材料费	综合工	
					元	元	元	工日	千块
								135.00	6882.77
8-90	树脂类胶泥	瓷 砖	230×113×65	100m²	72601.24	17662.05	54939.19	130.83	3.92189
8-91		瓷 板	150×150×20		52746.71	18121.05	34625.66	134.23	
8-92			150×150×30		57218.25	18465.30	38752.95	136.78	
8-93			规 格（mm）180×110×20		46895.01	17776.80	29118.21	131.68	
8-94			180×110×30		48436.74	17891.55	30545.19	132.53	
8-95		铸石板	180×110×20		53442.45	17776.80	35665.65	131.68	
8-96			180×110×30		59796.95	17891.55	41905.40	132.53	

250

槽砌块料

耐酸瓷板	瓷 板	铸 石 板	水	石英粉	环氧树脂 6101	丙 酮	乙二胺	棉 纱	环氧树脂胶泥	环氧树脂底料
千块	千块	千块	m³	kg	kg	kg	kg	kg	m³	m³
			7.62	0.42	28.33	9.89	21.96	16.11		
			6.00	1186.66	815.08	292.65	62.68	2.46	(0.89)	(0.20)
4.52800×2441.57			5.00	914.92	678.16	279.00	51.76	2.46	(0.68)	(0.20)
4.57644×2999.44			5.00	1005.50	723.80	283.55	55.40	2.46	(0.75)	(0.20)
	5.20051×1026.82		5.00	927.86	684.68	279.65	52.28	2.46	(0.69)	(0.20)
	5.12626×1036.04		5.00	1018.44	730.32	284.20	55.92	2.46	(0.76)	(0.20)
		5.05303×2105.56	5.00	1005.50	723.80	283.55	55.40	2.46	(0.75)	(0.20)
		5.05303×3093.44	5.00	1083.14	762.92	287.45	58.52	2.46	(0.81)	(0.20)

工作内容：1.清理基层。2.清洗块料。3.调制胶泥。4.铺砌块料。

编号	项			目	单位	预 算 基 价			人 工	
						总 价	人工费	材料费	综 合 工	耐酸瓷砖 230×113×65
						元	元	元	工日	千块
									135.00	6882.77
8-97			瓷 砖	230×113×65		46931.40	16740.00	30191.40	124.00	3.92189
8-98				150×150×20		30966.25	17317.80	13648.45	128.28	
8-99			瓷 板	150×150×30		33858.64	17547.30	16311.34	129.98	
8-100				180×110×20		25541.37	17775.45	7765.92	131.67	
8-101	水 玻 璃 胶 泥		规格（mm）	180×110×30	100m²	25931.09	17890.20	8040.89	132.52	
8-102				180×110×20		31164.92	17775.45	13389.47	131.67	
8-103				180×110×30		36437.61	17890.20	18547.41	132.52	
8-104			铸石板	300×200×20		29015.31	15253.65	13761.66	112.99	
8-105				300×200×30		34442.43	15253.65	19188.78	112.99	

材								料
耐酸瓷板	瓷 板	铸 石 板	水	石英粉	水 玻 璃	氟硅酸钠	铸 石 粉	水玻璃胶泥 1:0.18:1.2:1.1
千块	千块	千块	m³	kg	kg	kg	kg	m³
			7.62	0.42	2.38	7.99	1.11	
			6.00	685.30	566.04	102.35	630.12	(0.89)
4.58800×2441.57			5.00	523.60	432.48	78.20	481.44	(0.68)
4.52800×2999.44			5.00	585.20	483.36	87.40	538.08	(0.76)
	5.14596×1026.82		5.00	531.30	438.84	79.35	488.52	(0.69)
	5.12626×1036.04		5.00	585.20	483.36	87.40	538.08	(0.76)
		5.12626×2105.56	6.00	554.40	457.92	82.80	509.76	(0.72)
		5.05354×3093.44	6.00	623.70	515.16	93.15	573.48	(0.81)
		1.70867×6576.27	6.00	539.00	445.20	80.50	495.60	(0.70)
		1.69500×9705.77	6.00	585.20	483.36	87.40	538.08	(0.76)

工作内容： 1.清理基层。2.清洗块料。3.调制胶泥。4.铺砌块料。

编号	项			目	单位	预 算 基 价			人 工	耐酸瓷砖 230×113×65
						总 价	人 工 费	材 料 费	综 合 工	
						元	元	元	工日	千块
									135.00	6882.77
8-106	耐酸沥青胶泥	瓷 砖	规格（mm）	230×113×65	100m²	46720.97	15942.15	30778.82	118.09	3.92189
8-107		瓷 板		150×150×20		30238.14	16744.05	13494.09	124.03	
8-108				150×150×30		33562.60	16858.80	16703.80	124.88	
8-109		铸石板		180×110×20		31017.33	17317.80	13699.53	128.28	
8-110				180×110×30		36907.89	17432.55	19475.34	129.13	

材								料	
耐酸瓷板	铸石板	水	石英粉	石油沥青10#	石棉6级	汽油90#	木柴	耐酸沥青胶泥1:0.3:0.05	冷底子油3:7
千块	千块	m³	kg	kg	kg	kg	kg	m³	kg
		7.62	0.42	4.04	3.76	7.16	1.03		
		6.00	193.38	695.04	32.34	64.68	258.00	(0.66)	(84.00)
4.52800×2441.57		5.00	111.34	411.40	18.62	64.68	154.00	(0.38)	(84.00)
4.46889×2999.44		5.00	164.08	593.74	27.44	64.68	221.00	(0.56)	(84.00)
	5.05303×2105.56	5.00	149.43	543.09	24.99	64.68	202.00	(0.51)	(84.00)
	4.98182×3093.44	5.00	210.96	755.82	35.28	64.68	280.00	(0.72)	(84.00)

(5) 耐酸防腐涂料

工作内容：1.清理基层。2.刷涂料。

编号	项　　目			单位	预　算　基　价				人工	材　　　料					机　械	
					总价	人工费	材料费	机械费	综合工	过氯乙烯底漆	过氯乙烯漆稀释剂	砂布1#	过氯乙烯磁漆	过氯乙烯清漆	轴流通风机7.5kW	电动空气压缩机0.6m³
					元	元	元	元	工日	kg	kg	张	kg	kg	台班	台班
									135.00	13.87	13.66	0.93	18.22	15.56	42.17	38.51
8-111	过氯乙烯漆	混凝土面	底漆一遍	100m²	534.57	148.50	289.25	96.82	1.10	10.00	10.00	15.00			1.20	1.20
8-112			中间漆一遍		923.06	229.50	548.34	145.22	1.70		17.20		17.20		1.80	1.80
8-113			面漆一遍		389.67	114.75	210.38	64.54	0.85		7.20			7.20	0.80	0.80
8-114		抹灰面	底漆一遍		479.73	137.70	253.28	88.75	1.02	9.20	9.20				1.10	1.10
8-115			中间漆一遍		854.68	218.70	506.89	129.09	1.62		15.90		15.90		1.60	1.60
8-116			面漆一遍		359.99	102.60	192.85	64.54	0.76		6.60			6.60	0.80	0.80

工作内容： 1.清理基层。2.刷涂料。

编号	项目			单位	预算基价				人工	材料									机械
					总价	人工费	材料费	机械费	综合工	沥青耐酸漆L50-1	石油沥青10#	汽油90#	木柴	漆酚树脂漆	石英粉	砂布1#	乙醇	苯磺酰氯	轴流通风机7.5kW
					元	元	元	元	工日	kg	kg	kg	kg	kg	kg	张	kg	kg	台班
									135.00	14.18	4.04	7.16	1.03	14.00	0.42	0.93	9.69	14.49	42.17
8-117	沥青漆	混凝土面、抹灰面	面漆一遍	100m²	4165.29	3210.30	575.46	379.53	23.78	19.00	22.00	24.00	44.00						9.00
8-118			面漆增一遍		1882.80	1375.65	127.62	379.53	10.19	9.00									9.00
8-119	漆酚树脂漆	混凝土面	底漆一遍		1555.00	849.15	326.32	379.53	6.29			10.80		14.90	7.60	40.00			9.00
8-120			底漆增一遍		1445.69	905.85	160.31	379.53	6.71			6.80		5.10	7.20	40.00			9.00
8-121			中间漆一遍		1289.27	669.60	240.14	379.53	4.96			4.50		13.40	4.10	20.00			9.00
8-122			中间漆增一遍		1255.97	654.75	221.69	379.53	4.85			4.50		12.10	3.50	20.00			9.00
8-123			面漆一遍		1264.27	681.75	202.99	379.53	5.05			4.30		12.30					9.00
8-124			面漆增一遍		1202.45	630.45	192.47	379.53	4.67			4.20		11.60					9.00
8-125		抹灰面	底漆一遍		1447.63	780.30	287.80	379.53	5.78			10.40		13.70	7.00	20.00			9.00
8-126			底漆增一遍		1458.44	826.20	252.71	379.53	6.12			6.50		13.20	6.60	20.00			9.00
8-127			中间漆一遍		1188.37	583.20	225.64	379.53	4.32			4.40		12.40	4.60	20.00			9.00
8-128			中间漆增一遍		1150.92	572.40	198.99	379.53	4.24			4.40		11.20	3.30	10.00			9.00
8-129			面漆一遍		1314.18	619.65	315.00	379.53	4.59			4.20		11.30	12.80	30.00	7.70	1.30	9.00
8-130			面漆增一遍		1222.06	594.00	248.53	379.53	4.40			4.20		10.70	3.50	15.00	3.70	1.20	9.00

工作内容： 1.清理基层。2.刷涂料。

编号	项目			单位	预算基价				人工	材			料		机械
					总价	人工费	材料费	机械费	综合工	酚醛树脂漆	乙醇	石英粉	苯磺酰氯	砂布1#	轴流通风机7.5kW
					元	元	元	元	工日	kg	kg	kg	kg	张	台班
									135.00	14.03	9.69	0.42	14.49	0.93	42.17
8-131	酚醛树脂漆	混凝土面	底漆一遍	100m²	1573.35	837.00	356.82	379.53	6.20	16.40	7.70	12.80	1.30	30.00	9.00
8-132			底漆增一遍		1561.21	918.00	263.68	379.53	6.80	13.90	3.70	3.50	1.20	15.00	9.00
8-133			中间漆一遍		1339.27	689.85	269.89	379.53	5.11	13.80	4.70	2.00	1.10	15.00	9.00
8-134			中间漆增一遍		1314.35	666.90	267.92	379.53	4.94	13.70	4.80	1.80	1.00	15.00	9.00
8-135			面漆一遍		1373.16	693.90	299.73	379.53	5.14	17.50	3.50		1.40		9.00
8-136			面漆增一遍		1332.37	681.75	271.09	379.53	5.05	15.70	3.30		1.30		9.00
8-137		抹灰面	底漆一遍		1494.45	814.05	300.87	379.53	6.03	15.20	5.50	7.10	1.20	15.00	9.00
8-138			底漆增一遍		1492.30	849.15	263.62	379.53	6.29	12.90	5.30	3.30	1.10	15.00	9.00
8-139			中间漆一遍		1263.76	631.80	252.43	379.53	4.68	12.70	4.50	1.80	1.10	15.00	9.00
8-140			中间漆增一遍		1246.19	621.00	245.66	379.53	4.60	12.60	4.10	1.70	1.00	15.00	9.00
8-141			面漆一遍		1261.09	631.80	249.76	379.53	4.68	13.80	4.00		1.20		9.00
8-142			面漆增一遍		1253.34	631.80	242.01	379.53	4.68	13.80	3.20		1.20		9.00

工作内容：1.清理基层。2.刷涂料。

编号	项 目			单位	预　算　基　价				人工	材　　料			机械
					总　价	人工费	材料费	机械费	综合工	氯磺化聚乙烯面漆	氯磺化聚乙烯	零星材料费	轴流通风机 7.5kW
					元	元	元	元	工日	kg	kg	元	台班
									135.00	13.55	18.17		42.17
8-143	氯磺化聚乙烯漆	混凝土面	底漆一遍	100m²	1925.76	1031.40	514.83	379.53	7.64	28.00	5.60	33.68	9.00
8-144			刮腻子		1641.10	801.90	459.67	379.53	5.94	25.00	5.00	30.07	9.00
8-145			中间漆一遍		1727.74	916.65	431.56	379.53	6.79	24.00	4.30	28.23	9.00
8-146			面漆一遍		1855.23	997.65	478.05	379.53	7.39	26.00	5.20	31.27	9.00
8-147		抹灰面	底漆一遍		1869.06	974.70	514.83	379.53	7.22	28.00	5.60	33.68	9.00
8-148			中间漆一遍		1669.97	849.15	441.29	379.53	6.29	24.00	4.80	28.87	9.00
8-149			面漆一遍		1797.18	939.60	478.05	379.53	6.96	26.00	5.20	31.27	9.00

工作内容：1.清理基层。2.刷涂料。

编号	项 目			单位	预 算 基 价			人 工	材					料	
					总 价	人工费	材料费	综合工	聚氨酯清漆	二甲苯	聚氨酯腻子	砂布1#	聚氨酯底漆	聚氨酯磁漆	零星材料费
					元	元	元	工日	kg	kg	kg	张	kg	kg	元
								135.00	16.57	5.21	10.02	0.93	12.16	18.93	
8-150	聚氨酯漆	混凝土面	清漆一遍	100m²	791.90	504.90	287.00	3.74	15.00	6.30					5.63
8-151			刮 腻 子		590.58	527.85	62.73	3.91		3.80	1.50	30.00			
8-152			底漆一遍		961.33	769.50	191.83	5.70		3.80		15.00	13.00		
8-153			中间漆一遍		714.34	500.85	213.49	3.71		3.80		15.00	9.80	3.20	
8-154			中间漆增一遍		841.98	606.15	235.83	4.49		3.80		15.00	6.50	6.50	
8-155			面漆一遍		650.56	606.15	44.41	4.49		3.80				1.30	
8-156		抹灰面	清漆一遍		710.68	471.15	239.53	3.49	13.90						9.21
8-157			刮 腻 子		632.03	492.75	139.28	3.65			13.90				
8-158			底漆一遍		879.80	700.65	179.15	5.19		3.70		15.00	12.00		
8-159			中间漆一遍		716.51	517.05	199.46	3.83		3.70		15.00	9.00	3.00	
8-160			中间漆增一遍		790.40	569.70	220.70	4.22		3.70		16.00	6.00	6.00	
8-161			面漆一遍		816.14	569.70	246.44	4.22		3.70				12.00	

2.隔热、保温
（1）保温隔热屋面

工作内容：1.清理基层。2.拍实、平整保温层。3.铺砌保温层。

编号	项目	单位	预算基价 总价 元	人工费 元	材料费 元	人工 综合工 工日	泡沫混凝土块 m³	沥青玻璃棉毡 m³	沥青矿渣棉毡 m³	加气混凝土砌块 300×600×(125~300) m³	白灰 kg	炉渣 m³	水 m³	水泥 kg	沥青珍珠岩板 1000×500×50 m³	白灰炉渣 1:10 m³	水泥白灰炉渣 1:1:12 m³
						135.00	224.36	71.10	42.40	318.48	0.30	108.30	7.62	0.39	318.43		
8-162	泡沫混凝土板		3064.85	664.20	2400.65	4.92	10.70										
8-163	沥青玻璃棉毡		1384.89	629.10	755.79	4.66		10.63									
8-164	沥青矿渣棉毡		1070.06	629.10	440.96	4.66			10.40								
8-165	加气混凝土块	10m³	4050.34	642.60	3407.74	4.76				10.70							
8-166	白灰炉渣 1:10		2965.70	1564.65	1401.05	11.59					558.00	11.18	3.00			(10.10)	
8-167	水泥白灰炉渣 1:1:12		3646.12	1576.80	2069.32	11.68					535.00	12.83	3.00	1273.00			(10.10)
8-168	沥青珍珠岩板		4069.02	757.35	3311.67	5.61									10.40		

工作内容：1.清理基层。2.拍实、平整保温层。3.铺砌保温层。

编号	项　　目		单位	预　算　基　价			人　工	
				总　价	人工费	材料费	综合工	水　泥
				元	元	元	工日	kg
							135.00	0.39
8-169	现浇水泥珍珠岩	1:10		3659.66	1408.05	2251.61	10.43	1793.00
8-170		1:12		3577.25	1408.05	2169.20	10.43	1521.00
8-171	现浇水泥蛭石	1:10	10m³	3983.38	1408.05	2575.33	10.43	1793.00
8-172		1:12		3906.01	1408.05	2497.96	10.43	1521.00
8-173	水泥蛭石块			5355.71	757.35	4598.36	5.61	
8-174	干铺蛭石			1981.43	488.70	1492.73	3.62	

262

材				料			
珍 珠 岩	水	蛭 石	水 泥 蛭 石 块	水 泥 珍 珠 岩 1:10	水 泥 珍 珠 岩 1:12	水 泥 蛭 石 1:10	水 泥 蛭 石 1:12
m³	m³	m³	m³	m³	m³	m³	m³
98.63	7.62	119.61	442.15				
15.43	4.00			(10.88)			
15.67	4.00				(10.30)		
	4.00	15.43				(10.88)	
	4.00	15.67					(10.30)
			10.40				
		12.48					

工作内容： 1.清理基层。 2.拍实、平整保温层。 3.铺砌保温层。

编号	项目		单位	预　算　基　价				人　工	聚苯乙烯泡沫塑料板
				总　价	人 工 费	材 料 费	机 械 费	综 合 工	
				元	元	元	元	工日	m³
								135.00	387.94
8-175	1:6 水 泥 炉 渣 泛 水			3515.55	1547.10	1968.45		11.46	
8-176	干　铺　炉　渣		10m³	1695.74	376.65	1319.09		2.79	
8-177	干　铺　珍　珠　岩			1719.60	488.70	1230.90		3.62	
8-178	CS 屋 面 保 温 板			13015.77	1593.00	11404.88	17.89	11.80	
8-179	干 铺 聚 苯 乙 烯 板	50 mm厚	100m²	2307.89	329.40	1978.49		2.44	5.10
8-180	粘 贴 聚 苯 乙 烯 板	40 mm厚		2653.29	688.50	1964.79		5.10	4.08

材								料			机 械
水 泥	炉 渣	珍 珠 岩	CS-XWBJ 板 聚苯芯 90mm厚	金属加强网片	镀锌钢丝 D0.7	钢 筋 D10以内	界面处理剂 混凝土面	聚 合 物 粘 接 砂 浆	水	电 焊 机 （综合）
kg	m³	m³	m²	m²	kg	t	kg	kg	m³	台班
0.39	108.30	98.63	105.57	16.44	7.42	3970.73	2.06	0.75	7.62	89.46
2101.00	10.61									
	12.18									
		12.48								
			99.60	29.00	10.22	0.085				0.20
							16.00	460.00	0.53	

工作内容： 1.清理基层。 2.拍实、平整保温层。 3.铺砌保温层。

编号	项　　　目			单位	预　算　基　价			人工	材					料
					总　价	人工费	材料费	综合工	岩棉板 30mm厚	岩棉板 50mm厚	岩棉板 60mm厚	岩棉板 80mm厚	岩棉板 100mm厚	岩棉板 120mm厚
					元	元	元	工日	m³	m³	m³	m³	m³	m³
								135.00	607.33	624.00	640.67	657.33	674.00	707.33
8-181	干铺岩棉板	厚　度（mm 以内）	30	100m²	**2129.78**	271.35	1858.43	2.01	3.06					
8-182			50		**3503.70**	321.30	3182.40	2.38		5.10				
8-183			60		**4305.65**	384.75	3920.90	2.85			6.12			
8-184			80		**5825.51**	461.70	5363.81	3.42				8.16		
8-185			100		**7483.65**	608.85	6874.80	4.51					10.20	
8-186			120		**9388.07**	730.35	8657.72	5.41						12.24

工作内容: 1.清理基层。 2.拍实、平整保温层。 3.铺砌保温层。

编号	项目		单位	预算基价			人工	材料						料
				总价	人工费	材料费	综合工	岩棉板 30mm厚	岩棉板 50mm厚	岩棉板 60mm厚	岩棉板 80mm厚	岩棉板 100mm厚	岩棉板 120mm厚	聚合物粘接砂浆
				元	元	元	工日	m³	m³	m³	m³	m³	m³	kg
							135.00	607.33	624.00	640.67	657.33	674.00	707.33	0.75
8-187	粘贴岩棉板	厚度 (mm以内) 30	100m²	2619.23	415.80	2203.43	3.08	3.06						460.00
8-188		50		4170.00	642.60	3527.40	4.76		5.10					460.00
8-189		60		5021.90	756.00	4265.90	5.60			6.12				460.00
8-190		80		6691.61	982.80	5708.81	7.28				8.16			460.00
8-191		100		8429.40	1209.60	7219.80	8.96					10.20		460.00
8-192		120		10439.12	1436.40	9002.72	10.64						12.24	460.00

工作内容：1.清理基层。2.拍实、平整保温层。3.铺砌保温层。

编号	项目			单位	预 算 基 价			人 工	材			料
					总 价	人工费	材料费	综合工	泡沫玻璃	聚合物粘接砂浆	水	零星材料费
					元	元	元	工日	m³	kg	m³	元
								135.00	887.06	0.75	7.62	
8-193	泡沫玻璃	厚度（mm）	30	100m²	**4082.69**	1001.70	3080.99	7.42	3.06	460.00	2.55	2.16
8-194			每增减10		**1170.96**	265.95	905.01	1.97	1.02			0.21

工作内容： 1.清理基层。2.拍实、平整保温层。3.铺砌保温层。

编号	项 目		单位	预 算 基 价				人工	材 料				机械
				总 价	人工费	材料费	机械费	综合工	膨胀玻化微珠保温浆料	胶粉聚苯颗粒保温浆料	水	零星材料费	灰浆搅拌机200L
				元	元	元	元	工日	m³	m³	m³	元	台班
								135.00	360.00	370.00	7.62		208.76
8-195	无机轻集料保温砂浆	30	100m²	**3242.30**	1934.55	1220.07	87.68	14.33	3.366		0.93	1.22	0.42
8-196		每增减5		**473.27**	256.50	202.16	14.61	1.90	0.561			0.20	0.07
8-197	聚苯颗粒保温砂浆	30		**3373.69**	2027.70	1254.14	91.85	15.02		3.366	0.93	1.63	0.44
8-198		每增减5		**491.10**	268.65	207.84	14.61	1.99		0.561		0.27	0.07

项目列中部："厚度（mm)"

工作内容：保温层排气管、排气孔制作与安装。

编号	项目	单位	预算基价				人工	材						料		机械
			总价	人工费	材料费	机械费	综合工	塑料排水管 DN50	塑料排水三通 DN50	塑料排水弯头 DN50	塑料排水外接 DN50	聚氯乙烯热熔密封胶	镀锌钢管 DN40	预拌混凝土 AC20	零星材料费	液压弯管机 60mm
			元	元	元	元	工日	m	个	个	个	kg	m	m³	元	台班
							135.00	11.17	23.55	19.18	23.67	25.00	22.98	450.56		48.95
8-199	保温排气管安装	100m	2773.76	715.50	2058.26		5.30	101.50	20.00	10.00	10.00	1.00				
8-200	保温层排气孔安装 PVC管	10个	571.41	128.25	443.16		0.95	4.20		20.00		0.05		0.006	8.69	
8-201	钢管		240.30	128.25	110.58	1.47	0.95						4.60	0.006	2.17	0.03

（2）保温隔热天棚

工作内容： 1.清理基层。 2.固定木龙骨。 3.铺贴保温层。

编号	项 目		单位	预 算 基 价			人工	材 料									料	零星材料费
				总价	人工费	材料费	综合工	聚苯乙烯泡沫塑料板	板枋材	聚合物粘接砂浆	铁件	防腐油	石棉粉	乙醇	界面处理剂混凝土面	塑料膨胀螺栓D8		
				元	元	元	工日	m³	m³	kg	kg	kg	kg	kg	kg	套		元
							135.00	387.94	2001.17	0.75	9.49	0.52	2.14	9.69	2.06	0.10		
8-202	混凝土板下粘贴 聚苯乙烯板	带龙骨	100m²	8532.00	3169.80	5362.20	23.48	4.784	0.375	421.818	22.725	5.670	22.583	221.453				26.68
8-203		不带龙骨 50 mm厚		4158.15	1725.30	2432.85	12.78	5.100		460.000					8.000	600.00		32.88
8-204	天棚板面上铺放 聚苯乙烯板	50 mm厚		2387.96	369.90	2018.06	2.74	5.100										39.57

工作内容: 清理基层,喷发保温层。

编号	项　　目			单位	预　算　基　价			人工	材　　　料		
					总　价	人工费	材料费	综合工	硬泡聚氨酯组合料	聚氨酯防潮底漆	零星材料费
					元	元	元	工日	kg	kg	元
								135.00	20.92	20.34	
8-205	硬泡聚氨酯现场喷发	厚　度（mm）	50	100m²	**8719.79**	1849.50	6870.29	13.70	312.60	11.30	100.86
8-206			每增减5		**730.75**	67.50	663.25	0.50	31.26		9.29

工作内容：清理基层,刷粘接剂,粘贴保温层。

编号	项目			单位	预算基价			人工	材						料
					总价	人工费	材料费	综合工	无机纤维棉	岩棉板50mm厚	胶粘剂	聚合物粘接砂浆	无机纤维罩面剂	界面砂浆DB	零星材料费
					元	元	元	工日	kg	m³	kg	kg	kg	m³	元
								135.00	3.50	624.00	3.12	0.75	17.50	1159.00	
8-207	超细无机纤维	厚度（mm）	50	100m²	**7888.95**	2038.50	5850.45	15.10	1250.00		125.00		49.80	0.11	86.46
8-208			每增减10		**1115.80**	148.50	967.30	1.10	250.00		25.00				14.30
8-209	粘贴岩棉板		50		**5592.36**	2038.50	3553.86	15.10		5.10		460.00			26.46

273

工作内容：清理基层,修补天棚,砂浆调制、运输、找坡抹灰。

编号	项目			单位	预 算 基 价				人 工	材		料		机 械
					总 价	人工费	材料费	机械费	综合工	膨胀玻化微珠保温浆料	胶粉聚苯颗粒保温浆料	水	零 星 材料费	灰 浆 搅拌机 200L
					元	元	元	元	工日	m³	m³	m³	元	台班
									135.00	360.00	370.00	7.62		208.76
8-210	无机轻集料 保温砂浆		20	100m²	3237.34	2332.80	846.09	58.45	17.28	2.332		0.64	1.69	0.280
8-211		厚度（mm）	每增减5		725.76	500.85	210.30	14.61	3.71	0.583			0.42	0.070
8-212	聚苯颗粒 保温砂浆		20		3322.02	2389.50	869.89	62.63	17.70		2.332	0.64	2.17	0.300
8-213			每增减5		747.61	515.70	216.25	15.66	3.82		0.583		0.54	0.075

（3）保温隔热墙、柱

工作内容：清理基层，修补墙面，砂浆调制、运输、抹平。

编号	项 目			单位	预 算 基 价				人 工	材 料				机 械
					总 价	人工费	材料费	机械费	综合工	膨胀玻化微珠保温浆料	胶粉聚苯颗粒保温浆料	水	零星材料费	灰 浆搅拌机200L
					元	元	元	元	工日	m³	m³	m³	元	台班
									135.00	360.00	370.00	7.62		208.76
8-214	无机轻集料保温砂浆	厚度(mm)	25	100m²	3324.46	2174.85	1066.11	83.50	16.11	2.888		3.30	1.28	0.400
8-215			每增减5		582.95	357.75	208.50	16.70	2.65	0.578			0.42	0.080
8-216	聚苯颗粒保温砂浆		25		3421.77	2232.90	1095.35	93.52	16.54		2.888	3.30	1.64	0.448
8-217			每增减5		605.78	372.60	214.39	18.79	2.76		0.578		0.53	0.090

工作内容: 清理基层,喷发保温层。

编号	项 目			单位	预 算 基 价			人 工	材		料	
					总 价	人工费	材料费	综合工	硬泡聚氨酯组合料	聚 氨 酯防潮底漆	界面砂浆DB	零 星材 料 费
					元	元	元	工日	kg	kg	m³	元
								135.00	20.92	20.34	1159.00	
8-218	硬泡聚氨酯现 场 喷 发	厚度(mm)	50	100m²	8323.37	1323.00	7000.37	9.80	312.60	11.30	0.11	103.45
8-219			每增减5		798.25	135.00	663.25	1.00	31.26			9.29

276

工作内容： 清理基层,粘贴保温层。

编号	项　　　目		单位	预　算　基　价			人工	材					料	
				总　价	人工费	材料费	综合工	沥青珍珠岩板 1000×500×50	水泥珍珠岩板	CS-BBJ 板 聚苯芯 40mm厚	聚合物粘接砂浆	塑料膨胀螺栓 D8	金属加强网片	钢筋 D10以内
				元	元	元	工日	m³	m³	m²	kg	套	m²	t
							135.00	318.43	496.00	48.46	0.75	0.10	16.44	3970.73
8-220	附墙粘贴沥青珍珠岩板	厚度(mm)	50	100m²	4247.84	2187.00	2060.84	16.20	5.20			460.00	600.00		
8-221			每增减10		725.37	394.20	331.17	2.92	1.04						
8-222	附墙粘贴水泥珍珠岩板		50		5171.20	2187.00	2984.20	16.20		5.20		460.00	600.00		
8-223			每增减10		910.04	394.20	515.84	2.92		1.04					
8-224	外墙外挂 CS 保温板				6661.83	999.00	5662.83	7.40			101.00			25.00	0.09

工作内容：清理基层,粘贴保温层。

编号	项 目			单位	预 算 基 价			人 工	材		料
					总 价	人工费	材料费	综合工	沥青玻璃棉	沥青矿渣棉	塑料薄膜
					元	元	元	工日	m³	m³	m²
								135.00	66.78	39.09	1.90
8-225	沥青玻璃棉		100	100m²	2546.97	1734.75	812.22	12.85	10.40		61.953
8-226		厚 度（mm）	每增减10		226.05	156.60	69.45	1.16	1.04		
8-227	沥青矿渣棉		100		2259.00	1734.75	524.25	12.85		10.40	61.953
8-228			每增减10		197.25	156.60	40.65	1.16		1.04	

278

工作内容：清理基层,刷界面剂,固定托架,钻孔锚钉,粘贴(铺设)保温层,挂钢丝网片,膨胀螺栓固定。

编号	项 目	单位	预算基价 总价	人工费	材料费	人工 综合工	聚苯乙烯泡沫塑料板	单面钢丝聚苯乙烯板 15kg/m³	岩棉板 50mm厚	泡沫玻璃	界面处理剂 混凝土面	聚合物粘接砂浆	塑料膨胀螺栓 D8	锡纸	零星材料费
			元	元	元	工日	m³	m²	m³	m³	kg	kg	套	m²	元
						135.00	387.94	40.00	624.00	887.06	2.06	0.75	0.10	3.03	
8-229	聚苯乙烯板	100m²	4746.00	2181.60	2564.40	16.16	5.10				80.00	460.00	600.00		16.11
8-230	单面钢丝聚苯乙烯板		7919.90	3226.50	4693.40	23.90		102.00			25.80	667.00	600.00		
8-231	干挂岩棉板		7522.18	3766.50	3755.68	27.90			5.10		10.00		800.00	156.00	
8-232	泡沫玻璃 30 mm厚		4621.15	1491.75	3129.40	11.05				3.06		460.00	700.00		
8-233	泡沫玻璃 每增减 10 mm		1401.60	496.80	904.80	3.68				1.02					

工作内容： 裁剪,铺设网格布,锚固钢丝网,砂浆调制、运输、抹平。

编号	项目		单位	预算基价			人工	材料				料
				总价	人工费	材料费	综合工	抗裂砂浆	耐碱玻纤网格布（标准）	镀锌钢丝网	水	塑料膨胀螺栓 D8
				元	元	元	工日	kg	m²	m²	m³	套
							135.00	1.52	6.78	11.40	7.62	0.10
8-234	抗裂保护层	耐碱网格布 抗裂砂浆	4 mm厚	**2904.44**	1244.70	1659.74	9.22	550.00	117.00		4.00	
8-235		增加一层网格布 抗裂砂浆	2 mm厚	**1707.71**	525.15	1182.56	3.89	275.00	112.70		0.06	
8-236		热锌镀钢丝网 抗裂砂浆	8 mm厚	**5653.52**	2575.80	3077.72	19.08	1101.60		115.00	4.08	612.00

(8-235行单位: 100m²)

280

工作内容： 1.现场运输,放样切割。2.清理基层,苯板切割,裁剪网格布,砂浆调制,刮胶泥,贴苯板,打胀钉,贴网格布,刮胶泥罩面。

编号	项目	单位	预算基价			人工	材						料
			总价	人工费	材料费	综合工	苯板线条(成品)	聚苯乙烯泡沫板40(硬质)	耐碱玻璃纤网格布(标准)	耐碱玻璃纤网格布(加强)	干粉式苯板胶	水	零星材料费
			元	元	元	工日	m	m³	m²	m²	kg	m³	元
						135.00	34.33	335.89	6.78	9.23	2.50	7.62	
8-237	成品加工	100m	3745.07	139.05	3606.02	1.03	104.00						35.70
8-238	现场加工		816.36	276.75	539.61	2.05		1.575					10.58
8-239	保温线条 粘贴	100m²	10272.02	9224.55	1047.47	68.33					418.00	0.090	1.78
8-240	表面刮胶贴网		9277.05	6718.95	2558.10	49.77			123.42	47.78	510.00	0.126	4.34

281

（4）FTC自调温相变蓄能材料保温层

工作内容： 基层处理,分层涂抹FTC自调温材料,固定钢丝网,挂玻纤网格布,刮腻子,喷憎水剂、涂抹抗裂砂浆,砌块淋水（不包括贴瓷砖或刷涂料）。

编号	项 目		单位	预 算 基 价			人工	材					料		
				总价	人工费	材料费	综合工	界面砂浆	FTC自调温相变蓄能材料	抗裂砂浆	镀锌钢丝网	水	耐碱玻纤网格布（标准）	腻子膏	零星材料费
				元	元	元	工日	kg	m³	kg	m²	m³	m²	kg	元
							135.00	0.87	960.05	1.52	11.40	7.62	6.78	1.33	
8-241	外墙FTC自调温相变蓄能材料保温层（30 mm厚）	用于砌块基层、外贴瓷砖	100m²	10303.57	3465.45	6838.12	25.67	140.00	4.183	890.40	110.00	0.50			89.21
8-242		用于混凝土基层、外贴瓷砖		10299.76	3465.45	6834.31	25.67	140.00	4.183	890.40	110.00				89.21
8-243		用于砌块基层、外刷涂料		10412.46	4032.45	6380.01	29.87	140.00	4.183		110.00	0.50	135.00		69.21
8-244		用于混凝土基层、外刷涂料		10408.65	4032.45	6376.20	29.87	140.00	4.183		110.00		135.00		69.21
8-245	内墙FTC自调温相变蓄能材料保温层（25 mm厚）	用于砌块基层、外贴瓷砖		9105.07	3937.95	5167.12	29.17	140.00	3.633			0.50	135.00	473.04	9.21
8-246		用于混凝土基层、外刷涂料		9101.26	3937.95	5163.31	29.17	140.00	3.633				135.00	473.04	9.21
8-247	地面FTC自调温相变蓄能材料保温层（25 mm厚）			5341.47	1722.60	3618.87	12.76	140.00	3.633						9.21
8-248	天棚FTC自调温相变蓄能材料保温层（30 mm厚）			9414.84	3304.80	6110.04	24.48	140.00	4.183		110.00			473.04	89.21
8-249	屋面FTC自调温相变蓄能材料保温层（30 mm厚）			7644.95	2164.05	5480.90	16.03	140.00	4.183		110.00				89.21
8-250	厚 度 每 增 减 1 mm			147.85	43.20	104.65	0.32		0.109						

(5) 隔热楼地面

工作内容：清理基层，铺保温板。

编号	项目		单位	预算基价			人工	材料	
				总价	人工费	材料费	综合工	聚苯乙烯泡沫塑料板	聚合物粘接砂浆
				元	元	元	工日	m^3	kg
							135.00	387.94	0.75
8-251	粘贴聚苯乙烯板	50 mm厚	100m²	**2990.94**	596.70	2394.24	4.42	5.10	554.325
8-252	干铺聚苯乙烯板	50 mm厚	100m²	**2295.74**	317.25	1978.49	2.35	5.10	

(6)防火隔离带

工作内容：清理基层,切割保温板,砂浆调制,粘贴防火带。

编号	项目		单位	预算基价 总价	人工费	材料费	人工 综合工	热固性改性聚苯乙烯泡沫板	泡沫玻璃	岩棉板50mm厚	聚合物粘接砂浆	塑料膨胀螺栓D8	耐碱玻纤网格布(标准)	界面砂浆DB	水	零星材料费
				元	元	元	工日	m³	m³	m³	kg	套	m²	m³	m³	元
							135.00	442.80	887.06	624.00	0.75	0.10	6.78	1159.00	7.62	
8-253	聚苯乙烯板		300	6857.87	3780.00	3077.87	28.00	5.90			460.00	600.00				60.35
8-254			450	6584.55	3551.85	3032.70	26.31	5.80			460.00	600.00				59.46
8-255			500	6311.24	3323.70	2987.54	24.62	5.70			460.00	600.00				58.58
8-256			600	6037.92	3095.55	2942.37	22.93	5.60			460.00	600.00				57.69
8-257	泡沫玻璃	宽度(mm)	300	7734.95	2398.95	5336.00	17.77		5.60		460.00				2.80	2.13
8-258			450	7530.17	2284.20	5245.97	16.92		5.50		460.00				2.70	1.57
8-259			500	7370.30	2169.45	5200.85	16.07		5.45		460.00				2.60	1.56
8-260			600	7169.69	2056.05	5113.64	15.23		5.35		460.00				2.80	1.53
8-261	岩棉板		300	7896.57	2214.00	5682.57	16.40			5.500	460.00	330.00	245.000	0.110		83.98
8-262			450	7680.13	2103.30	5576.83	15.58			5.390	460.00	330.00	240.100	0.108		82.42
8-263			500	7494.70	1992.60	5502.10	14.76			5.313	460.00	330.00	236.670	0.106		81.31
8-264			600	7294.08	1881.90	5412.18	13.94			5.220	460.00	330.00	232.505	0.104		79.98

单位：100m²

284

天津市建筑工程预算基价

DBD 29-101-2020

下 册

天津市住房和城乡建设委员会

天津市建筑市场服务中心 主编

中国计划出版社

下 册 目 录

第九章　构筑物工程

说明 ································· 287
工程量计算规则 ···················· 288
1. 贮水（油）池 ······················ 291
　（1）钢筋混凝土贮水（油）池 ········· 291
　（2）页岩标砖贮水池 ··············· 292
2. 贮仓 ···························· 293
　（1）钢筋混凝土矩形仓 ············· 293
　（2）钢筋混凝土圆形仓 ············· 294
3. 水塔 ···························· 295
　（1）钢筋混凝土水塔 ··············· 295
　（2）页岩标砖水塔 ················· 296
4. 烟囱 ···························· 298
　（1）基础 ························· 298
　（2）页岩标砖烟囱及砖加工 ········· 300
　（3）钢筋混凝土烟囱（滑升钢模板）··· 302
　（4）烟囱内衬、烟道砌砖及烟道内衬 ·· 303
　（5）烟囱、烟道内涂刷隔热层 ········ 306
5. 沉井 ···························· 308
6. 通廊 ···························· 312

第十章　室 外 工 程

说明 ································· 315
工程量计算规则 ···················· 315
1. 钢筋混凝土支架及地沟 ············· 317
2. 井池 ···························· 318
　（1）页岩标砖砌井池壁 ············· 318
　（2）钢筋混凝土井（池）及其他 ······ 320
　（3）井盖、盖板安装 ··············· 322

3. 挡土墙 ·························· 324
4. 室外排水管道 ···················· 326
5. 道路 ···························· 328
　（1）路面及路牙 ·················· 328
　（2）路缘石、侧石安装 ············· 330
　（3）路基 ························· 331

第十一章　施工排水、降水措施费

说明 ································· 335
工程量计算规则 ···················· 335
1. 排水井 ·························· 336
2. 抽水机抽水 ······················ 338

第十二章　脚手架措施费

说明 ································· 341
工程量计算规则 ···················· 342
1. 单层建筑综合脚手架 ··············· 343
2. 多层建筑综合脚手架 ··············· 344
3. 单项脚手架 ······················ 348

第十三章　混凝土、钢筋混凝土模板及支架措施费

说明 ································· 355
工程量计算规则 ···················· 356
1. 现浇混凝土模板措施费 ············· 358
　（1）基础 ························· 358
　（2）柱 ··························· 360
　（3）梁 ··························· 362
　（4）墙 ··························· 364
　（5）板 ··························· 366
　（6）后浇带 ······················ 367

1

(7)其他 368

(8)铝合金模板 370

2.预制混凝土模板措施费 371

  (1)桩 371

  (2)柱 372

  (3)梁 374

  (4)屋架 376

  (5)板 378

  (6)其他 380

3.预制装配式构件后浇混凝土模板措施费 382

4.预应力钢筋混凝土模板措施费 383

  (1)梁 383

  (2)屋架 384

  (3)板 386

5.钢滑模设备安拆及场外运费 388

6.构筑物混凝土模板措施费 389

  (1)贮水(油)池 389

  (2)贮仓 390

  (3)水塔 392

  (4)烟囱 394

  (5)沉井 396

  (6)通廊 397

  (7)预制钢筋混凝土支架 398

  (8)钢筋混凝土地沟 399

  (9)钢筋混凝土井(池) 400

  (10)混凝土挡土墙 401

7.层高超过3.6m模板增价 402

  (1)胶合板模板 402

  (2)铝合金模板 403

第十四章　混凝土蒸汽养护费及泵送费

说明 407

工程量计算规则 407

1.混凝土蒸汽养护费 408

2.混凝土泵送费 409

第十五章　垂直运输费

说明 413

工程量计算规则 414

1.建筑物垂直运输 415

2.构筑物垂直运输 417

第十六章　大型机械进出场费及安拆费

说明 421

工程量计算规则 421

1.塔式起重机及施工电梯基础 423

2.大型机械安拆费 424

3.大型机械进出场费 426

第十七章　超高工程附加费

说明 431

工程量计算规则 431

1.多层建筑超高附加费 432

2.单层建筑超高附加费 436

第十八章　组织措施费

说明 439

计算规则 439

附　录

附录一　砂浆及特种混凝土配合比 445

附录二　现场搅拌混凝土基价 462

附录三　材料价格 469

附录四　施工机械台班价格 493

附录五　地模及金属制品价格 499

附录六　企业管理费、规费、利润和税金 504

附录七　工程价格计算程序 509

第九章　构筑物工程

说　　明

一、本章包括贮水(油)池、贮仓、水塔、烟囱、沉井、通廊6节,共107条基价子目。

二、本章基价中部分砌体的现场搅拌砂浆强度等级为综合强度等级,使用时不予换算。

三、本章基价中的预拌砂浆是按M7.5强度等级价格考虑的,如设计要求预拌砂浆强度等级与基价中不同时按设计要求换算。

四、本章混凝土项目中混凝土材料采用AC30预拌混凝土。如设计要求与基价不同时,可按设计要求调整。

五、混凝土的养护是按一般养护方法考虑的,如采用蒸汽养护或其他特殊养护方法者,可另行计算,本章各混凝土项目中包括的养护内容不扣除。

六、本章各种现浇钢筋混凝土项目均未含钢筋和预埋铁件,设计要求的钢筋和预埋铁件或施工组织设计规定固定地脚螺栓的铁件,执行第四章钢筋工程相应项目。

七、贮水(油)池:

1.沉淀池水槽系指池壁上的环形溢水槽及纵横U形水槽。但不包括与水槽相连接的矩形梁,矩形梁按第四章中矩形梁项目计算。

2.钢筋混凝土池底、壁、柱、盖各项目中已综合考虑试水所需工、料。

3.砖石池的独立柱可按第三章中相应项目计算。如独立柱带有混凝土或钢筋混凝土结构者,其体积分别并入池底及池盖体积中,不另列项目计算。

八、贮仓:

1.仓壁耐磨层按第八章相应基价项目计算。

2.圆形仓基价适用于高度在30 m以下,仓壁厚度不变,上下断面一致,采用钢滑模施工工艺的圆形贮仓,如盐仓、粮仓、水泥库等。

圆形仓工程量应按仓基础板、底板、顶板、仓壁等分别以体积计算。仓顶板的梁与其顶板合并计算,执行顶板项目,板式仓基础执行第四章满堂基础项目。

仓基础板与仓底板之间的钢筋混凝土柱包括上下柱头在内,合并计算工程量,按第四章相应基价项目执行。

九、烟囱:

1.页岩标砖烟囱项目适用于圆形、方形烟囱。

2.加工楔形半砖时,其工料可按楔形整砖项目的1/2计算。

3.砖烟囱筒身原浆勾缝已包括在基价内,不另计算。如设计规定加浆勾缝者,执行第三章勾缝项目。原浆勾缝的工、料不扣除。

4.烟囱的钢筋混凝土集灰斗(包括分隔墙、水平隔墙、梁、柱等)执行第四章相应项目。

5.砖烟囱、烟道及砖衬如采用加工楔形砖时,其数量应按施工组织设计规定计算,执行页岩标砖加工项目。

6.砖烟囱砌体内采用钢筋加固者执行第四章墙体加固钢筋项目。

7.烟囱内衬:

(1)内衬伸入筒身的连接横砖已包括在内衬基价内,不另计算。

(2)为防止酸性凝液渗入内衬及混凝土筒身间,在内衬上抹水泥排水坡的,其工料已包括在基价内,不另计算。

(3)烟囱内衬需要填充隔热材料的,每10 m³ 填料用量为:矿渣12.5 m³,石棉灰500 kg,硅藻土7300 kg。

8.钢筋混凝土烟囱筒身、贮仓壁是按无井架施工考虑的。计价时不再计算脚手架和竖井架,钢滑模施工用的操作平台,其工、料已计入基价。

十、本章中未包括的抹灰及油漆项目可按装饰装修工程相应章节中有关规定计算,其人工工日乘以系数1.25。

十一、本章中各类构筑物的基础挖、填土方执行第一章规定,工程的排水措施和排水井执行第十一章规定。

十二、铁刃脚安装项目中刃脚铁件、钢筋和型钢焊接以单面焊为准,如为双面焊者,则每10 m刃脚增加电焊工0.88工日,人工费118.80元,电焊机0.44台班,电焊条6.17 kg。

十三、铁刃脚安装项目设计要求铁件与基价不同时,按设计要求调整。

工程量计算规则

一、贮水(油)池:

各类贮水(油)池均按设计图示尺寸以体积计算。不扣除构件内钢筋、预埋铁件及单个面积0.3 m² 以内孔洞所占体积。

1.各类池盖中的人孔、透气管、盖板以及与池盖相连的其他结构的工程量合并在池盖中计算。

2.无梁池盖柱的柱高自池底上表面算至池盖的下表面。柱座、柱帽的体积并入柱身体积内计算。

3.池壁应按不同厚度计算。上薄下厚者,以平均厚度计算工程量及选用项目。池壁高度由池底上表面算至池盖的下表面。池壁上下处扩大部分的体积合并在池壁体积中。

4.肋形盖体积包括主、次梁及盖板的体积。

二、贮仓:

贮仓按设计图示尺寸以体积计算。不扣除构件内钢筋、预埋铁件及单个面积0.3 m² 以内孔洞所占体积。

1.矩形仓不分立壁或斜壁均按不同厚度以体积计算。壁上圈梁体积并入仓壁体积内。漏斗部分体积单独计算,执行相应基价项目。矩形仓除以上两部分外,其他部位执行第四章相应基价项目。

2.仓壁高度应自基础板顶面算至顶板底面。

三、水塔:

水塔按设计图示尺寸以体积计算。不扣除构件内钢筋、预埋铁件及单个面积0.3 m² 以内孔洞所占体积。

1.水塔基础:

(1)水塔基础是按钢筋混凝土基础考虑的。如果采用砖基础、混凝土基础及毛石混凝土基础时,均按烟囱基础相应基价项目执行。

(2)钢筋混凝土基础包括基础底板和筒座,筒座以上为塔身。砖水塔以混凝土与砖砌体交接处为基础分界线,与基础底板相连的梁并入基础体积内计算。

2.塔顶及水槽底:

(1)钢筋混凝土塔顶及水槽底的工程量合并计算。塔顶包括顶板和圈梁,水槽底包括底板、挑出的斜壁和圈梁。

(2)水槽底不分平底、拱底,塔顶不分锥形、球形,均按本基价计算。

(3)塔顶如铺填保温材料,另列项目计算。

3.水塔筒身:

(1)筒身与水槽底的分界以其与水槽底相连的圈梁为界,圈梁底以上为水槽底,以下为筒身。

(2)钢筋混凝土筒式塔身以实体积计算,扣除门窗洞口所占体积。依附于筒身的过梁、雨篷、挑檐等体积,并入筒身体积内。

(3)砖筒身按设计图示尺寸以体积计算,扣除门窗洞口和混凝土构件所占的体积。砖碹及砖出檐等并入筒身体积内计算,碹胎板的工、料不另计算。

4.水槽内、外壁:

(1)与塔顶和水槽底(或斜壁)相连接的圈梁之间的直壁为水槽内、外壁。保温水槽外保护壁为外壁,直接承受水侧压力的水槽壁为内壁。非保温水塔的水槽壁按内壁计算。

(2)水槽内、外壁按设计图示尺寸以体积计算,依附于外壁的柱、梁等均并入外壁体积中计算。

(3)砖水槽不分内、外壁和壁厚按设计图示尺寸以体积计算。

四、烟囱:

烟囱按设计图示尺寸以体积计算。不扣除构件内钢筋、预埋铁件及单个面积 0.3 m² 以内孔洞所占体积。

1.烟囱基础:

(1)砖基础与砖筒身以基础大放脚的扩大顶面为界。砖基础以下的钢筋混凝土或混凝土底板按第四章的规定计算。

(2)钢筋混凝土烟囱基础项目适用于基础底板及筒座。筒座以上为筒身。

2.烟囱筒身:

(1)钢筋混凝土烟囱和砖烟囱的筒身,不论方形、圆形均按设计图示尺寸以体积计算。

(2)砖烟囱应扣除钢筋混凝土圈梁、过梁等所占体积。其圈(过)梁应按设计图示尺寸以体积计算,执行本章中水塔项目的圈(过)梁项目。

3.烟囱内衬:

(1)各类烟囱内衬按设计图示尺寸以体积计算,并扣除孔洞所占体积。

(2)烟囱筒身与内衬之间凡需要填充材料者,填充材料费另行计算。其体积应扣除各种孔洞所占的体积,但不扣除连接横砖(防沉带)的体积。填料所需的人工已包括在内衬基价内,不另计算。

4.烟道:

(1)砖烟道按设计图示尺寸以体积计算。

(2)烟道与炉体的划分以第一道闸门为准,在炉体内的烟道应列入炉体工程量内。

(3)非架空的钢筋混凝土烟道按第十章地沟项目计算。

5.烟囱内表面涂抹隔绝层按设计图示尺寸以筒身内壁面积计算,并扣除孔洞所占面积。

五、沉井:

1.沉井适用于底面积大于 5 m² 的陆地上明排水用人工或机械挖土下沉的沉井工程。

2.铺设、抽除承垫木和铁刃脚安装按设计图示井壁中心线长度计算。

3.沉井制作按设计图示尺寸以混凝土体积计算。不扣除构件内钢筋、预埋铁件所占体积。

4.井壁防水按设计图示尺寸以井壁外围面积计算。

5.沉井封底按设计图示尺寸以井壁中心线范围以内的面积乘以厚度以体积计算。

六、通廊：

1.通廊各构件均按设计图示尺寸以体积计算。不扣除构件内钢筋、预埋铁件所占体积,扣除单个面积0.3 m² 以外的洞口所占体积。

2.肋形板包含与板相连的横梁、过梁,以梁、板体积之和计算。

3.地下钢筋混凝土封闭式通廊执行第十章相应项目。

1.贮水(油)池
(1)钢筋混凝土贮水(油)池

工作内容: 1.浇筑、振捣、养护混凝土。2.试水。

编号	项 目		单位	预 算 基 价				人 工	材		料	机 械
				总 价	人工费	材料费	机械费	综合工	预 拌混 凝 土AC30	水	阻燃防火保温草 袋 片	小型机具
				元	元	元	元	工日	m³	m³	m²	元
								135.00	472.89	7.62	3.34	
9-1	平 池 底		10m³	**7293.51**	1938.60	5349.67	5.24	14.36	10.15	64.96	16.42	5.24
9-2	钢 筋 混 凝 土 池 壁(圆形、矩形)			**7154.45**	1942.65	5203.20	8.60	14.39	10.15	52.69	0.56	8.60
9-3	钢 筋 混 凝 土 池 盖	无梁盖		**7288.55**	1952.10	5322.74	13.71	14.46	10.15	61.04	17.30	13.71
9-4		肋形盖		**7383.91**	1954.80	5415.40	13.71	14.48	10.15	71.14	22.00	13.71
9-5	钢 筋 混 凝 土 无 梁 盖 柱			**7284.83**	1964.25	5306.87	13.71	14.55	10.15	66.54		13.71
9-6	钢 筋 混 凝 土 沉 淀 池	水 槽		**7373.03**	1969.65	5389.67	13.71	14.59	10.15	70.70	15.30	13.71
9-7		壁基梁		**7234.78**	1965.60	5255.47	13.71	14.56	10.15	58.48	3.00	13.71

291

（2）页岩标砖贮水池

工作内容：调、运砂浆, 运、砌页岩标砖。

编号	项 目	单位	预 算 基 价				人工	材				料				机 械	
			总价	人工费	材料费	机械费	综合工	干拌砌筑砂浆 M7.5	湿拌砌筑砂浆 M7.5	页岩标砖 240×115×53	水泥	砂子	水	水泥砂浆 M5	水泥砂浆 M10	灰浆搅拌机 400L	干混砂浆罐式搅拌机
			元	元	元	元	工日	t	m³	千块	kg	t	m³	m³	m³	台班	台班
							135.00	318.16	343.43	513.60	0.39	87.03	7.62			215.11	254.19
9-8	页岩标砖池壁	10m³	**5371.96**	1876.50	3398.66	96.80	13.90			5.54	519.72	3.894	1.54	(2.44)		0.45	
9-9			**5434.28**	1876.50	3460.98	96.80	13.90			5.54	739.32	3.626	1.54		(2.44)	0.45	
9-10			**6232.85**	1813.05	4305.41	114.39	13.43	4.54		5.54			2.05				0.45
9-11			**5439.18**	1748.25	3690.93		12.95		2.44	5.54			1.00				

项目（行标题）说明：
- 9-8 M5 水泥砂浆
- 9-9 M10 水泥砂浆
- 9-10 干拌砌筑砂浆
- 9-11 湿拌砌筑砂浆

2.贮 仓

(1)钢筋混凝土矩形仓

工作内容：浇筑、振捣、养护混凝土。

编号	项 目			单位	预 算 基 价				人 工	材 料			机 械	
					总 价	人工费	材料费	机械费	综合工	预拌混凝土 AC30	水	阻燃防火保温草袋片	电动多级离心清水泵 DN100	小型机具
					元	元	元	元	工日	m³	m³	m²	台班	元
									135.00	472.89	7.62	3.34	159.61	
9-12	立 壁	壁 厚 (cm以内)	20	10m³	**7414.32**	2381.40	4856.41	176.51	17.64	10.15	7.25	0.40	1.02	13.71
9-13			30		**7111.62**	2088.45	4846.66	176.51	15.47	10.15	5.97	0.40	1.02	13.71
9-14	漏 斗		15		**7418.80**	2381.40	4860.89	176.51	17.64	10.15	7.53	1.10	1.02	13.71
9-15			25		**7156.35**	2124.90	4854.94	176.51	15.74	10.15	6.75	1.10	1.02	13.71

(2) 钢筋混凝土圆形仓

工作内容：浇筑、振捣、养护混凝土。

编号	项　　目			单位	预　算　基　价				人工	材　　　料				机　械	
					总　价	人工费	材料费	机械费	综合工	预拌混凝土 AC30	水	阻燃防火保温草袋片	零星材料费	电动多级离心清水泵 DN100	小型机具
					元	元	元	元	工日	m³	m³	m²	元	台班	元
									135.00	472.89	7.62	3.34		159.61	
9-16	底		板	10m³	5582.08	754.65	4813.72	13.71	5.59	10.15	0.20	3.70			13.71
9-17	顶		板		7467.30	2388.15	4902.64	176.51	17.69	10.15	7.53	13.60		1.02	13.71
9-18	仓　壁 （滑升钢模板）	高　度 30m以内	内　径 （m以内） 8		7493.89	2312.55	4932.91	248.43	17.13	10.15	15.48		15.12	1.13	68.07
9-19			10		7171.76	2038.50	4924.44	208.82	15.10	10.15	14.40		14.88	0.87	69.96
9-20			12		6699.15	1637.55	4913.70	147.90	12.13	10.15	13.57		10.46	0.57	56.92
9-21			16		6475.92	1433.70	4913.36	128.86	10.62	10.15	13.55		10.28	0.46	55.44

294

3.水 塔
(1)钢筋混凝土水塔

工作内容：浇筑、振捣、养护混凝土。

编号	项 目		单位	预 算 基 价				人工	材 料			机	械	
				总 价	人工费	材料费	机械费	综合工	预 拌混凝土 AC30	水	阻燃防火保温草袋片	电动多级离心清水泵 DN100	电动多级离心清水泵 DN150	小型机具
				元	元	元	元	工日	m³	m³	m²	台班	台班	元
								135.00	472.89	7.62	3.34	159.61	272.68	
9-22	钢筋混凝土基础	砖 塔 身	10m³	**5850.01**	1004.40	4840.37	5.24	7.44	10.15	3.83	3.40			5.24
9-23		钢筋混凝土塔身		**5821.64**	973.35	4843.05	5.24	7.21	10.15	3.83	4.20			5.24
9-24	塔 顶 及 水 槽 底			**6991.47**	1918.35	4896.61	176.51	14.21	10.15	7.44	12.00	1.02		13.71
9-25	圈（过）梁 压 顶			**8905.48**	3653.10	4886.21	366.17	27.06	10.15	4.59	15.39		1.28	17.14
9-26	筒 式 塔 身			**6632.65**	1574.10	4882.04	176.51	11.66	10.15	4.74	13.80	1.02		13.71
9-27	柱 式 塔 身			**7101.01**	2080.35	4844.15	176.51	15.41	10.15	4.37	3.30	1.02		13.71
9-28	水 槽 内 壁			**7008.08**	1921.05	4910.52	176.51	14.23	10.15	7.25	16.60	1.02		13.71
9-29	水 槽 外 壁			**7081.67**	1925.10	4980.06	176.51	14.26	10.15	12.65	25.10	1.02		13.71
9-30	回 廊 及 平 台			**7072.61**	1923.75	4972.35	176.51	14.25	10.15	13.26	21.40	1.02		13.71

(2) 页岩

工作内容: 1.调、运砂浆,砍页岩标砖,砌页岩标砖及勾缝。2.制作、安装及拆除门窗口碹胎板。

编号	项 目		单位	预 算 基 价				人 工	干拌砌筑砂浆 M7.5	湿拌砌筑砂浆 M7.5
				总 价	人工费	材 料 费	机械费	综合工		
				元	元	元	元	工日	t	m³
								135.00	318.16	343.43
9-31	塔 身	M5 混合砂浆	10m³	**6213.41**	2489.40	3513.20	210.81	18.44		
9-32		M10 水泥砂浆		**6281.20**	2489.40	3580.99	210.81	18.44		
9-33		干拌砌筑砂浆		**6916.83**	2350.35	4449.55	116.93	17.41	4.67	
9-34		湿拌砌筑砂浆		**6027.52**	2209.95	3817.57		16.37		2.51
9-35	水 槽 壁	M5 混合砂浆		**6932.69**	3144.15	3513.20	275.34	23.29		
9-36		M10 水泥砂浆		**7000.48**	3144.15	3580.99	275.34	23.29		
9-37		干拌砌筑砂浆		**7528.38**	2961.90	4449.55	116.93	21.94	4.67	
9-38		湿拌砌筑砂浆		**6597.22**	2779.65	3817.57		20.59		2.51

标砖水塔

材					料				机	械
页岩标砖 240×115×53	水 泥	砂 子	水	白 灰	零星材料费	白 灰 膏	混合砂浆 M5	水泥砂浆 M10	灰浆搅拌机 400L	干混砂浆罐式搅拌机
千块	kg	t	m³	kg	元	m³	m³	m³	台班	台班
513.60	0.39	87.03	7.62	0.30					215.11	254.19
5.70	469.37	3.665	2.004	159.89	20.42	(0.228)	(2.51)		0.98	
5.70	760.53	3.730	1.552		20.42			(2.51)	0.98	
5.70			2.074		20.42					0.46
5.70			1.000		20.42					
5.70	469.37	3.665	2.004	159.89	20.42	(0.228)	(2.51)		1.28	
5.70	760.53	3.730	1.552		20.42			(2.51)	1.28	
5.70			2.074		20.42					0.46
5.70			1.000		20.42					

工作内容：1.调、运砂浆,运、砌页岩标砖。2.浇筑、振捣及养护混凝土。

编号	项目		单位	预算基价 总价	人工费	材料费	机械费	人工 综合工	干拌砌筑砂浆 M7.5	湿拌砌筑砂浆 M7.5
				元	元	元	元	工日	t	m^3
								135.00	318.16	343.43
9-39	烟囱页岩标砖基础	M5 水泥砂浆	10m³	**4762.11**	1425.60	3226.80	109.71	10.56		
9-40	烟囱页岩标砖基础	M10 水泥砂浆	10m³	**4828.22**	1425.60	3292.91	109.71	10.56		
9-41	烟囱页岩标砖基础	干拌砌筑砂浆	10m³	**5665.57**	1354.05	4189.51	122.01	10.03	4.82	
9-42	烟囱页岩标砖基础	湿拌砌筑砂浆	10m³	**4818.16**	1281.15	3537.01		9.49		2.59
9-43	钢筋混凝土基础		10m³	**5807.44**	972.00	4830.20	5.24	7.20		
9-44	毛石混凝土基础		10m³	**5353.32**	928.80	4420.35	4.17	6.88		

图
础

预拌混凝土 AC30	页岩标砖 240×115×53	毛石	水泥	砂子	水	阻燃防火保温草袋片	水泥砂浆 M5	水泥砂浆 M10	灰浆搅拌机 400L	干混砂浆罐式搅拌机	小型机具
m³	千块	t	kg	t	m³	m²	m³	m³	台班	台班	元
472.89	513.60	89.21	0.39	87.03	7.62	3.34			215.11	254.19	
	5.14		551.67	4.134	1.57		(2.59)		0.51		
	5.14		784.77	3.849	1.57			(2.59)	0.51		
	5.14				2.11					0.48	
	5.14				1.00						
10.15					3.35	1.45					5.24
8.12		6.188			3.19	1.24					4.17

工作内容： 1.调、运砂浆,运砖、砌砖、砍砖、勾缝、安放加固筋。 2.验砖、画线、砍砖、磨平,并将加工完毕的砖堆好。

编号	项		目	单位	预 算 基 价				人工	干拌砌筑砂浆 M7.5	湿拌砌筑砂浆 M7.5	页岩标砖 240×115×53
					总 价	人工费	材料费	机械费	综合工			
					元	元	元	元	工日	t	m³	千块
									135.00	318.16	343.43	513.60
9-45	页岩标砖烟囱	筒身高度 20m以内	M2.5 混合砂浆	10m³	**7662.12**	3574.80	3771.11	316.21	26.48			6.25
9-46			M5 混合砂浆		**7699.28**	3574.80	3808.27	316.21	26.48			6.25
9-47			M10 水泥砂浆		**7769.02**	3574.80	3878.01	316.21	26.48			6.25
9-48			干拌砌筑砂浆		**8254.41**	3364.20	4770.74	119.47	24.92	4.80		6.25
9-49			湿拌砌筑砂浆		**7276.11**	3154.95	4121.16		23.37		2.58	6.25
9-50		筒身高度 40m以内	M2.5 混合砂浆		**6968.46**	3090.15	3609.42	268.89	22.89			5.93
9-51			M5 混合砂浆		**7005.87**	3090.15	3646.83	268.89	22.89			5.93
9-52			M10 水泥砂浆		**7076.15**	3090.15	3717.11	268.89	22.89			5.93
9-53			干拌砌筑砂浆		**7651.55**	2911.95	4617.59	122.01	21.57	4.84		5.93
9-54			湿拌砌筑砂浆		**6695.91**	2733.75	3962.16		20.25		2.60	5.93
9-55		筒身高度 60m以内	M2.5 混合砂浆		**7505.26**	3607.20	3577.55	320.51	26.72			5.86
9-56			M5 混合砂浆		**7543.03**	3607.20	3615.32	320.51	26.72			5.86
9-57			M10 水泥砂浆		**7613.83**	3607.20	3686.12	320.51	26.72			5.86
9-58			干拌砌筑砂浆		**8108.52**	3395.25	4591.26	122.01	25.15	4.87		5.86
9-59			湿拌砌筑砂浆		**7115.02**	3181.95	3933.07		23.57		2.62	5.86
9-60	烟囱砖加工		页岩标砖	千块	**767.62**	757.35	10.27		5.61			0.02
9-61		楔形整砖	耐火砖		**1561.05**	1514.70	46.35		11.22			
9-62			耐酸砖		**1903.39**	1559.25	344.14		11.55			

烟囱及砖加工

材						料					机	械
耐 火 砖 230×115×65	耐酸瓷砖 230×113×65	水 泥	砂 子	水	白 灰	零 星 材 料 费	白 灰 膏	混合砂浆 M2.5	混合砂浆 M5	水泥砂浆 M10	灰 浆 搅拌机 400L	干混砂浆罐式搅拌机
千块	千块	kg	t	m³	kg	元	m³	m³	m³	m³	台班	台班
2317.30	6882.77	0.39	87.03	7.62	0.30						215.11	254.19
		337.98	3.942	2.75	164.35	15.97	(0.235)	(2.58)			1.47	
		482.46	3.767	2.23	164.35	15.97	(0.235)		(2.58)		1.47	
		781.74	3.834	1.77		15.97				(2.58)	1.47	
				2.31		15.97						0.47
				1.20		15.97						
		340.60	3.973	2.56	165.62	15.97	(0.237)	(2.60)			1.25	
		486.20	3.796	2.04	165.62	15.97	(0.237)		(2.60)		1.25	
		787.80	3.864	1.57		15.97				(2.60)	1.25	
				2.11		15.97						0.48
				1.00		15.97						
		343.22	4.003	2.57	166.89	15.97	(0.238)	(2.62)			1.49	
		489.94	3.825	2.05	166.89	15.97	(0.238)		(2.62)		1.49	
		793.86	3.893	1.58		15.97				(2.62)	1.49	
				2.12		15.97						0.48
				1.00		15.97						
0.02												
	0.05											

（3）钢筋混凝土烟囱（滑升钢模板）

工作内容： 混凝土浇筑、振捣、养护。

编号	项 目	单位	预 算 基 价				人 工	材 料		机		械
			总 价	人工费	材料费	机械费	综合工	预 拌混 凝 土AC30	水	电 动 多 级离心清水泵DN100	电 动 多 级离心清水泵DN150	小型机具
			元	元	元	元	工日	m³	m³	台班	台班	元
							135.00	472.89	7.62	159.61	272.68	
9-63	筒 身 高 度（m以内）	10m³	**7017.82**	1660.50	4895.31	462.01	12.30	10.15	12.53	2.57		51.81
9-64			**6953.42**	1706.40	4892.87	354.15	12.64	10.15	12.21	1.97		39.72
9-65			**6989.56**	1610.55	4889.90	489.11	11.93	10.15	11.82		1.67	33.73
9-66			**6925.91**	1582.20	4849.44	494.27	11.72	10.15	6.51		1.65	44.35

（项目行"筒身高度（m以内）"对应数值：60、80、100、120）

(4) 烟囱内衬、烟道砌砖及烟道内衬

工作内容：调、运砂浆，砍砖、砌砖、内部灰缝刮平及填充隔热材料。

编号	项	目	单位	总价 元	人工费 元	材料费 元	机械费 元	综合工 工日 135.00	干拌砌筑砂浆 M7.5 t 318.16	湿拌砌筑砂浆 M7.5 m³ 343.43	页岩标砖 240×115×53 千块 513.60	耐火砖 230×115×65 千块 2317.30
9-67		1:1:4水泥黏土混合砂浆		7294.88	3188.70	3813.63	292.55	23.62			6.20	
9-68	页岩标砖	干拌砌筑砂浆		7934.87	2994.30	4813.47	127.10	22.18	5.04		6.20	
9-69	烟囱内衬	湿拌砌筑砂浆		6931.71	2799.90	4131.81		20.74		2.71	6.20	
9-70	耐火砖	耐火泥		17849.23	3576.15	13941.81	331.27	26.49				5.75
9-71	耐酸砖	耐酸砂浆		51339.47	5445.90	45893.57		40.34				
9-72		M5混合砂浆		8220.63	3781.35	4216.22	223.06	28.01			6.09	
9-73		M10水泥砂浆		8293.82	3781.35	4289.41	223.06	28.01			6.09	
9-74	烟道砌砖 页岩标砖	干拌砌筑砂浆	10m³	9029.17	3650.40	5226.52	152.25	27.04	5.04		6.09	
9-75		湿拌砌筑砂浆		8089.45	3519.45	4544.85	25.15	26.07		2.71	6.09	
9-76	耐火砖	耐火泥		16841.23	2361.15	14271.42	208.66	17.49				5.91
9-77		1:1:4水泥黏土混合砂浆		6050.29	2116.80	3757.10	176.39	15.68			6.09	
9-78	页岩标砖	干拌砌筑砂浆		6883.40	1999.35	4756.95	127.10	14.81	5.04		6.09	
9-79	烟道内衬	湿拌砌筑砂浆		5958.53	1883.25	4075.28		13.95		2.71	6.09	
9-80	耐火砖	耐火泥		16841.99	2361.15	14272.18	208.66	17.49				5.91
9-81	耐酸砖	1:0.17:1.1:1:2.6水玻璃耐酸砂浆		51667.57	5445.90	46221.67		40.34				

编号	项目			单位	材									
					耐火土	耐酸瓷砖 230×113×65	水泥	砂子	水	黄土	水玻璃	氟硅酸钠	石英粉	石英砂
					kg	千块	kg	t	m³	m³	kg	kg	kg	kg
					0.40	6882.77	0.39	87.03	7.62	77.65	2.38	7.99	0.42	0.28
9-67	烟囱内衬	页岩标砖	1:1:4水泥黏土混合砂浆				734.41	3.005	3.830	0.672				
9-68			干 拌 砌 筑 砂 浆						3.363					
9-69			湿 拌 砌 筑 砂 浆						2.204					
9-70		耐火砖	耐 火 泥		1530				0.700					
9-71		耐酸砖	耐 酸 砂 浆			5.99					1008	150.6	1260	1908
9-72	烟道砌砖	页岩标砖	M5 混 合 砂 浆				506.77	3.957	2.284					
9-73			M10 水 泥 砂 浆				821.13	4.027	1.796					
9-74			干 拌 砌 筑 砂 浆	10m³					2.360					
9-75			湿 拌 砌 筑 砂 浆						1.200					
9-76		耐火砖	耐 火 泥		1429				0.600					
9-77	烟道内衬	页岩标砖	1:1:4水泥黏土混合砂浆				734.41	3.005	3.826	0.672				
9-78			干 拌 砌 筑 砂 浆						3.360					
9-79			湿 拌 砌 筑 砂 浆						2.200					
9-80		耐火砖	耐 火 泥		1429				0.700					
9-81		耐酸砖	1:0.17:1.1:1:2.6 水玻璃耐酸砂浆			5.99					824	140.0	916	2164

				料							机		械	
白 灰	铁 钉	带帽螺栓	铸石粉	木模板周转费	白灰膏	水泥黏土砂浆 1:1:4	混合砂浆 M5	水泥砂浆 M10	水玻璃砂浆 1:0.17:1.1:1:2.6	水玻璃砂浆 1:0.12:0.8:1.5	灰浆搅拌机 400L	干混砂浆罐式搅拌机	载货汽车 6t	木工圆锯机 D500
kg	kg	kg	kg	元	m³	m³	m³	m³	m³	m³	台班	台班	台班	台班
0.30	6.68	7.96	1.11								215.11	254.19	461.82	26.53
						(2.71)					1.36			
												0.50		
											1.54			
										(2.00)				
172.63	2.50	2.30		442.18	(0.247)		(2.71)				0.92		0.02	0.6
	2.50	2.30		442.18				(2.71)			0.92		0.02	0.6
	2.50	2.30		442.18								0.50	0.02	0.6
	2.50	2.30		442.18								0.50	0.02	0.6
											0.97			
						(2.71)					0.82			
												0.50		
											0.97			
			832							(2.00)				

工作内容：涂料熬制或拌和材料，搭设工作台，涂抹内表面。

编号	项 目		单位	预 算 基 价			人 工	石油沥青 10#	水玻璃	石英粉
				总 价	人工费	材料费	综合工			
				元	元	元	工日	kg	kg	kg
							135.00	4.04	2.38	0.42
9-82	烟囱、烟道隔热层涂料	涂沥青耐酸漆	100m²	1303.01	858.60	444.41	6.36	13.50		
9-83		涂水玻璃		1622.57	623.70	998.87	4.62		383.40	
9-84		涂沥青		3269.64	623.70	2645.94	4.62	351.80		
9-85		涂耐酸砂浆		9189.66	6126.30	3063.36	45.38		565.60	1013.60
9-86		抹耐火泥		2365.92	1352.70	1013.22	10.02			

内涂刷隔热层

材									料	
水	耐 火 土	清 油	松 节 油	松 香	汽 油 90#	石 棉 粉	氟硅酸钠	煤	石 英 砂	零星材料费
m³	kg	kg	kg	kg	kg	kg	kg	kg	kg	元
7.62	0.40	15.06	7.93	8.48	7.16	2.14	7.99	0.53	0.28	
		9.20	22.30	1.20	0.70					59.29
										86.38
					116.90	34.90				312.98
							83.80	127.12	1962.30	5.14
1.06	2500									5.14

工作内容：1.平整场地、枕木搬运、铺设找平。2.挖土、抽除垫木、搬运堆放、回填砂石。3.铁件搬运、拼装、焊接及固定。4.浇筑、振捣、养护混凝土。

编号	项 目				单位	预 算 基 价				人 工	预拌混凝土 AC30
						总 价	人 工 费	材 料 费	机 械 费	综合工	
						元	元	元	元	工日	m³
										135.00	472.89
9-87	铺 设 承 垫 木					3064.66	324.00	2717.57	23.09	2.40	
9-88	抽 除 承 垫 木 回 填 砂 石				10m	2074.20	1772.55	301.65		13.13	
9-89	铁 刃 脚 安 装					7277.95	645.30	6447.47	185.18	4.78	
9-90	钢筋混凝土沉井制作	圆形	壁厚	50cm以内	10m³	6351.02	1534.95	4808.81	7.26	11.37	10.15
9-91				50cm以外		6253.38	1439.10	4807.69	6.59	10.66	10.15
9-92		矩形		50cm以内		6353.75	1536.30	4810.19	7.26	11.38	10.15
9-93				50cm以外		6255.71	1440.45	4808.67	6.59	10.67	10.15

井

材					料		机		械
枕 木 220×160×2500	砂 子	碴 石 25～38	铁 件	电 焊 条	水	阻燃防火保温草袋片	载货汽车 6t	电焊机（综合）	小 型 机 具
m³	t	t	kg	kg	m³	m²	台班	台班	元
3457.47	87.03	85.12	9.49	7.59	7.62	3.34	461.82	89.46	
0.786							0.05		
	2.445	1.044							
			665.00	18.00				2.07	
					1.09	0.20			7.26
					0.90	0.30			6.59
					1.14	0.50			7.26
					0.94	0.50			6.59

工作内容： 1.筛砂、筛灰、拌和、喷浆及养护。2.熬沥青,调制及涂刷冷底子油。3.熬制及涂刷沥青。4.挖土、吊土、卸土及校正倾斜沉井。

编号	项 目		单位	预 算 基 价				人工	材				料				机	械	
				总价	人工费	材料费	机械费	综合工	水泥	砂子	水	防水粉	石油沥青10#	汽油90#	零星材料费	冷底子油3:7	电动空气压缩机3m³	灰浆搅拌机200L	卷扬机(综合)
				元	元	元	元	工日	kg	t	m³	kg	kg	kg	元	kg	台班	台班	台班
								135.00	0.39	87.03	7.62	4.21	4.04	7.16			123.57	208.76	226.04
9-94	井 壁 防 水	喷 水 泥 浆	10m²	861.19	534.60	309.97	16.62	3.96	442.00	0.815	1.40	13.30					0.05	0.05	
9-95		刷冷底子油	10m²	58.57	18.90	39.67		0.14					1.51	3.70	7.08	(4.80)			
9-96		刷沥青两遍		255.10	25.65	229.45		0.19					47.00		39.57				
9-97	明排水人工挖土 卷扬机吊土	深度 10m以内 一般土	10m³	1046.40	915.30		131.10	6.78											0.58
9-98		砂砾坚土		1568.95	1417.50		151.45	10.50											0.67
9-99		深度 20m以内 一般土		1208.47	1063.80		144.67	7.88											0.64
9-100		砂砾坚土		1824.16	1659.15		165.01	12.29											0.73

310

工作内容： 1.运砂石、分层整平及夯实。2.浇筑、振捣、养护混凝土。

编号	项目		单位	预算基价				人工	材料					机械
				总价	人工费	材料费	机械费	综合工	预拌混凝土 AC30	砂子	碎石 25~38	水	阻燃防火保温草袋片	小型机具
				元	元	元	元	工日	m³	t	t	m³	m²	元
								135.00	472.89	87.03	85.12	7.62	3.34	
9-101	沉井封底	砂子	10m³	**2193.43**	580.50	1612.93		4.30		18.533				
9-102		碎石		**2610.35**	996.30	1614.05		7.38			18.962			
9-103		混凝土		**6626.17**	1819.80	4801.13	5.24	13.48	10.10			1.52	4.00	5.24

6. 通　廊

工作内容：浇筑、振捣、养护混凝土。

编号	项　　目		单位	预　算　基　价				人工	材　　料			机械
				总　价	人工费	材料费	机械费	综合工	预拌混凝土AC30	水	阻燃防火保温草袋片	小型机具
				元	元	元	元	工日	m³	m³	m²	元
								135.00	472.89	7.62	3.34	
9-104	捣制钢筋混凝土通廊	地上 柱	10m³	**6997.48**	2168.10	4820.11	9.27	16.06	10.15	1.74	2.10	9.27
9-105		梁		**6144.80**	1293.30	4845.59	5.91	9.58	10.15	2.98	6.90	5.91
9-106		肋形底板		**5924.20**	1008.45	4910.51	5.24	7.47	10.15	6.81	17.60	5.24
9-107		肋形顶板		**6108.59**	1193.40	4909.14	6.05	8.84	10.15	6.63	17.60	6.05

第十章　室　外　工　程

说　明

一、本章包括建筑物场地范围内的钢筋混凝土支架及地沟、井池、挡土墙、室外排水管道、道路5节,共68条基价子目。

二、室外排水管道与市政排水管道的划分:以化粪井外的第一个连接井为界。连接井以内管径在600 mm以内者,执行本基价。连接井以外或管径大于600 mm者,执行市政工程预算基价。

三、本章的混凝土路面项目适用于厂区或生活小区内部,并且在设计和施工中不采用市政规范和标准的工程。

四、本章混凝土项目中,设计要求混凝土强度等级与基价不同时可按设计要求调整。

五、混凝土的养护是按一般养护方法考虑的,如采用蒸汽养护或其他特殊养护方法者,可另行计算,本章各混凝土项目中包括的养护内容不扣除。

六、支架:

1.支架安装均不计算脚手架费用。

2.支架基础及预制混凝土支架的安装、运输等执行第四章相应项目。

七、井池基价中已考虑了搭、拆简易脚手架,不另计算脚手架费用。

八、室外排水管道:

1.室外排水管道不论人工铺管或机械铺管均执行本基价,其试水所需工、料已包括在内,不另计算。

2.室外排水管道与室内排水管道以室外第一个排水检查井为分界点。当室外第一个井距离建筑物外墙皮超过3 m时,离墙3 m以内为室内管道,3 m以外为室外管道。

3.室外排水管道的垫层、基础,分别按第一章基础、垫层相关项目计算。管长在1 m以内的缸瓦管、混凝土管的砖枕垫工、料已包含在基价内,不另计算。

九、道路:

1.道路的土方工程按第一章相应项目执行。

2.预制混凝土块路面及路牙安装基价未包括预制块的制作及场外运输费。

十、本章中各类构筑物的基础挖、填土方按第一章规定执行,工程的排水措施和排水井执行第十一章项目。

十一、路基:

1.路基项目中设计要求灰土配合比与基价不同时,白灰和土用量按设计要求换算。

2.设计要求碾压遍数与基价不同时,压路机台班可按比例换算。

工程量计算规则

一、钢筋混凝土支架均按设计图示尺寸以体积计算,包括支架各组成部分,不扣除构件内钢筋、预埋铁件所占体积。如框架形及A字形支架应将柱、梁的体积合并计算。支架带操作平台板的合并计算。

二、地沟：

1.本节适用于现浇混凝土及钢筋混凝土无肋地沟的底、壁、顶等部位，其工程量均按设计图示尺寸以体积计算，不扣除构件内钢筋、预埋铁件所占体积。方形（封闭式）、槽形（开口式）、阶梯形（变截面式）均按本基价计算。但地沟内净空断面面积在 $0.2 \, m^2$ 以内的无筋混凝土地沟，应按第四章相应项目计算。

2.沟壁与底以底板上表面为界。沟壁与顶以顶板下表面为界。上薄下厚的壁按平均厚度计算。阶梯形的壁按加权平均厚度计算。八字角部分的体积并入沟壁体积内计算。

3.肋形顶板或预制顶板按第四章相应项目计算。

三、井池：

1.砖砌或钢筋混凝土井（池）壁、底、顶均不分厚度按设计图示尺寸以体积计算，不扣除构件内钢筋、预埋铁件所占体积。凡与井（池）壁连接的管道和井（池）壁上的孔洞，其内径在 20 cm 以内者不予扣除，超过 20 cm 时，应予扣除。孔洞上部的砖碹已包括在基价内，不另计算。

2.渗井系指上部浆砌、下部干砌的渗水井。干砌部分不分方形、圆形，计算体积时不扣除渗水孔，执行渗井基价。浆砌部分按浆砌砖井（池）壁项目计算，渗井的深度包括渗井干砌部分的深度在内。

四、各类挡土墙均按设计图示尺寸以体积计算，不扣除构件内钢筋、预埋铁件及单个面积 $0.3 \, m^2$ 以内的孔洞所占的体积。

五、室外排水管道的工程量按设计图示尺寸以管道中心线长度计算。不考虑坡度的影响，不扣除检查井和连接井所占长度。排水管道铺设的基价项目中已包括异型接头（弯头和三通等），不另计算异型接头管件。

六、道路：

1.道路路面面层、路基的工程量按设计图示尺寸以实铺面积计算，按其平均厚度分别执行相应基价。不扣除雨水井、伸缩缝所占的面积。混凝土路面的伸缩缝已包括在基价内。加固筋、传力杆、嵌缝木板、路面随打随抹等未包括在基价内，应另行计算。

2.路牙和路缘石、侧石安装按设计图示长度计算。

3.室外停车场按设计图示尺寸以面积计算，执行道路工程相应项目。

1.钢筋混凝土支架及地沟

工作内容：浇筑、振捣、养护混凝土。

编号	项目		单位	预 算 基 价				人工	材 料				机 械		
				总价	人工费	材料费	机械费	综合工	预拌混凝土AC30	水	阻燃防火保温草袋片	制作损耗费	汽车式起重机8t	载货汽车8t	小型机具
				元	元	元	元	工日	m³	m³	m²	元	台班	台班	元
								135.00	472.89	7.62	3.34		767.15	521.59	
10-1	预制支架	框架形		7340.99	1956.15	4909.64	475.20	14.49	10.15	9.20	7.50	14.65	0.35	0.37	13.71
10-2		工、十、Π、T、Y形		7355.48	1957.50	4922.78	475.20	14.50	10.15	10.00	9.60	14.68	0.35	0.37	13.71
10-3	钢筋混凝土地沟	底	10m³	5821.46	984.15	4832.07	5.24	7.29	10.15	1.82	5.50				5.24
10-4		壁		6854.16	2008.80	4831.65	13.71	14.88	10.15	3.43	1.70				13.71
10-5		顶		6216.42	1370.25	4832.46	13.71	10.15	10.15	3.80	1.10				13.71

工作内容：调制砂浆、砌页岩标砖,安装铁爬梯及搭拆简易脚手架。

编号	项		目	单位	预 算 基 价				人 工
					总 价	人 工 费	材 料 费	机 械 费	综 合 工
					元	元	元	元	工日
									135.00
10-6	页岩标砖砌井池壁	深度3m以内	M5 水 泥 砂 浆	10m³	5662.48	2245.05	3290.52	126.91	16.63
10-7			M10 水 泥 砂 浆		5727.09	2245.05	3355.13	126.91	16.63
10-8			干 拌 砌 筑 砂 浆		6513.77	2165.40	4231.44	116.93	16.04
10-9			湿 拌 砌 筑 砂 浆		5679.29	2085.75	3593.54		15.45
10-10		深度3m以外	M5 水 泥 砂 浆		6328.41	2870.10	3290.52	167.79	21.26
10-11			M10 水 泥 砂 浆		6393.02	2870.10	3355.13	167.79	21.26
10-12			干 拌 砌 筑 砂 浆		7113.17	2764.80	4231.44	116.93	20.48
10-13			湿 拌 砌 筑 砂 浆		6253.04	2659.50	3593.54		19.70
10-14	渗		井		4256.92	1401.30	2855.62		10.38

池
砖砌井池壁

材					料				机	械
干拌砌筑砂浆 M7.5	湿拌砌筑砂浆 M7.5	页岩标砖 240×115×53	水 泥	砂 子	水	零星材料费	水 泥 砂 浆 M5	水 泥 砂 浆 M10	灰浆搅拌机 400L	干 混 砂 浆 罐式搅拌机
t	m³	千块	kg	t	m³	元	m³	m³	台班	台班
318.16	343.43	513.60	0.39	87.03	7.62				215.11	254.19
		5.15	538.89	4.038	0.560	79.62	(2.53)		0.59	
		5.15	766.59	3.760	0.560	79.62		(2.53)	0.59	
4.71		5.15			1.082	79.62				0.46
	2.53	5.15				79.62				
		5.15	538.89	4.038	0.560	79.62	(2.53)		0.78	
		5.15	766.59	3.760	0.560	79.62		(2.53)	0.78	
4.71		5.15			1.082	79.62				0.46
	2.53	5.15				79.62				
		5.56								

工作内容： 1.浇筑、振捣、养护混凝土。 2.砾(碎)石铺设。 3.调制砂浆及抹灰。

编号	项 目		单位	预 算 基 价				人 工
				总 价	人 工 费	材 料 费	机 械 费	综 合 工
				元	元	元	元	工日
								135.00
10-15	钢 筋 混 凝 土 井(池)	底	10m³	6098.18	1216.35	4876.59	5.24	9.01
10-16		壁		6724.92	1881.90	4829.31	13.71	13.94
10-17		顶		6779.33	1888.65	4876.97	13.71	13.99
10-18	混 凝 土 井 底 流 水 槽			7422.88	2623.05	4799.83		19.43
10-19	砾 (碎) 石 渗 水 层 铺 设			1811.35	530.55	1280.80		3.93
10-20	井 盖、池 壁 水 泥 砂 浆 抹 面		100m²	3390.45	2408.40	877.67	104.38	17.84

井(池)及其他

材				料			机	械
预拌混凝土 AC30	水	阻燃防火 保温草袋片	碴 石 19～25	水 泥	砂 子	水泥砂浆 1:2	灰浆搅拌机 200L	小型机具
m³	m³	m²	t	kg	t	m³	台班	元
472.89	7.62	3.34	87.81	0.39	87.03		208.76	
10.15	3.63	14.70						5.24
10.15	3.43	1.00						13.71
10.15	3.68	14.70						13.71
10.15								
			14.586					
	0.92			1440.27	3.55	(2.55)	0.50	

（3）井盖、

工作内容： 1.调制砂浆,井圈、盖板、小梁等场内运输和安装,砂浆垫稳。 2.木制保温井盖制作、安装、油漆。

编号	项 目		单位	预 算 基 价				人工 综合工	预制混凝土构件	铸铁井盖	预拌混凝土 AC15	水 泥
				总 价	人工费	材料费	机械费	综合工				
				元	元	元	元	工日	m³	套	m³	kg
								135.00			439.88	0.39
10-21	预制钢筋混凝土	井盖及盖座安装	10套	518.74	494.10	24.64		3.66	(10.10)			23.43
10-22		盖板安装	10m³	1332.31	1240.65	91.66		9.19	(10.10)			87.33
10-23		小梁安装		3807.16	3762.45	44.71		27.87	(10.15)			42.60
10-24	铸铁井盖安装(带盖座)		10套	1044.96	641.25	392.95	10.76	4.75		(10.00)	0.63	
10-25	木制保温井盖制作、安装		100m²	3520.65	1615.95	1904.70		11.97				
10-26	木制保温井盖油漆			2030.63	1503.90	526.73		11.14				

322

盖板安装

材料														机械
砂子	水	铁钉	阻燃防火保温草袋片	防腐油	红白松锯材二类	调和漆	稀料	清油	油腻子	铁件	零星材料费	木模板周转费	水泥砂浆M5	灰浆搅拌机400L
t	m³	kg	m²	kg	m³	kg	kg	kg	kg	kg	元	元	m³	台班
87.03	7.62	6.68	3.34	0.52	3266.74	14.11	10.88	15.06	6.05	9.49				215.11
0.176	0.024												(0.11)	
0.654	0.090												(0.41)	
0.319	0.044												(0.20)	
	1.269	0.43	1.24									99.14		0.05
		7.30		7.10	0.567									
						20.88	2.09	4.90	3.16	6.94	50.60			

工作内容： 1.运石,调、运、铺砂浆,石料加工,砌筑。2.混凝土浇筑、振捣、养护。

编号	项 目			单位	预 算 基 价				人 工	预拌混凝土 AC30	干拌砌筑砂浆 M7.5
					总 价	人 工 费	材 料 费	机 械 费	综 合 工		
					元	元	元	元	工日	m³	t
									135.00	472.89	318.16
10-27	挡 土 墙	毛石	现场搅拌砂浆	10m³	4491.79	1773.90	2580.11	137.78	13.14		
10-28			干拌砌筑砂浆		5907.61	1684.80	4039.79	183.02	12.48		7.31
10-29			湿拌砌筑砂浆		4646.61	1595.70	3050.91		11.82		
10-30		粗料石	现场搅拌砂浆		4071.74	2400.30	1623.43	48.01	17.78		
10-31			干拌砌筑砂浆		4489.52	2369.25	2064.35	55.92	17.55		2.21
10-32			湿拌砌筑砂浆		4104.21	2338.20	1766.01		17.32		
10-33		细料石	现场搅拌砂浆		3531.02	1949.40	1556.57	25.05	14.44		
10-34			干拌砌筑砂浆		3782.20	1933.20	1815.96	33.04	14.32		1.30
10-35			湿拌砌筑砂浆		3557.46	1917.00	1640.46		14.20		
10-36		钢 筋 混 凝 土			6010.87	1202.85	4808.02		8.91	10.15	
10-37		毛 石 混 凝 土			5405.76	905.85	4499.91		6.71	8.63	

土　墙

材							料		机	械
湿拌砌筑砂浆 M7.5	毛 石	粗 料 石	细 料 石	水 泥	砂 子	水	阻 燃 防 火 保温草袋片	水 泥 砂 浆 M5	灰 浆 搅 拌 机 200L	干 混 砂 浆 罐 式 搅 拌 机
m³	t	m³	m³	kg	t	m³	m²	m³	台班	台班
343.43	89.21	130.19	139.13	0.39	87.03	7.62	3.34		208.76	254.19
	19.070			837.09	6.272	0.86		(3.93)	0.66	
	19.070					1.68				0.72
3.93	19.070									
		10.40		253.47	1.899	0.70		(1.19)	0.23	
		10.40				0.95				0.22
1.19		10.40				0.44				
			10.00	149.10	1.117	1.30		(0.70)	0.12	
			10.00			1.45				0.13
0.70			10.00			1.15				
						0.68	0.90			
	4.624					0.44	0.90			

工作内容： 清理、铺管、调制砂浆、接口、养护、试水。

编号	项 目			单位	预 算 基 价			人 工
					总 价	人 工 费	材 料 费	综 合 工
					元	元	元	工日
								135.00
10-38	承插式缸瓦管	水泥砂浆接口	管径 (mm) 100	100m	**2910.87**	1189.35	1721.52	8.81
10-39			150		**3391.21**	1193.40	2197.81	8.84
10-40			200		**4483.13**	1748.25	2734.88	12.95
10-41			250		**6794.57**	1756.35	5038.22	13.01
10-42			300		**7414.11**	1768.50	5645.61	13.10
10-43	平接式	混凝土管	200		**5561.32**	1647.00	3914.32	12.20
10-44			300		**6356.54**	1651.05	4705.49	12.23
10-45		钢筋混凝土管	400		**9948.15**	2181.60	7766.55	16.16
10-46			500		**13397.91**	3603.15	9794.76	26.69
10-47			600		**15626.44**	3605.85	12020.59	26.71

水管道

材							料	
单釉缸瓦管	混凝土管	钢筋混凝土管	页岩标砖 240×115×53	水 泥	砂 子	水	阻燃防火保温草袋片	水泥砂浆 1:2.5
节	m	m	千块	kg	t	m³	m²	m³
			513.60	0.39	87.03	7.62	3.34	
169.20×8.75			0.34	53.70	0.165	1.24	6.48	(0.11)
169.20×11.33			0.34	92.76	0.286	2.76	7.20	(0.19)
169.20×14.18			0.34	141.58	0.436	4.80	9.36	(0.29)
169.20×27.38			0.34	205.05	0.632	7.54	11.52	(0.42)
169.20×30.40			0.34	302.70	0.932	10.82	13.68	(0.62)
	101.50×36.42		0.20	83.00	0.256	4.76	7.20	(0.17)
	101.50×43.47		0.20	122.05	0.376	10.68	8.64	(0.25)
		101.50×74.43		78.10	0.241	18.85	5.04	(0.16)
		101.50×93.41		97.64	0.301	29.57	7.20	(0.20)
		101.50×114.22		117.17	0.361	42.48	7.92	(0.24)

（1）路面

工作内容：1.浇筑、振捣、找平、养护混凝土,灌注沥青砂浆伸缩缝。2.铺砂浆垫层,铺预制块,稳固,勾缝。3.调制砂浆、运料、养护。4.路牙挖槽和勾缝。

编号	项目		单位	预算基价				人工	材					
				总价	人工费	材料费	机械费	综合工	预制混凝土块	预制混凝土路牙	预拌混凝土AC10	页岩标砖 240×115×53	水泥	砂子
				元	元	元	元	工日	m²	m	m³	千块	kg	t
								135.00			430.17	513.60	0.39	87.03
10-48	混凝土路面	厚度 15 cm	100m²	8441.08	1355.40	7056.02	29.66	10.04			15.15			0.138
10-49		每增减1 cm		523.98	64.80	457.84	1.34	0.48			1.01			0.009
10-50		预制混凝土块安装		4153.57	2988.90	1050.66	114.01	22.14	(102.00)				1443.50	4.900
10-51	路牙	侧砌砖 宽 53 mm	100m	611.06	380.70	228.21	2.15	2.82				0.41	14.59	0.114
10-52		立砌砖 宽 115 mm		2244.32	1278.45	946.51	19.36	9.47				1.60	104.53	0.816
10-53		预制混凝土路牙安装		1315.32	1237.95	73.07	4.30	9.17		(102.00)			73.43	0.181

路
及路牙

						料							机			械	
水	阻燃防火保温草袋片	白 灰	石油沥青10#	滑石粉	铁 钉	零 星材料费	木模板周转费	白灰膏	石油沥青砂浆1:2:7	水泥砂浆1:2	水泥砂浆1:3	混合砂浆M5	木 工圆锯机D500	木 工压刨床单面600	载货汽车6t	灰 浆搅拌机400L	小 型机 具
m³	m²	kg	kg	kg	kg	元	元	m³	m³	m³	m³	m³	台班	台班	台班	台班	元
7.62	3.34	0.30	4.04	0.59	6.68								26.53	32.70	461.82	215.11	
25.03	22.00		18.24	34.808	0.33	71.12	95.18		(0.076)				0.11	0.06	0.01		20.16
0.74			1.20	2.290	0.02	4.66	5.95		(0.005)								1.34
3.26	10.90									(0.63)	(2.53)						0.53
0.07		4.97						(0.007)				(0.078)					0.01
0.30		35.61						(0.051)				(0.559)					0.09
0.74	6.90									(0.13)							0.02

（2）路缘石、侧石安装

工作内容：放样、挖槽、清土、垫层平整、安装顺直、还土夯实、勾缝、洒水养护、100 m以内运输。

编号	项目		单位	预算基价			人工	材料						料
				总价	人工费	材料费	综合工	水泥缘石 70×150×300	水泥侧石	水泥弧形侧石 R=750,L=500	水泥	砂子	白灰	零星材料费
				元	元	元	工日	块	块	块	kg	t	kg	元
							135.00	2.87		16.12	0.39	87.03	0.30	
10-54	混凝土路缘石安装	70×150×300	100m	1788.16	810.00	978.16	6.00	337.00						10.97
10-55		80/100×300×500		5368.76	2050.65	3318.11	15.19		204.00×15.75		30.00	0.60	60.00	23.19
10-56		80/100×350×500		5541.49	2050.65	3490.84	15.19		204.00×16.58		30.00	0.60	60.00	26.60
10-57	混凝土侧石安装	110/130×350×400		5836.40	2158.65	3677.75	15.99		255.00×13.82		60.00	0.82	80.00	34.89
10-58		110/130×350×500 R=750	对	191.38	67.50	123.88	0.50			6.00	20.00	0.04	50.00	0.88

(3) 路　基

工作内容: 1.砂垫层:砂摊平、润湿。2.灰土垫层:灰土拌和,分层铺平。3.炉矿渣垫层:铺炉渣、整平。4.碎石垫层:摊铺碎石、整平。5.毛石垫层:铺摆毛石、找平、填缝。6.碾压遍数:砂、炉渣、碎石12遍以内,灰土18遍以内,毛石6遍以内。

编号	项 目		单位	预 算 基 价				人工	材						料		机 械
				总价	人工费	材料费	机械费	综合工	砂子	水	白灰	黄土	炉渣	碴石 25~38	毛石	白灰膏	压路机 (综合)
				元	元	元	元	工日	t	m³	kg	m³	m³	t	t	m³	台班
								135.00	87.03	7.62	0.30	77.65	108.30	85.12	89.21		434.56
10-59	砂 垫 层	15	100m²	**3010.90**	483.30	2458.07	69.53	3.58	27.885	4.10							0.160
10-60		每增减1		**201.25**	32.40	164.07	4.78	0.24	1.859	0.30							0.011
10-61	2:8 灰土垫层	10		**2273.83**	670.95	1533.35	69.53	4.97		2.00	1636.00	13.23				(2.337)	0.160
10-62		每增减1		**227.55**	67.50	153.10	6.95	0.50		0.20	163.60	1.32				(0.234)	0.016
10-63	炉矿渣垫层	12		**2648.08**	391.50	2200.09	56.49	2.90		2.20			20.16				0.130
10-64		每增减1		**219.30**	31.05	183.47	4.78	0.23		0.20			1.68				0.011
10-65	碎 石 垫 层	10		**2926.93**	550.80	2328.33	47.80	4.08	11.340					15.759			0.110
10-66		每增减1		**274.82**	37.80	232.24	4.78	0.28	1.130					1.573			0.011
10-67	毛 石 垫 层	15		**4432.41**	1067.85	3329.80	34.76	7.91						4.376	33.15		0.080
10-68		每增减1		**260.63**	36.45	222.01	2.17	0.27						0.292	2.21		0.005

厚度(cm)

第十一章　施工排水、降水措施费

说　　明

一、本章包括排水井、抽水机抽水2节,共7条基价子目。

二、施工排水、降水措施费是指为保证工程正常施工而采取的一般排水、降水措施所发生的各种费用。

三、排水井:

1.集水井基价项目包括了做井时除去挖土之外的全部人工、材料和机械消耗量,井深在4m以内者,按本基价计算。

2.抽水结束时回填大口井的人工和材料未包括在预算基价中,可另行计算。

四、抽水机抽水项目中,施工方案使用抽水机型号规格与基价不同时可以换算,人工费不变。

工程量计算规则

一、集水井按设计图示数量以座计算,大口井按累计井深以长度计算。

二、抽水机抽水以天计算,每24小时计算1天。

1.排

工作内容:1.挖、钻、打成孔。2.制作、安装井壁材料并固定。3.填充井壁外滤水材料及还土。4.做井圈、洗井。

编号	项目	单位	预算基价				人工	材					
			总价	人工费	材料费	机械费	综合工	砂子	页岩标砖 240×115×53	红白松锯材 二类	碴石 19~25	铁钉	钢筋 D10以内
			元	元	元	元	工日	t	千块	m³	t	kg	t
							113.00	87.03	513.60	3266.74	87.81	6.68	3970.73
11-1	集水井(井深在4m以内) 干砖砌排水井	座	2865.74	1594.43	1190.45	80.86	14.11	0.386	1.16	0.131	1.501	0.20	
11-2	钢筋笼子排水井		2586.81	1204.58	1327.39	54.84	10.66	2.302			8.823		0.024
11-3	大口井 直径50cm以内	m	368.52	129.95	165.45	73.12	1.15	0.086		0.002	0.280		
11-4	直径60cm以内		435.33	160.46	186.77	88.10	1.42	0.100		0.002	0.330		

336

水 井

料										机						械	
钢筋D10以外	镀锌钢丝D0.7	镀锌钢丝D2.8	苇席	水	无砂管D500	镀锌钢丝D4	石油沥青10#	无砂管D600	零星材料费	电动夯实机250N•m	钢筋弯曲机D40	钢筋切断机D40	钢筋调直机D14	履带式起重机15t	转盘钻孔机D800	泥浆泵DN100	小型机具
t	kg	kg	m²	m³	m	kg	kg	m	元	台班	台班	台班	台班	台班	台班	台班	元
3799.94	7.42	6.91	9.24	7.62	85.16	7.08	4.04	93.68		27.11	26.22	42.81	37.25	759.77	676.74	204.13	
										2.97							0.34
0.051	0.53	0.30	6.19							1.87	0.02	0.02	0.02				2.02
		0.25		1.82	1.02	0.50	0.22		19.96					0.029	0.058	0.058	
		0.30		2.37		0.50	0.22	1.02	22.44					0.029	0.075	0.075	

2．抽水机抽水

工作内容：1.安装抽水机械,接通电源。2.抽水。3.拆除抽水设备并回收入库。

编号	项目	单位	预算基价			人工	机	械	
			总价	人工费	机械费	综合工	潜水泵 DN100	电动单级离心清水泵 DN100	泥浆泵 DN100
			元	元	元	工日	台班	台班	台班
						113.00	29.10	34.80	204.13
11-5			68.53	33.90	34.63	0.30	1.190		
11-6	抽水机抽水	天	DN100 电动单级 离心清水泵 74.93	33.90	41.03	0.30		1.179	
11-7			DN100 泥浆泵 267.02	33.90	233.12	0.30			1.142

（注：项目列内容：11-5 DN100 潜水泵；11-6 DN100 电动单级离心清水泵；11-7 DN100 泥浆泵）

第十二章　脚手架措施费

说　明

一、本章包括单层建筑综合脚手架、多层建筑综合脚手架、单项脚手架3节,共69个基价子目。

二、建筑物檐高以设计室外地坪至檐口滴水高度(平屋顶系指屋面板底高度,斜屋面系指外墙外边线与斜屋面板底的交点)为准。突出主体建筑屋顶的楼梯间、电梯间、水箱间、屋面天窗等不计入檐口高度之内。

三、同一建筑物有不同檐高时,按不同檐高分别计算建筑面积执行相应项目。建筑物多种结构,按不同结构分别计算。

四、一般说明:

1.本章脚手架措施项目是指施工需要的脚手架搭、拆、运输及脚手架摊销的工料消耗。

2.本章脚手架措施项目材料均按钢管式脚手架编制。

3.各项脚手架消耗量中未包括脚手架基础加固。基础加固是指脚手架立杆下端以下或脚手架底座下皮以下的一切做法。

五、综合脚手架:

1.单层建筑综合脚手架适用于檐高20 m以内的单层建筑工程。

2.凡单层建筑工程执行单层建筑综合脚手架,二层及二层以上的建筑工程执行多层建筑综合脚手架项目,地下室部分执行地下室脚手架项目。

3.综合脚手架中包括外墙砌筑、3.6 m以内的内墙砌筑及混凝土浇捣用脚手架。

4.执行综合脚手架,有下列情况者,可另执行单项脚手架项目。

(1)满堂基础或者高度(垫层上皮至基础顶面)在1.2 m以外的混凝土或钢筋混凝土基础,按满堂脚手架基本层基价乘以系数0.30;高度超过3.6 m,每增加1 m按满堂脚手架增加层基价乘以系数0.30。

(2)高度在3.6 m以外的砖内墙或混凝土内墙按单排脚手架基价乘以系数0.30;砌筑高度在3.6 m以外的砌块内墙按相应双排外脚手架基价乘以系数0.30。

(3)砌筑高度在1.2 m以外的屋顶烟囱的脚手架按设计图示烟囱外围周长另加3.6 m乘以烟囱出屋顶高度以面积计算,执行里脚手架项目。

(4)砌筑高度在1.2 m以外的管沟墙及砖基础按设计图示砌筑长度乘以高度以面积计算,执行里脚手架项目。

(5)临街建筑物的水平防护架和垂直防护架。

(6)按照建筑面积计算规则的有关规定未计入建筑面积,但施工过程中需搭设脚手架的施工部位。

5.凡不适宜使用综合脚手架的项目,可按相应的单项脚手架项目执行。

6.罩棚脚手架执行单层建筑综合脚手架项目乘以系数0.60。

六、单项脚手架:

1.建筑物外墙脚手架,设计室外地坪至檐口的砌筑高度在15 m以内的按单排脚手架计算;砌筑高度在15 m以外或砌筑高度虽不足15 m,但外墙门窗及装饰面积超过外墙表面积60%时,执行双排脚手架项目。

2.外脚手架消耗量中已综合斜道、上料平台、护卫栏杆等。

3.建筑物内墙脚手架设计室内地坪至板底(或山墙高度的1/2处)的砌筑高度在3.6 m以内的,执行里脚手架项目。

4.围墙脚手架室外地坪至围墙顶面的砌筑高度在3.6 m以内的,按里脚手架计算;砌筑高度在3.6 m以外的,执行单排外脚手架项目。

5.石砌墙体,砌筑高度在1.2 m以外时,执行双排外脚手架项目。

6.大型设备基础,距地坪高度在1.2 m以外的,执行双排外脚手架项目。

7.整体提升架适用于高层建筑的外檐施工。

8.独立柱、现浇混凝土单(连续)梁执行双排外脚手架项目乘以系数0.30。

9.其他脚手架:

(1)烟囱脚手架综合了垂直运输架、斜道、缆风绳、地锚等。

(2)水塔脚手架按相应烟囱脚手架项目人工工日乘以系数1.10,其他不变。

工程量计算规则

一、综合脚手架按设计图示尺寸以建筑面积计算。

二、单项脚手架:

1.外脚手架、整体提升架按外墙外边线长度乘以外墙高度以面积计算。

2.计算内、外墙脚手架时,均不扣除门、窗、洞口、空圈等所占面积。同一建筑物高度不同时,应按不同高度分别计算。

3.里脚手架按墙面垂直投影面积计算。

4.独立柱按设计图示尺寸以结构外围周长另加3.6 m乘以高度以面积计算。

5.现浇钢筋混凝土梁按梁顶面至地面(或楼面)间的高度乘以梁净长以面积计算。

6.围墙脚手架按设计图示尺寸以面积计算。其高度以室外地坪至围墙顶面高度计算,长度按围墙中心线长计算,不扣除大门面积,不增加独立门柱面积。

7.满堂脚手架按室内净面积计算,其高度在3.6~5.2 m之间时计算基本层,5.2 m以外,每增加1.2 m计算一个增加层,不足0.6 m按一个增加层乘以系数0.50计算。计算公式如下:

$$满堂脚手架增加层 = (室内净高 - 5.2)/1.2$$

8.活动脚手架按室内地面净面积计算,不扣除柱、垛、间壁墙所占面积。

9.水平防护架按设计图示建筑物临街长度另加10 m,乘以搭设宽度以面积计算。

10.垂直防护架按设计图示建筑物临街长度乘以建筑物檐高以面积计算。

11.单独斜道与上料平台以外墙面积计算,不扣除门窗洞口面积。

12.立挂式安全网按架网部分的实挂长度乘以实挂高度以面积计算。

13.挑出式安全网按挑出的水平投影面积计算。

14.垂直封闭按封闭范围垂直投影面积计算。

15.烟囱脚手架按不同高度以座计算,其高度以自然地坪至烟囱顶部的高度为准。

1.单层建筑综合脚手架

工作内容: 场内外材料搬运,搭设、拆除脚手架,上下翻板和拆除后的材料堆放。

编号	项 目		单位	预 算 基 价				人 工	材					料	机 械
				总 价	人工费	材料费	机械费	综合工	镀锌钢丝 D4	铁 钉	防锈漆	油 漆 溶剂油	垫 木 60×60×60	脚手架周转费	载货汽车 6t
				元	元	元	元	工日	kg	kg	kg	kg	块	元	台班
								135.00	7.08	6.68	15.51	6.90	0.64		461.82
12-1	建 筑 面 积 500 m² 以 内		100m²	3065.21	2139.75	846.95	78.51	15.85	36.48	5.22	3.44	0.40	1.43	496.77	0.17
12-2	建 筑 面 积 1600 m² 以 内	檐高4.5 m 以内	100m²	1183.33	776.25	360.90	46.18	5.75	11.19	2.31	1.99	0.15	0.18	234.23	0.10
12-3		檐高 6 m 以内		1481.92	978.75	452.37	50.80	7.25	10.04	3.41	2.64	0.31	1.30	314.59	0.11
12-4		每 增 高 1 m		303.62	202.50	91.88	9.24	1.50	1.70	0.22	0.59	0.07	0.20	68.61	0.02
12-5	建 筑 面 积 1600 m² 以 外	檐高 10 m 以内		1396.01	913.95	435.88	46.18	6.77	9.52	3.71	2.49	0.29	1.21	302.30	0.10
12-6		每 增 高 1 m		178.97	113.40	60.95	4.62	0.84	0.95	0.13	0.33	0.04	0.11	47.89	0.01

2.多层建筑综合脚手架

工作内容：场内外材料搬运,搭设、拆除脚手架,上下翻板和拆除后的材料堆放。

编号	项目		单位	预 算 基 价				人工	材			料			机械
				总价	人工费	材料费	机械费	综合工	镀锌钢丝D4	铁钉	防锈漆	油漆溶剂油	垫木60×60×60	脚手架周转费	载货汽车6t
				元	元	元	元	工日	kg	kg	kg	kg	块	元	台班
								135.00	7.08	6.68	15.51	6.90	0.64		461.82
12-7	混 合 结 构		20	**1574.63**	1190.70	337.75	46.18	8.82	7.34	3.06	1.91	0.23	0.93	233.54	0.10
12-8			30	**2110.37**	1525.50	529.45	55.42	11.30	8.57	3.29	3.34	0.39	0.75	391.82	0.12
12-9		檐 高（m以内）	20	**4273.36**	2926.80	1198.78	147.78	21.68	24.52	8.60	6.45	0.76	3.17	860.42	0.32
12-10			30	**4874.69**	3303.45	1409.60	161.64	24.47	25.90	8.86	8.06	0.94	2.97	1033.65	0.35
12-11			50	**7041.70**	4962.60	1917.46	161.64	36.76	26.05	8.87	9.45	1.10	3.14	1517.61	0.35
12-12			70	**9242.49**	5764.50	3260.93	217.06	42.70	28.47	8.90	9.59	1.11	3.17	2841.48	0.47
12-13	现浇框架结构		90	**10131.71**	6399.00	3501.80	230.91	47.40	30.51	9.18	10.73	1.24	3.40	3047.31	0.50
12-14			110	**11010.80**	7034.85	3745.04	230.91	52.11	32.54	9.45	11.87	1.37	3.62	3255.66	0.50
12-15			120	**11213.78**	7182.00	3791.63	240.15	53.20	33.02	9.51	12.14	1.40	3.68	3294.01	0.52
12-16			130	**11965.32**	7732.80	3987.76	244.76	57.28	34.78	9.75	13.12	1.52	3.88	3459.93	0.53
12-17			140	**12301.60**	7965.00	4082.60	254.00	59.00	35.53	9.85	13.54	1.57	3.96	3541.88	0.55

（单位列为 100m²，檐高列自 12-9 起适用现浇框架结构）

工作内容：场内外材料搬运,搭设、拆除脚手架,上下翻板和拆除后的材料堆放。

编号	项 目		单位	预 算 基 价				人 工	材			料			机械
				总 价	人工费	材料费	机械费	综合工	镀锌钢丝 D4	铁钉	防锈漆	油漆溶剂油	垫木 60×60×60	脚手架周转费	载货汽车 6t
				元	元	元	元	工日	kg	kg	kg	kg	块	元	台班
								135.00	7.08	6.68	15.51	6.90	0.64		461.82
12-18	现浇框架结构	檐 高 (m以内)	100m²	150	12778.07	8303.85	4210.98	263.24	61.51	36.62	10.00	14.15	1.63	4.08	3651.59	0.57
12-19				160	13690.86	8959.95	4458.44	272.47	66.37	38.72	10.28	15.32	1.77	4.32	3863.04	0.59
12-20				170	14368.99	9447.30	4635.36	286.33	69.98	40.29	10.49	16.20	1.87	4.49	4012.99	0.62
12-21				180	15439.44	10230.30	4922.81	286.33	75.78	42.80	10.83	17.60	2.03	4.78	4257.40	0.62
12-22				190	16387.23	10906.65	5180.40	300.18	80.79	44.97	11.12	18.82	2.17	5.02	4477.65	0.65
12-23				200	17474.26	11689.65	5470.57	314.04	86.59	47.48	11.46	20.22	2.33	5.30	4724.78	0.68

345

工作内容：场内外材料搬运,搭设、拆除脚手架,上下翻板和拆除后的材料堆放。

编号	项 目		单位	预 算 基 价				人工	材			料			机械
				总 价	人工费	材料费	机械费	综合工	镀锌钢丝 D4	铁钉	防锈漆	油漆溶剂油	垫木 60×60×60	脚手架周转费	载货汽车 6t
				元	元	元	元	工日	kg	kg	kg	kg	块	元	台班
								135.00	7.08	6.68	15.51	6.90	0.64		461.82
12-24	现浇剪力墙结构	檐 高（m 以内）	100m²	**3411.97**	2251.80	1044.71	115.46	16.68	19.12	5.63	6.01	0.70	2.23	772.26	0.25
12-25		50		**5030.08**	3495.15	1414.86	120.07	25.89	19.23	5.63	7.05	0.82	2.35	1124.60	0.26
12-26		70		**7138.18**	4233.60	2738.32	166.26	31.36	21.45	5.66	7.16	0.83	2.38	2430.34	0.36
12-27		90		**7795.39**	4708.80	2911.10	175.49	34.88	22.98	5.86	8.01	0.93	2.55	2576.97	0.38
12-28		110		**8443.08**	5185.35	3082.24	175.49	38.41	24.51	6.07	8.86	1.02	2.72	2721.96	0.38
12-29		120		**8620.00**	5296.05	3139.22	184.73	39.23	24.87	6.12	9.06	1.05	2.76	2772.73	0.40
12-30		130		**9188.93**	5709.15	3290.43	189.35	42.29	26.19	6.30	9.80	1.13	2.91	2901.26	0.41
12-31		140		**9422.79**	5883.30	3345.53	193.96	43.58	26.75	6.37	10.12	1.17	2.97	2946.65	0.42
12-32		150		**9787.47**	6137.10	3447.17	203.20	45.46	27.57	6.48	10.57	1.22	3.06	3034.37	0.44
12-33		160		**10460.95**	6629.85	3623.28	207.82	49.11	29.14	6.69	11.45	1.32	3.24	3183.51	0.45
12-34		170		**10976.25**	6994.35	3760.23	221.67	51.81	30.32	6.85	12.11	1.39	3.37	3300.23	0.48
12-35		180		**11790.59**	7581.60	3987.32	221.67	56.16	32.20	7.10	13.16	1.51	3.58	3495.09	0.48
12-36		190		**13096.16**	8089.20	4776.05	230.91	59.92	33.83	7.32	14.07	1.62	3.76	4255.83	0.50
12-37		200		**13313.29**	8676.45	4396.69	240.15	64.27	35.72	7.58	15.13	1.74	3.98	3843.94	0.52

工作内容：场内外材料搬运,搭设、拆除脚手架,上下翻板和拆除后的材料堆放。

编号	项　　目		单位	预　算　基　价				人工	材			料			机械
				总　价	人工费	材料费	机械费	综合工	镀锌钢丝D4	铁钉	防锈漆	油漆溶剂油	垫木60×60×60	脚手架周转费	载货汽车6t
				元	元	元	元	工日	kg	kg	kg	kg	块	元	台班
								135.00	7.08	6.68	15.51	6.90	0.64		461.82
12-38		一层	100m²	1511.34	1198.80	257.12	55.42	8.88	9.82	3.67	1.39	0.13	0.41	140.36	0.12
12-39	地下室脚手架	二层		1885.31	1417.50	412.39	55.42	10.50	7.88	3.38	2.63	0.31	0.93	290.50	0.12
12-40		三层		2251.62	1664.55	517.80	69.27	12.33	9.89	3.65	3.34	0.39	1.19	368.14	0.15
12-41		四层		2816.13	2016.90	716.10	83.13	14.94	11.84	4.04	6.11	0.53	1.17	506.11	0.18

3.单项脚手架

工作内容：场内外材料搬运,搭设、拆除脚手架,上下翻板和拆除后的材料堆放。

编号	项 目		单位	预 算 基 价				人 工	材			料			机 械
				总 价	人工费	材料费	机械费	综合工	镀锌钢丝D4	铁钉	防锈漆	油漆溶剂油	垫 木 60×60×60	脚手架周转费	载货汽车6t
				元	元	元	元	工日	kg	kg	kg	kg	块	元	台班
								135.00	7.08	6.68	15.51	6.90	0.64		461.82
12-42	单排外脚手架		15	1324.85	900.45	378.22	46.18	6.67	8.62	1.08	2.35	0.27	1.20	270.90	0.10
12-43	双排外脚手架	檐 高（m以内）	15	1667.54	1135.35	472.15	60.04	8.41	9.24	1.24	3.27	0.37	1.20	344.41	0.13
12-44			20	1805.10	1200.15	544.91	60.04	8.89	9.02	1.32	4.89	0.42	0.95	392.88	0.13
12-45			30	2006.38	1332.45	613.89	60.04	9.87	10.20	1.38	4.21	0.48	0.97	463.23	0.13
12-46			50	4501.30	3230.55	1210.71	60.04	23.93	10.37	1.39	5.80	0.66	1.16	1032.75	0.13
12-47	整体提升架			4719.27	1660.50	2961.79	96.98	12.30	4.98					2926.53	0.21

单位: 100m²

工作内容：场内外材料搬运,搭设、拆除脚手架,上下翻板和拆除后的材料堆放。

编号	项 目	单位	预 算 基 价				人工	材					料		机械
			总 价	人工费	材料费	机械费	综合工	镀锌钢丝D4	铁 钉	防锈漆	油漆溶剂油	尼龙布	零星材料费	脚手架周转费	载货汽车6t
			元	元	元	元	工日	kg	kg	kg	kg	m²	元	元	台班
							135.00	7.08	6.68	15.51	6.90	4.41			461.82
12-48	里脚手架 4.5m 以内	100m²	503.33	453.60	40.49	9.24	3.36	0.61	2.04	0.08	0.02			21.17	0.02
12-49	满堂脚手架 基 本 层 (室内净高3.6~5.2m)		1253.60	822.15	412.98	18.47	6.09	29.34	2.85	0.64	0.07			175.81	0.04
12-50	每 增 加 1.2m		212.19	187.65	19.92	4.62	1.39			0.22	0.03			16.30	0.01
12-51	活 动 脚 手 架		1275.65	845.10	384.37	46.18	6.26	9.00		0.39	0.05		244.00	70.26	0.10
12-52	水 平 防 护 架		3015.38	932.85	1953.22	129.31	6.91	0.01	5.57	0.25	0.03			1911.86	0.28
12-53	垂 直 防 护 架		691.97	378.00	281.64	32.33	2.80					10.00		237.54	0.07

工作内容：场内外材料搬运,搭设、拆除脚手架,上下翻板和拆除后的材料堆放。

编号	项目		单位	预算基价				人工	材					料	零星材料费	脚手架周转费	机械 载货汽车 6t
				总价	人工费	材料费	机械费	综合工	镀锌钢丝 D4	铁钉	防锈漆	油漆溶剂油	安全网 3m×6m	尼龙布			
				元	元	元	元	工日	kg	kg	kg	kg	m²	m²	元	元	台班
								135.00	7.08	6.68	15.51	6.90	10.64	4.41			461.82
12-54	单独斜道	5 m 以 内	100m²	209.90	120.15	80.51	9.24	0.89	5.57	0.34	0.25	0.03			0.05	34.67	0.02
12-55		15 m 以 内		335.58	156.60	132.80	46.18	1.16	4.40	0.67	0.58	0.07			0.09	87.60	0.10
12-56	上 料 平 台			208.73	155.25	35.01	18.47	1.15		0.36	0.04					29.15	0.04
12-57	安 全 网	立 挂 式		436.94	27.00	409.94		0.20	9.69				32.08				
12-58		挑 出 式		881.59	228.15	634.97	18.47	1.69	22.95		2.04	0.23	32.08			97.93	0.04
12-59		建 筑 物 垂 直 封 闭		819.21	287.55	531.66		2.13	9.69					105.00			

工作内容：场内外材料搬运,搭设、拆除脚手架,上下翻板和拆除后的材料堆放。

编号	项 目			单位	预 算 基 价				人工	材			料		机械
					总 价	人工费	材料费	机械费	综合工	镀锌钢丝 D4	铁 钉	防锈漆	油 漆溶剂油	脚手架周转费	载货汽车 6t
					元	元	元	元	工日	kg	kg	kg	kg	元	台班
									135.00	7.08	6.68	15.51	6.90		461.82
12-60	烟囱脚手架	烟囱直径在5m以内	高度(m以内)	座	7032.54	4951.80	1919.10	161.64	36.68	16.46	5.61	10.31	1.18	1597.04	0.35
12-61					9347.91	6755.40	2356.98	235.53	50.04	21.48	7.28	13.27	1.52	1939.97	0.51
12-62					15827.72	12383.55	3264.06	180.11	91.73	28.96	9.96	17.60	2.01	2705.65	0.39
12-63					23689.94	19067.40	4382.39	240.15	141.24	39.19	13.30	23.34	2.67	3635.65	0.52
12-64		烟囱直径在8m以内			8507.38	6012.90	2291.28	203.20	44.54	14.21	4.95	12.61	1.44	1952.09	0.44
12-65					15478.66	11364.30	3791.09	323.27	84.18	24.69	8.89	20.94	2.39	3215.63	0.70
12-66					23190.81	18121.05	4788.05	281.71	134.23	34.17	12.48	28.17	3.22	4003.63	0.61
12-67					31807.88	24139.35	7252.89	415.64	178.81	44.41	16.07	42.24	4.82	6142.72	0.90
12-68					40317.92	31926.15	7865.30	526.47	236.49	53.88	19.66	45.22	5.16	6615.53	1.14
12-69					66569.24	55723.95	10272.63	572.66	412.77	68.65	25.39	60.67	6.93	8628.17	1.24

表中高度数值: 12-60为20, 12-61为25, 12-62为35, 12-63为45, 12-64为20, 12-65为30, 12-66为40, 12-67为50, 12-68为60, 12-69为80。

第十三章　混凝土、钢筋混凝土模板及支架措施费

说　明

一、本章包括现浇混凝土模板措施费、预制混凝土模板措施费、预制装配式构件后浇混凝土模板措施费、预应力钢筋混凝土模板措施费、钢滑模设备安拆及场外运费、构筑物混凝土模板措施费、层高超过 3.6 m 模板增价 7 节，共 199 条基价子目。

二、混凝土、钢筋混凝土模板及支架措施费是指混凝土施工过程中需要的各种木胶合板模板、钢模板、铝模板、木模板以及支架等的支、拆、运输、摊销费用。

三、有梁式带形基础，梁高（指基础扩大顶面至梁顶面的高）1.2 m 以内时合并计算，1.2 m 以外时基础底板模板按无梁式带形基础项目计算，扩大顶面以上部分模板按混凝土墙项目计算。

四、地下室底板模板执行满堂基础底板。集水坑项目另行计算，执行相应基价子目。

五、混凝土梁、板应分别计算执行相应项目，混凝土板适用于截面厚度 250 mm 以内；板中暗梁并入板内计算。

六、短肢剪力墙结构中墙肢长度与厚度之比 >4 时按墙计算，墙肢截面长度与厚度之比 ≤4 时按柱计算。剪力墙结构中截面厚度 ≤300 mm、各肢截面长度与厚度之比的最大值 >4 但 ≤8 时，该截面按短肢剪力墙计算；各肢截面长度与厚度之比的最大值 ≤4 时，该截面按异型柱计算。

七、基价中的对拉螺栓按周转材料考虑，施工中必须埋入混凝土内不能拔出的，应扣除基价项目中对拉螺栓消耗量，另按施工组织设计规定计算一次性螺栓使用量，执行第四章中螺栓项目，其项目基价乘以系数 1.05。若施工组织设计无规定，一次性螺栓使用量可按基价中对拉螺栓消耗量乘以系数 12.00。

八、柱、梁面对拉螺栓堵眼增加费执行墙面螺栓堵眼增加费项目，柱面螺栓堵眼人工、机械乘以系数 0.30，梁面螺栓堵眼人工、机械乘以系数 0.35。

九、薄壳板模板不分筒式、球形、双曲形等均执行同一项目。

十、楼梯是按建筑物一个自然层双跑楼梯考虑（包括两个梯段一个休息平台），如单坡直形楼梯（即一个自然层、无休息平台）按相应项目乘以系数 1.20，三跑楼梯（即一个自然层、两个休息平台）按相应项目乘以系数 0.90，四跑楼梯（即一个自然层、三个休息平台）按相应项目乘以系数 0.75。剪刀楼梯执行单坡直形楼梯相应系数。

十一、屋面混凝土女儿墙的高度（高度包括压顶扶手及反挑檐部分）在 1.2 m 以内且墙厚 ≤100 mm，执行栏板项目；高度在 1.2 m 以外或墙厚 >100 mm 时，执行相应墙项目，压顶扶手及反挑檐执行相应项目。

十二、挑檐、天沟反挑檐高度在 400 mm 以内时，按外挑部分尺寸投影面积执行挑檐、天沟项目；挑檐、天沟壁高度在 400 mm 以外时，拆分成底板和侧壁分别套用悬挑板、栏板项目。

十三、外形尺寸体积在 1 m³ 以内的独立池槽执行小型池槽项目，1 m³ 以外的独立池槽及与建筑物相连的梁、板、墙结构式水池，分别执行梁、板、墙相应项目。

十四、零星构件是指单件体积 0.1 m³ 以内且本章未列项目的小型构件。

十五、散水模板执行垫层相应项目。

十六、凸出混凝土柱、梁、墙面的线条,宽度300 mm以内的并入相应构件内计算,另按凸出的线条道数执行装饰线条增加费项目,但单独窗台板、栏板扶手、墙上压顶不另计算装饰线条增加费;凸出宽度300 mm以外的执行悬挑板项目。

十七、当设计要求为清水混凝土模板时,执行相应模板项目并作如下调整:胶合板模板材料换算为镜面胶合板,机械不变,其人工按下表增加工日。

清水混凝土模板增加工日表   单位:100 m²

项　目	柱			梁			墙		板
	矩形柱	圆形柱	异型柱	矩形梁	异型梁	弧　形、拱形梁	直　形　墙、弧　形　墙、电梯井壁墙	短肢剪力墙	有梁板、无梁板、平板
工日	4	5.2	6.2	5	5.2	5.8	3	2.4	4

十八、预制构件的模板中已包括预制构件地模的摊销。

十九、后浇混凝土模板基价项目消耗量已包含了伸出后浇混凝土与预制构件抱合部分模板的用量。

二十、现浇混凝土柱、梁、墙、板的模板措施费是按层高3.6 m以内编制的,层高超过3.6 m执行相应模板增价项目。

工程量计算规则

一、现浇混凝土构件模板:

现浇混凝土构件模板除另有规定者外,均按模板与混凝土的接触面积(扣除后浇带所占面积)计算。

1.独立基础的高度从垫层上表面计算到柱基上表面。

2.块体设备基础按不同体积,分别计算模板工程量。

3.构造柱按图示外露部分计算模板面积。带马牙槎构造柱的宽度按马牙槎处的宽度计算。

4.叠合梁后浇混凝土模板按设计图示构件尺寸以混凝土体积计算。

5.现浇混凝土墙、板模板不扣除单个面积在0.3 m²以内的孔洞所占的面积,洞侧壁模板亦不增加;单个面积在0.3 m²以外时扣除相应面积,洞侧壁模板面积并入墙、板模板工程量内计算。

6.对拉螺栓堵眼增加费按墙面、柱面、梁面模板接触面计算。

7.斜板或拱形结构按板顶平均高度确定支模高度。

8.现浇混凝土框架分别按柱、梁、板有关规定计算,附墙柱凸出墙面部分按柱工程量计算,暗梁、暗柱并入墙内工程量计算。

9.柱、梁、墙、板、栏板相互连接的重叠部分不扣除模板面积。

10.后浇带模板按后浇带的水平投影面积计算。

11.现浇混凝土楼梯模板(包括休息平台、平台梁、斜梁和楼层板的连接梁)按水平投影面积计算。不扣除宽度小于500 mm楼梯井所占面积,楼梯的踏步、踏步板、平台梁等侧面模板不另行计算,伸入墙内部分亦不增加。当整体楼梯与现浇楼板无梯梁连接时,以楼梯的最后一个踏步边缘加300 mm为界。

12.现浇混凝土悬挑板、雨篷、阳台模板按设计图示外挑部分尺寸的水平投影面积计算,项目内已考虑挑出墙外的悬臂梁及高度300 mm以内的反挑檐,高度在300 mm以外时,反挑檐按全高执行栏板项目。

13.挑檐、天沟与板(包括屋面板、楼板)连接时,以外墙外边线为分界线;与梁(包括圈梁等)连接时,以梁或圈梁外边线为分界线。外墙外边线以外或梁外边线以外为挑檐、天沟。

14.混凝土台阶不包括梯带,按图示台阶尺寸的水平投影面积计算,台阶端头两侧不另计算模板面积;架空式混凝土台阶按现浇楼梯计算;场馆看台按设计图示尺寸以水平投影面积计算。

15.现浇混凝土坡道、框架现浇节点按设计图示构件尺寸以混凝土体积计算。

16.凸出混凝土柱、梁、墙面的装饰线条增加费以突出棱线的道数按长度计算,圆弧形线条乘以系数1.20。

二、预制混凝土模板、预应力钢筋混凝土模板、构筑物混凝土模板均按设计图示构件尺寸以混凝土体积计算。

三、后浇混凝土模板工程量按后浇混凝土与模板接触面的面积计算,伸出后浇混凝土与预制构件抱合部分的模板面积不增加计算。不扣除后浇混凝土墙、板上单个面积在0.3 m²以内的孔洞所占面积,洞侧壁模板亦不增加,孔洞侧壁模板面积并入相应的墙、板模板工程量内计算。

四、混凝土滑模设备的安拆费及场外运费按建筑物一个标准层的建筑面积计算。

五、层高超过3.6 m模板增价按超高构件的模板与混凝土的接触面积(含3.6 m以下)计算,层高超过3.6 m时,每超高1 m计算一次增价(不足1 m按1 m计算),分别执行相应基价项目。

1.现浇混凝土模板措施费

(1)基 础

工作内容： 模板制作、清理、场内运输、安装、刷隔离剂、模板维护、拆除、集中堆放、场外运输。

编号	项目			单位	预算基价				人工	材料								机械		
					总价	人工费	材料费	机械费	综合工	零星卡具	铁钉	铁件	对拉螺栓	零星材料费	钢模板周转费	胶合板模板周转费	木模板周转费	木工圆锯机 D500	载货汽车 6t	汽车式起重机 8t
					元	元	元	元	工日	kg	kg	kg	kg	元	元	元	元	台班	台班	台班
									135.00	7.57	6.68	9.49	6.05					26.53	461.82	767.15
13-1	垫 层			100m²	6527.88	3029.40	3329.38	169.10	22.44		1.837	86.518		392.94		1230.05	873.06	0.037	0.173	0.115
13-2	带形基础	毛石混凝土			5548.89	2601.45	2751.07	196.37	19.27		5.284	31.130		47.49	142.49	1230.05	1000.32	0.028	0.201	0.134
13-3		无筋混凝土			5886.48	2590.65	3100.69	195.14	19.19		5.284	24.390		347.73	141.29	1230.05	1114.86	0.028	0.200	0.133
13-4		钢筋混凝土	有梁式		6855.08	2709.45	3802.74	342.89	20.07		5.284	14.869	6.477	388.95	362.03	1230.05	1606.12	0.037	0.345	0.238
13-5			无梁式		5411.90	2706.75	2589.82	115.33	20.05		24.310			59.61		1230.05	1137.77	0.055	0.117	0.078
13-6	独立基础	毛石混凝土			7139.78	3046.95	3914.96	177.87	22.57		11.880			59.61	362.03	1230.05	2183.91	0.055	0.181	0.121
13-7		钢筋混凝土			7468.42	3075.30	4167.83	225.29	22.78	18.674	12.720			59.61	363.57	1230.05	2288.27	0.064	0.230	0.153
13-8	杯 形 基 础				6359.30	3273.75	2886.40	199.15	24.25		1.224			59.61	221.71	1230.05	1366.85	0.156	0.203	0.132
13-9	满堂基础底板				5429.68	2705.40	2608.45	115.83	20.04		20.230			59.61	132.42	1230.05	1051.23	0.074	0.117	0.078
13-10	桩承台基础	带 形			5207.70	2492.10	2589.82	125.78	18.46		24.310			59.61		1230.05	1137.77	0.055	0.128	0.085
13-11		独 立			8216.32	3823.20	4167.83	225.29	28.32	18.674	12.720			59.61	363.57	1230.05	2288.27	0.064	0.230	0.153
13-12	集 水 坑				9985.67	5233.95	4486.77	264.95	38.77		1.837			47.49		1230.05	3196.96	0.018	0.272	0.181

工作内容: 模板制作、清理、场内运输、安装、刷隔离剂、模板维护、拆除、集中堆放、场外运输。

编号	项目			单位	预算基价				人工	材料							机械		
					总价	人工费	材料费	机械费	综合工	铁件	铁钉	零星材料费	钢模板周转费	胶合板模板周转费	木模板周转费	木工圆锯机D500	载货汽车6t	汽车式起重机8t
					元	元	元	元	工日	kg	kg	元	元	元	元	台班	台班	台班
									135.00	9.49	6.68					26.53	461.82	767.15
13-13	设备基础	块体	5 m³ 以内	100m²	**6978.59**	4341.60	2421.18	215.81	32.16		0.647	54.12	208.73	1230.05	923.96	0.037	0.221	0.147
13-14			20 m³ 以内		**6564.41**	3505.95	2805.15	253.31	25.97	9.490	0.647	54.12	230.29	1230.05	1196.31	0.037	0.259	0.173

工作内容：模板制作、清理、场内运输、安装、刷隔离剂、模板维护、拆除、集中堆放、场外运输。

编号	项 目	单位	预　算　基　价				人　工	镀锌槽钢 10#	铁　钉
			总　价	人工费	材料费	机械费	综合工		
			元	元	元	元	工日	kg	kg
							135.00	3.90	6.68
13-15	矩　形　柱	100m²	**7032.63**	3399.30	3309.01	324.32	25.18	29.035	0.982
13-16	构　造　柱		**5767.55**	2371.95	3071.28	324.32	17.57		0.983
13-17	异　型　柱 （L、T、十）		**9971.38**	5975.10	3649.06	347.22	44.26		1.220
13-18	圆　形、多　角　形　柱		**11538.63**	7061.85	4129.56	347.22	52.31		1.220

柱

<table>
<tr><th colspan="8">材　　　　　　料</th><th colspan="3">机　　　械</th></tr>
<tr><th>对拉螺栓</th><th>拉箍连接器</th><th>定型柱复合模板 15mm</th><th>扁钢（综合）</th><th>零星材料费</th><th>钢模板周转费</th><th>胶合板模板周转费</th><th>木模板周转费</th><th>木工圆锯机 D500</th><th>载货汽车 6t</th><th>汽车式起重机 8t</th></tr>
<tr><th>kg</th><th>个</th><th>m²</th><th>kg</th><th>元</th><th>元</th><th>元</th><th>元</th><th>台班</th><th>台班</th><th>台班</th></tr>
<tr><td>6.05</td><td>9.49</td><td>118.00</td><td>3.67</td><td></td><td></td><td></td><td></td><td>26.53</td><td>461.82</td><td>767.15</td></tr>
<tr><td>21.638</td><td></td><td></td><td></td><td>865.78</td><td>91.96</td><td>1230.05</td><td>870.51</td><td>0.055</td><td>0.332</td><td>0.221</td></tr>
<tr><td></td><td></td><td></td><td></td><td>49.58</td><td>339.32</td><td>1230.05</td><td>1445.76</td><td>0.055</td><td>0.332</td><td>0.221</td></tr>
<tr><td>31.040</td><td></td><td></td><td></td><td>775.01</td><td>191.65</td><td>1526.86</td><td>959.60</td><td>0.055</td><td>0.355</td><td>0.237</td></tr>
<tr><td></td><td>29.699</td><td>29.753</td><td>60.166</td><td>42.00</td><td>65.90</td><td></td><td></td><td>0.055</td><td>0.355</td><td>0.237</td></tr>
</table>

(3)

工作内容：模板制作、清理、场内运输、安装、刷隔离剂、模板维护、拆除、集中堆放、场外运输。

编号	项 目	单位	预 算 基 价				人 工	钢 背 楞 60×40×2.5
			总 价	人 工 费	材 料 费	机 械 费	综 合 工	
			元	元	元	元	工日	kg
							135.00	6.15
13-19	基础梁、地圈梁、基础加筋带	100m²	5727.44	2566.35	2872.28	288.81	19.01	
13-20	矩 形 梁（单梁、连续梁）		6729.32	3088.80	3216.17	424.35	22.88	
13-21	异 型 梁（T、工、十）		10404.30	5632.20	4217.28	554.82	41.72	
13-22	弧 形 梁		11314.00	6527.25	4415.14	371.61	48.35	29.381
13-23	拱 形 梁		10938.05	7207.65	3378.32	352.08	53.39	
13-24	圈 梁 直 形		6099.99	2995.65	2926.00	178.34	22.19	
13-25	圈 梁 弧 形		10138.74	5773.95	3861.96	502.83	42.77	
13-26	过 梁		8214.31	4703.40	3201.38	309.53	34.84	
13-27	叠 合 梁 后 浇 混 凝 土	10m³	8857.93	5293.35	3457.04	107.54	39.21	

梁

材			料				机		械
镀锌钢丝 D4	铁钉	对拉螺栓	零星材料费	钢模板周转费	胶合板模板周转费	木模板周转费	木工圆锯机 D500	载货汽车 6t	汽车式起重机 8t
kg	kg	kg	元	元	元	元	台班	台班	台班
7.08	6.68	6.05					26.53	461.82	767.15
	1.224	4.627	387.17	81.12	1230.05	1137.77	0.037	0.296	0.197
	1.224	10.750	148.55	771.67	1230.05	992.69	0.037	0.435	0.290
	29.570	15.276	977.38	770.48	1230.05	949.42	0.819	0.548	0.365
33.21	41.769	6.854	214.76	1088.62	1230.05	1145.41	1.067	0.353	0.235
	1.224	6.602	209.02	847.54	1230.05	1043.59	0.331	0.353	0.235
	1.582		57.99	44.18	1230.05	1583.21	0.009	0.183	0.122
	24.160		57.99	44.18	2015.19	1583.21	1.408	0.478	0.319
	1.528		61.12	370.24	1230.05	1529.76	0.175	0.313	0.209
69.99	0.830		49.07			2906.90	0.920	0.180	

(4)

工作内容：1.模板制作、清理、场内运输、安装、刷隔离剂、模板维护、拆除、集中堆放、场外运输。2.安装及拆除钢平台,模板液压系统组装、试滑、滑升、接

编号	项　　　目	单位	预　算　基　价				人工	材					
			总价	人工费	材料费	机械费	综合工	铁钉	铁件	对拉螺栓	钢滑模	低合金钢焊条E43系列	提升钢爬杆D25
			元	元	元	元	工日	kg	kg	kg	t	kg	kg
							135.00	6.68	9.49	6.05	14215.55	12.29	7.60
13-28	直　形　墙	100m²	6692.23	2389.50	4055.54	247.19	17.70	18.557	2.529	13.546			
13-29	大钢模板墙		2646.68	965.25	1516.46	164.97	7.15	1.460	8.262				
13-30	钢滑模墙		7818.79	2180.25	5373.82	264.72	16.15				0.005	9.264	214.70
13-31	弧　形　墙		9709.95	4973.40	4444.26	292.29	36.84	18.557	2.529	13.546			
13-32	短肢剪力墙		7447.68	3122.55	4077.44	247.69	23.13	18.557	4.836	13.546			
13-33	电梯井壁		7306.66	3014.55	4065.32	226.79	22.33	18.557	4.836	13.546			
13-34	对拉螺栓堵眼增加费		755.85	513.00	242.85		3.80						

墙

爬杆,立门窗口模、拆除、修正、加固,挂安全网,滑模拆除后的清洗、刷油、堆放。

二甲苯	膨胀水泥砂浆	聚氨酯甲料	水泥	砂子	水	零星材料费	液压设备费	供电通信设备费	钢模板周转费	胶合板模板周转费	木模板周转费	直流电焊机 32kW	木工圆锯机 D500	载货汽车 6t	汽车式起重机 8t	机动翻斗车 1t
kg	m³	kg	kg	t	m³	元	元	元	元	元	元	台班	台班	台班	台班	台班
5.21	626.00	15.28	0.39	87.03	7.62							92.43	26.53	461.82	767.15	207.17
						444.93			139.82	1230.05	2010.83		0.009	0.254	0.169	
						335.83			1003.38		89.09		0.009	0.169	0.113	
						80.41	1014.89	106.49	2108.48		246.90	2.383		0.022	0.015	0.110
						514.13			448.08	1241.31	2010.83	0.736		0.280	0.187	
						444.93			139.82	1230.05	2010.83		0.028	0.254	0.169	
						432.81			139.82	1230.05	2010.83		0.028	0.232	0.155	
0.495	0.062	11.717	35.02	0.086	0.02	1.13										

（5）板

工作内容： 模板制作、清理、场内运输、安装、刷隔离剂、模板维护、拆除、集中堆放、场外运输。

编号	项　目	单位	预　算　基　价				人　工	材				料		机		械
			总　价	人工费	材料费	机械费	综合工	铁钉	对拉螺栓	零星材料费	钢模板周转费	胶合板模板周转费	木模板周转费	木工圆锯机D500	载货汽车6t	汽车式起重机8t
			元	元	元	元	工日	kg	kg	元	元	元	元	台班	台班	台班
							135.00	6.68	6.05					26.53	461.82	767.15
13-35	有　梁　板	100m²	**6312.87**	3196.80	2735.52	380.55	23.68	1.149	2.059	157.23	628.14	1230.05	699.97	0.037	0.390	0.260
13-36	无　梁　板		**5787.57**	2853.90	2623.91	309.76	21.14	1.149		55.27	320.41	1230.05	1010.50	0.230	0.312	0.208
13-37	平　板		**5674.61**	2952.45	2384.19	337.97	21.87	1.149		66.82	420.39	1230.05	659.25	0.083	0.345	0.230
13-38	预制板间补缝板（缝宽15cm以内、板厚10cm以外）		**4540.06**	1771.20	2557.39	211.47	13.12	0.686		66.82	214.89	1230.05	1041.05	0.047	0.216	0.144
13-39	拱　板		**6511.94**	2952.45	3147.29	412.20	21.87	1.579		59.50	533.25	1528.40	1015.59	0.083	0.421	0.281
13-40	薄　壳　板		**11080.76**	5759.10	4883.18	438.48	42.66	1.961		64.05	358.15	1897.44	2550.44	0.083	0.448	0.299

（6）后　浇　带

工作内容：模板制作、清理、场内运输、安装、刷隔离剂、模板维护、拆除、集中堆放、场外运输。

编号	项　目	单位	预　算　基　价				人工	材				料				机		械
			总价	人工费	材料费	机械费	综合工	铁钉	铁件	镀锌钢丝D4	零星材料费	钢模板周转费	胶合板模板周转费	木模板周转费	木工圆锯机D500	载货汽车6t	汽车式起重机8t
			元	元	元	元	工日	kg	kg	kg	元	元	元	元	台班	台班	台班
							135.00	6.68	9.49	7.08					26.53	461.82	767.15
13-41	满堂基础	100m²	6289.34	2641.95	3533.04	114.35	19.57	1.980	80.246	22.540	47.49	2245.77		305.44	0.018	0.117	0.078
13-42	墙		7143.81	2119.50	4777.12	247.19	15.70	4.215	7.010		42.00	363.10	1897.44	2379.90	0.009	0.254	0.169
13-43	梁		9018.54	3181.95	5412.24	424.35	23.57	2.277			47.49	1026.38	1897.44	2425.72	0.037	0.435	0.290
13-44	板		8982.71	3237.30	5402.52	342.89	23.98	1.609			45.77	857.39	1897.44	2591.17	0.037	0.345	0.238

(7)其　他

工作内容： 模板制作、清理、场内运输、安装、刷隔离剂、模板维护、拆除、集中堆放、场外运输。

编号	项 目		单位	预 算 基 价				人工	材		料	料			机	械	
				总价	人工费	材料费	机械费	综合工	铁件	镀锌钢丝D0.7	零星材料费	钢模板周转费	胶合板模板周转费	木模板周转费	木工圆锯机D500	载货汽车6t	汽车式起重机8t
				元	元	元	元	工日	kg	kg	元	元	元	元	台班	台班	台班
								135.00	9.49	7.42					26.53	461.82	767.15
13-45	楼梯	直　形		**16286.04**	10396.35	5643.10	246.59	77.01			119.57	487.59	2628.04	2407.90	0.050	0.252	0.168
13-46		弧　形		**17711.42**	11423.70	6040.87	246.85	84.62			122.60	519.52	2990.85	2407.90	0.060	0.252	0.168
13-47		螺旋形		**18904.29**	12162.15	6495.29	246.85	90.09			121.60	534.36	2960.54	2878.79	0.060	0.252	0.168
13-48	悬挑板	直　形		**9918.33**	4298.40	5481.73	138.20	31.84			97.19	2015.61	1834.08	1534.85	0.083	0.140	0.093
13-49		圆弧形		**10346.64**	4716.90	5483.24	146.50	34.94			98.70	2015.61	1834.08	1534.85	0.083	0.148	0.099
13-50	雨　篷		100m²	**12938.70**	6633.90	6166.60	138.20	49.14			680.59	1357.47	2555.51	1573.03	0.083	0.140	0.093
13-51	阳　台			**14437.57**	6997.05	7302.32	138.20	51.83			1283.01	1796.05	2650.23	1573.03	0.083	0.140	0.093
13-52	栏　板			**6556.00**	3904.20	2488.30	163.50	28.92			355.09	90.65	1528.40	514.16	0.156	0.164	0.109
13-53	暖气、电缆沟			**9982.48**	2579.85	7282.68	119.95	19.11		25.225	857.76	373.99	2015.19	3848.57	0.009	0.123	0.082
13-54	挑檐、天沟			**8820.21**	5144.85	3540.05	135.31	38.11			253.08	785.24	1526.86	974.87	0.588	0.123	0.082
13-55	小型池槽			**12322.03**	4919.40	7282.68	119.95	36.44		25.225	857.76	373.99	2015.19	3848.57	0.009	0.123	0.082
13-56	扶手压顶			**5971.96**	3951.45	1935.60	84.91	29.27			25.66		563.45	1346.49	0.009	0.087	0.058
13-57	零星构件			**8706.36**	4475.25	4087.47	143.64	33.15	7.970		61.80		1526.86	2423.17	0.902	0.123	0.082

368

工作内容： 模板制作、清理、场内运输、安装、刷隔离剂、模板维护、拆除、集中堆放、场外运输。

编号	项 目		单位	预 算 基 价				人工	材 料					机 械		
				总 价	人工费	材料费	机械费	综合工	镀锌钢丝 D4	零星材料费	钢模板周转费	胶合板模板周转费	木模板周转费	木工圆锯机 D500	载货汽车 6t	汽车式起重机 8t
				元	元	元	元	工日	kg	元	元	元	元	台班	台班	台班
								135.00	7.08					26.53	461.82	767.15
13-58	场 馆 看 台 板		100m²	**18939.84**	10168.20	8574.05	197.59	75.32		132.00	1909.91	2976.29	3555.85	0.184	0.198	0.132
13-59	台 阶			**8401.68**	2435.40	5774.53	191.75	18.04		67.91		2247.49	3459.13	0.184	0.192	0.128
13-60	坡 道		10m³	**798.93**	580.50	195.45	22.98	4.30		13.03			182.42	0.170	0.040	
13-61	框 架 现 浇 节 点			**6015.74**	2266.65	3682.26	66.83	16.79	81.180	351.31			2756.20	0.430	0.120	
13-62	装饰线条增加费	三道以内或展开宽度 100 mm 以内	100m	**1085.25**	237.60	837.89	9.76	1.76		21.96	172.55	335.39	307.99	0.368		
13-63		三道以外或展开宽度 100 mm 以外		**1383.49**	400.95	967.90	14.64	2.97		23.83	172.55	402.44	369.08	0.552		

（8）铝合金模板

工作内容： 模板制作、清理、场内运输、安装、刷隔离剂、模板维护、拆除、集中堆放、场外运输。

编号	项 目	单位	预算基价				人工	材									料	机械
			总价	人工费	材料费	机械费	综合工	铝模板	钢背楞60×40×2.5	斜支撑杆件D48×3.5	立支撑杆件D48×3.5	对拉螺栓	零星卡具	销钉销片	拉片	脱模剂	零星材料费	载货汽车6t
			元	元	元	元	工日	kg	kg	套	套	kg	kg	套	kg	kg	元	台班
							135.00	33.62	6.15	155.75	129.79	6.05	7.57	2.16	6.79	5.26		461.82
13-64	矩 形 柱	100m²	4829.19	3096.90	1506.00	226.29	22.94	28.987	6.824	0.408		19.304	7.344	80.400		9.576	29.53	0.490
13-65	异 型 柱		5860.34	3955.50	1678.55	226.29	29.30	32.757	7.712	0.423		22.713	7.712	84.422		10.055	32.91	0.490
13-66	矩 形 梁		4328.76	2643.30	1519.20	166.26	19.58	29.111	1.418		0.969	0.918		80.520	21.318	9.618	29.79	0.360
13-67	异 型 梁		5119.88	3248.10	1687.05	184.73	24.06	32.890	1.601		1.013	1.037		84.546	24.084	10.055	33.08	0.400
13-68	直 形 墙		4415.47	2600.10	1589.08	226.29	19.26	28.987	6.824	0.449		8.976		80.400	26.436	9.576	31.16	0.490
13-69	板		3682.20	2276.10	1253.70	152.40	16.86	27.071			0.857			74.400		8.946	24.58	0.330
13-70	整 体 楼 梯	10m²	1873.82	1165.05	648.73	60.04	8.63	9.391	34.215	0.238				26.141		3.104	12.72	0.130

2.预制混凝土模板措施费
（1）桩

工作内容：模板制作、清理、场内运输、安装、刷隔离剂、模板维护、拆除、集中堆放、场外运输。

编号	项 目	单位	预 算 基 价				人 工	材			料
			总 价	人工费	材料费	机械费	综 合 工	混凝土地模	铁 件	铁 钉	电 焊 条
			元	元	元	元	工日	m²	kg	kg	kg
							135.00	260.09	9.49	6.68	7.59
13-71	方 桩	10m³	**4655.70**	2187.00	2114.35	354.35	16.20	0.61	141.00	6.21	5.03
13-72	桩 尖		**8662.04**	4720.95	3727.88	213.21	34.97		157.00	6.08	5.60

续前

编号	项 目	单位	材		料		机			械	
			零星材料费	制作损耗费	钢模板周转费	木模板周转费	载货汽车 6t	汽车式起重机 8t	木工圆锯机 D500	木工压刨床 单面600	电焊机（综合）
			元	元	元	元	台班	台班	台班	台班	台班
							461.82	767.15	26.53	32.70	89.46
13-71	方 桩	10m³	86.80	4.65	327.52	118.97	0.311	0.202	0.02	0.02	0.61
13-72	桩 尖		44.33	8.65		2101.85	0.253		0.60	0.60	0.68

371

工作内容：模板制作、清理、场内运输、安装、刷隔离剂、模板维护、拆除、集中堆放、场外运输。

编号	项 目		单位	预 算 基 价				人 工	混凝土地模	铁 件	砖 地 模
				总 价	人 工 费	材 料 费	机 械 费	综合工			
				元	元	元	元	工日	m²	kg	m²
								135.00	260.09	9.49	96.02
13-73	矩 形 柱	每一构件体积 2m³以内	10m³	14937.34	3419.55	11298.09	219.70	25.33		178.00	82.88
13-74		每一构件体积 2m³以外		8909.58	2092.50	6639.26	177.82	15.50		318.00	30.63
13-75	工 字 柱			14938.72	3240.00	11532.56	166.16	24.00		209.00	
13-76	双 肢 柱			9145.08	2204.55	6786.24	154.29	16.33	0.10	212.00	34.49
13-77	空 格 柱			9712.53	2092.50	7465.55	154.48	15.50		215.00	41.71

柱

材					料			机			械	
砖 胎 模	铁 钉	电 焊 条	镀锌钢丝 D4	零星材料费	制作损耗费	钢模板 周 转 费	木 模 板 周 转 费	载货汽车 6t	汽 车 式 起 重 机 8t	木工圆锯机 D500	木工压刨床 单面 600	电 焊 机 （综合）
m²	kg	kg	kg	元	元	元	元	台班	台班	台班	台班	台班
118.40	6.68	7.59	7.08					461.82	767.15	26.53	32.70	89.46
	30.00	6.34	57.58	106.82	29.82	362.19	495.72	0.14	0.11	0.03	0.03	0.77
	11.09	11.33	21.28	39.53	17.78	133.84	178.46	0.05	0.04	0.01	0.01	1.38
66.26	41.06	7.45	31.64	89.48	29.82	216.85	812.98	0.08	0.06	0.03	0.03	0.91
	41.30	7.56	15.84	38.22	18.25	181.25	753.49	0.06	0.05	0.10	0.10	0.92
	32.98	7.66	44.67	47.38	19.39	163.87	594.86	0.07	0.05	0.01	0.01	0.93

工作内容： 模板制作、清理、场内运输、安装、刷隔离剂、模板维护、拆除、集中堆放、场外运输。

编号	项目	单位	预 算 基 价				人 工		材	
			总 价	人工费	材料费	机械费	综合工	混凝土地模	铁 件	砖 胎 模
			元	元	元	元	工日 135.00	m² 260.09	kg 9.49	m² 118.40
13-78	基 础 梁		3099.42	1879.20	1136.04	84.18	13.92		57.00	0.20
13-79	矩 形 梁		9517.89	4780.35	4416.34	321.20	35.41		62.00	
13-80	异 型 梁 (L、工、T、十)		8648.64	2501.55	5959.00	188.09	18.53		56.00	
13-81	过 梁		5868.20	3665.25	2083.35	119.60	27.15	2.38		
13-82	托 架 梁	10m³	11904.28	6021.00	5668.08	215.20	44.60		72.00	
13-83	吊车梁 T 形		7449.79	3119.85	4099.28	230.66	23.11		310.00	
13-84	鱼腹式		24076.63	6790.50	16766.33	519.80	50.30		296.00	
13-85	拱 形 梁		4147.31	1282.50	2863.03	1.78	9.50	0.68		
13-86	风 道 梁		9220.23	943.65	8251.74	24.84	6.99			61.50

梁

料							机		械		
铁 钉	电焊条	镀锌钢丝 D4	零星材料费	制作损耗费	钢模板周转费	木模板周转费	载货汽车 6t	汽车式起重机 8t	木工圆锯机 D500	木工压刨床 单面600	电焊机 (综合)
kg	kg	kg	元	元	元	元	台班	台班	台班	台班	台班
6.68	7.59	7.08					461.82	767.15	26.53	32.70	89.46
1.06	2.03		49.01	6.19		493.74	0.13		0.03	0.03	0.25
42.15	2.21	42.90	148.82	19.00	539.81	2518.26	0.27	0.21	0.19	0.19	0.27
94.94	2.00		41.67	17.26		4719.25	0.33		0.24	0.24	0.24
10.68			112.24	11.71		1269.04	0.25		0.07	0.07	
49.35	2.57		51.26	23.76		4560.62	0.32		0.67	0.67	0.31
2.73	11.05		52.93	14.87		987.47	0.22		0.14	0.14	1.35
	10.55		66.00	48.06	1310.67	12452.49	0.85		0.20	0.20	1.29
23.42			45.17			2484.55			0.03	0.03	
7.75		21.00	225.44		48.53	495.72	0.02	0.02	0.01		

工作内容： 模板制作、清理、场内运输、安装、刷隔离剂、模板维护、拆除、集中堆放、场外运输。

编号	项　目		单位	预　算　基　价				人　工	混凝土地模
				总　价	人工费	材料费	机械费	综合工	
				元	元	元	元	工日	m²
								135.00	260.09
13-87	屋　架	拱（梯）形		**18914.13**	6693.30	11581.70	639.13	49.58	0.82
13-88		组　合　形		**26466.18**	9096.30	16746.32	623.56	67.38	
13-89		锯　齿　形		**16585.48**	6401.70	9819.77	364.01	47.42	
13-90		薄　腹　梁	10m³	**16456.17**	5755.05	10347.59	353.53	42.63	
13-91	门　式　屋　架			**11377.16**	5425.65	5719.47	232.04	40.19	
13-92	天　窗　架			**16847.27**	6141.15	10234.44	471.68	45.49	1.90
13-93	天　窗　端　壁			**29812.02**	23163.30	6081.25	567.47	171.58	

架

材					料	机			械
铁　件	铁　钉	电　焊　条	零星材料费	制作损耗费	木模板周转费	载货汽车 6t	木工圆锯机 D500	木工压刨床 单面 600	电　焊　机 （综合）
kg	kg	kg	元	元	元	台班	台班	台班	台班
9.49	6.68	7.59				461.82	26.53	32.70	89.46
325.00	86.82	11.58	63.46	37.75	7515.12	1.03	0.63	0.63	1.41
657.00	134.72	23.42	81.16	52.83	9299.71	0.65	1.14	1.14	2.86
434.00	84.65	15.47	47.76	33.10	4937.37	0.34	0.64	0.64	1.89
205.00	96.38	7.31	75.56	32.85	7594.43	0.52	0.57	0.57	0.89
183.00	54.49	6.52	36.91	22.71	3509.70	0.25	0.76	0.76	0.80
744.00	48.71	26.52	77.04	33.63	2042.37	0.37	0.20	0.20	3.23
266.00	3.51	9.48	104.47	59.51	3297.53	0.40	4.71	4.71	1.16

工作内容：模板制作、清理、场内运输、安装、刷隔离剂、模板维护、拆除、集中堆放、场外运输。

编号	项 目		单位	预 算 基 价				人 工		
				总 价	人工费	材料费	机械费	综合工	混凝土地模	铁 钉
				元	元	元	元	工日	m²	kg
								135.00	260.09	6.68
13-94	平 板		10m³	1960.23	1061.10	897.35	1.78	7.86	1.62	3.12
13-95	抽 孔 板、烟 囱 板 及 墙 板			3114.85	2220.75	700.64	193.46	16.45		
13-96	槽 形 板、肋 形 板、单 肋 板			3487.24	1888.65	1443.86	154.73	13.99		
13-97	大 型 屋 面 板、双 T 形 板、带 翼 板			3110.16	2280.15	658.59	171.42	16.89		
13-98	网 架 板			10097.76	9470.25	469.22	158.29	70.15		
13-99	折 线 板			1548.69	729.00	818.51	1.18	5.40	1.65	0.71
13-100	槽 形 墙 板			2888.54	2119.50	624.18	144.86	15.70		
13-101	钢 筋 混 凝 土 墙 板			1328.29	488.70	658.76	180.83	3.62		
13-102	陶粒重砂混凝土	工业墙板		1598.00	637.20	937.84	22.96	4.72	0.68	1.32
13-103		墙 板		1109.80	602.10	355.64	152.06	4.46	0.91	

板

材料							机械					
无缝钢管外径108	铁件	电焊条	零星材料费	制作损耗费	钢模板周转费	木模板周转费	木工圆锯机 D500	木工压刨床 单面600	自升式塔式起重机 800kN·m	卷扬机 单筒慢速 50kN	电焊机（综合）	门式起重机 10t
t	kg	kg	元	元	元	元	台班	台班	台班	台班	台班	台班
4576.43	9.49	7.59					26.53	32.70	629.84	211.29	89.46	465.57
			94.33	3.91		356.92	0.03	0.03				
0.01059			111.21	6.22	534.75				0.23	0.23		
	12.00	0.43	94.26	6.96	1225.50		0.41	0.41	0.20		0.05	
	54.00	1.92	125.35	6.21			0.42	0.42	0.20		0.23	
			152.45		316.77							0.34
			126.85			257.77	0.02	0.02				
			107.96	5.77	510.45				0.23			
	12.00	0.43	28.52	2.65	510.45				0.28		0.05	
	57.00	2.03	39.95	3.19		152.68	0.01	0.01			0.25	
	3.00	0.11	52.84	2.22	34.59				0.24		0.01	

工作内容：模板制作、清理、场内运输、安装、刷隔离剂、模板维护、拆除、集中堆放、场外运输。

编号	项　　目		单位	预　算　基　价				人工	铁件	电焊条
				总　价	人工费	材料费	机械费	综合工		
				元	元	元	元	工日	kg	kg
								135.00	9.49	7.59
13-104	檩条、支撑、天窗上下挡		10m³	14284.80	8997.75	4908.03	379.02	66.65	231.00	8.23
13-105	天沟、挑檐板			7730.83	4523.85	3038.96	168.02	33.51	15.00	0.53
13-106	阳台、雨篷			3896.61	1714.50	2027.74	154.37	12.70	152.00	5.42
13-107	天窗侧板（平板）			2503.27	1599.75	785.70	117.82	11.85		
13-108	楼梯段	实心板		6611.99	6135.75	336.57	139.67	45.45		
13-109		空心板		4217.72	3765.15	326.87	125.70	27.89		
13-110	楼梯斜梁			5846.56	3414.15	2428.26	4.15	25.29		
13-111	楼梯踏步			7906.89	6875.55	1021.86	9.48	50.93		
13-112	地沟盖板			1667.84	926.10	615.27	126.47	6.86		
13-113	烟道、通风道			10975.89	8410.50	2394.28	171.11	62.30		
13-114	隔断板、栏板			4052.29	1382.40	2452.95	216.94	10.24	150.00	5.35
13-115	上人孔板			4819.26	2342.25	2340.47	136.54	17.35		
13-116	漏空花格		10m²	1909.53	1661.85	212.98	34.70	12.31		
13-117	零星构件	有筋	10m³	7595.08	4105.35	3338.94	150.79	30.41	13.00	0.46
13-118		无筋		5300.06	2905.20	2292.31	102.55	21.52		
13-119	池槽、井圈、梁垫			12883.11	5823.90	6829.48	229.73	43.14		

他

材			料			机				械
铁　钉	混凝土地模	零星材料费	制作损耗费	钢模板周转费	木模板周转费	载货汽车 6t	木工圆锯机 D500	木工压刨床 单面600	电焊机 （综合）	门式起重机 10t
kg	m²	元	元	元	元	台班	台班	台班	台班	台班
6.68	260.09					461.82	26.53	32.70	89.46	465.57
3.63		3.05	28.51		2597.57	0.45	1.38	1.38	1.00	
10.13	4.54	385.41	15.43		1243.27	0.34	0.08	0.08	0.07	
1.81	0.43	55.49	7.78		356.92	0.20	0.05	0.05	0.66	
3.08	0.65	55.69	5.00		535.38	0.25	0.04	0.04		
		57.60		278.97						0.30
		82.80		244.07						0.27
9.13	2.56	75.48			1625.96		0.07	0.07		
4.76	0.22	139.69			793.15		0.16	0.16		
1.81	1.06	62.41	3.33		261.74	0.27	0.03	0.03		
41.57	0.10	54.06	21.91		2014.61	0.35	0.16	0.16		
3.18	1.73	111.00	8.09		398.56	0.34	0.03	0.03	0.65	
75.35	1.78	75.68	9.62		1288.87	0.27	0.20	0.20		
1.66		17.64	3.81		180.44	0.07	0.04	0.04		
2.83	3.09	131.70	15.16		2242.64	0.27	0.35	0.35	0.06	
2.02	2.20	93.87	10.58		1602.17	0.19	0.25	0.25		
182.54	1.31	119.92	25.71		5123.76	0.45	0.37	0.37		

3.预制装配式构件后浇混凝土模板措施费

工作内容： 模板拼装;清理模板,刷隔离剂;拆除模板,维护、整理、堆放。

编号	项　目	单位	预　算　基　价				人工	材						料					机械
			总价	人工费	材料费	机械费	综合工	对拉螺栓	模板铁件	水泥	砂子	水	铁钉	零星材料费	钢模板周转费	胶合板模板周转费	木模板周转费	水泥砂浆1:2	木工圆锯机D500
			元	元	元	元	工日	kg	kg	kg	t	m³	kg	元	元	元	元	m³	台班
							135.00	6.05	9.49	0.39	87.03	7.62	6.68						26.53
13-120	梁、柱接头		16450.50	5663.25	10785.29	1.96	41.95			13.56	0.033	0.010	4.554	86.55	2052.75	3794.58	4812.75	(0.024)	0.074
13-121	连接墙、柱	100m²	8238.46	2835.00	5402.40	1.06	21.00	36.132	3.712				1.630	1544.77	282.14	1476.06	1834.72		0.040
13-122	板　带		9735.40	3407.40	6326.83	1.17	25.24			4.52	0.011	0.003	1.931	51.93	1028.86	2276.95	2953.45	(0.008)	0.044

4.预应力钢筋混凝土模板措施费

(1) 梁

工作内容：模板拼装;清理模板,刷隔离剂;拆除模板,维护、整理、堆放。

编号	项 目		单位	预 算 基 价				人 工	材			料			机		械	
				总 价	人工费	材料费	机械费	综合工	铁 件	电焊条	铁 钉	零 星 材料费	制 作 损耗费	木模板 周转费	载 货 汽 车 6t	电焊机 （综合）	木 工 圆锯机 D500	木 工 压刨床 单面600
				元	元	元	元	工日	kg	kg	kg	元	元	元	台班	台班	台班	台班
								135.00	9.49	7.59	6.68				461.82	89.46	26.53	32.70
13-123	吊 车 梁	T 形		7713.45	3137.40	4334.65	241.40	23.24	334.00	12.02	2.73	52.65	15.40	987.47	0.22	1.47	0.14	0.14
13-124		鱼腹式	10m³	27322.08	7632.90	19070.08	619.10	56.54	547.00	19.69	173.14	66.00	54.54	12452.49	0.85	2.40	0.20	0.20
13-125	托 架 梁			14702.26	6710.85	7694.80	296.61	49.71	279.00	10.04	49.35	51.26	29.35	4560.62	0.32	1.22	0.67	0.67

工作内容：模板拼装;清理模板,刷隔离剂;拆除模板,维护、整理、堆放。

编号	项　　目	单位	预　算　基　价				人　工	铁　件	混凝土地模
			总　价	人 工 费	材 料 费	机 械 费	综 合 工		
			元	元	元	元	工日	kg	m²
							135.00	9.49	260.09
13-126	拱(梯)形屋架		20986.68	8017.65	12299.49	669.54	59.39	398.00	0.82
13-127	薄　腹　屋	10m³	20722.52	9012.60	11313.45	396.47	66.76	303.00	
13-128	矩　形　梁		8850.02	4635.90	4071.02	143.10	34.34	18.00	

架

材			料				机			械
电 焊 条	铁 钉	镀锌钢丝 D4	零星材料费	制作损耗费	钢模板周转费	木模板周转费	载 货 汽 车 6t	电 焊 机 （综合）	木工圆锯机 D500	木工压刨床 单面 600
kg	kg	kg	元	元	元	元	台班	台班	台班	台班
7.59	6.68	7.08					461.82	89.46	26.53	32.70
14.33	86.82		63.46	41.89		7515.12	1.03	1.75	0.63	0.63
10.91	96.38		75.56	41.36		7594.43	0.52	1.37	0.57	0.57
0.65	42.15	42.9	234.24	17.66	539.81	2518.26	0.27	0.08	0.19	0.19

工作内容: 模板拼装;清理模板,刷隔离剂;拆除模板,维护、整理、堆放。

编号	项　　目	单位	预　算　基　价				人　工	铁　件	混凝土地模	电焊条
			总　价	人工费	材料费	机械费	综合工			
			元	元	元	元	工日	kg	m²	kg
							135.00	9.49	260.09	7.59
13-129	大型屋面板、双T板	10m³	3466.86	2203.20	1101.19	162.47	16.32	30.00		1.08
13-130	槽形板、肋形板		4095.54	2038.50	1884.42	172.62	15.10	57.00		2.05
13-131	平　　　板		1960.23	1061.10	897.35	1.78	7.86		1.62	
13-132	大　楼　板		5246.65	4153.95	1092.70		30.77			

板

材料							机械			
铁钉	镀锌钢丝 D1.2	塑料接线盒	零星材料费	制作损耗费	钢模板周转费	木模板周转费	自升式塔式起重机 800kN·m	电焊机（综合）	木工圆锯机 D500	木工压刨床 单面600
kg	kg	个	元	元	元	元	台班	台班	台班	台班
6.68	7.20	3.07					629.84	89.46	26.53	32.70
			125.35	6.92	676.02		0.20	0.13	0.42	0.42
			94.26	8.17	1225.50		0.20	0.25	0.41	0.41
3.12			94.33	3.91		356.92			0.03	0.03
	0.16	6.73	292.63	10.47	767.79					

5.钢滑模设备安拆及场外运费

工作内容：1.钢滑模设备安装、拆除。2.钢滑模设备场外运输。

编号	项　　　　目	单位	预 算 基 价		机	械
			总　　价	机 械 费	滑模设备安拆机械费	滑模设备场外运费
			元	元	元	元
13-133	钢 滑 模 设 备 安 拆 费	m²	**779.37**	779.37	779.37	
13-134	钢 滑 模 设 备 场 外 运 费		**23.95**	23.95		23.95

6.构筑物混凝土模板措施费

(1) 贮水(油)池

工作内容：模板制作、清理、场内运输、安装、刷隔离剂、模板维护、拆除、集中堆放、场外运输。

编号	项目			单位	预算基价				人工	材料					机械		
					总价	人工费	材料费	机械费	综合工	铁钉	镀锌钢丝 D2.8	模板铁件	零星材料费	木模板周转费	载货汽车 6t	木工圆锯机 D500	木工压刨床单面600
					元	元	元	元	工日	kg	kg	kg	元	元	台班	台班	台班
									135.00	6.68	6.91	9.49			461.82	26.53	32.70
13-135	混凝土贮水(油)池模板	平池底		10m³	1299.01	654.75	631.53	12.73	4.85	1.40			17.40	604.78	0.02	0.07	0.05
13-136	钢筋混凝土贮水(油)池模板				827.66	417.15	404.44	6.07	3.09	1.93			8.85	382.70	0.01	0.03	0.02
13-137	钢筋混凝土池壁模板	圆形池	壁厚15cm以内		15768.26	9656.55	5870.93	240.78	71.53	24.70	6.70	8.90	265.03	5310.15	0.35	1.96	0.83
13-138			壁厚20cm以内		11132.77	7115.85	3856.90	160.02	52.71	16.10	2.90	6.20	178.62	3491.85	0.22	1.45	0.61
13-139			壁厚30cm以内		8035.66	5158.35	2761.17	116.14	38.21	15.60	3.60	4.70	144.57	2442.91	0.16	1.05	0.44
13-140		矩形池	壁厚15cm以内		13311.65	6767.55	6243.16	300.94	50.13	26.10	7.20		286.55	5732.51	0.55	0.66	0.90
13-141			壁厚25cm以内		7689.15	3929.85	3589.38	169.92	29.11	17.70	4.40		167.01	3273.73	0.31	0.38	0.51
13-142			壁厚40cm以内		5888.29	3014.55	2742.46	131.28	22.33	13.50	3.20		129.76	2500.41	0.24	0.29	0.39
13-143	钢筋混凝土池盖模板	无梁盖			6973.27	3581.55	3270.22	121.50	26.53	7.40			145.34	3075.45	0.19	0.73	0.44
13-144		肋形盖			6063.41	3646.35	2304.79	112.27	27.01	15.20			127.17	2076.08	0.18	0.63	0.38
13-145	钢筋混凝土无梁盖柱模板				14327.72	7717.95	6409.03	200.74	57.17	16.90			216.63	6079.51	0.34	0.81	0.68
13-146	钢筋混凝土沉淀池模板	水槽			25527.33	15190.20	9908.93	428.20	112.52	26.90			360.13	9369.11	0.70	2.55	1.14
13-147		壁基梁			7369.24	3990.60	3278.50	100.14	29.56	84.00			80.15	2637.23	0.15	0.88	0.23

工作内容：1.模板制作、清理、场内运输、安装、刷隔离剂、模板维护、拆除、集中堆放、场外运输。2.安装及拆除钢平台,模板液压系统组装、试滑、滑升、接

编号	项		目	单位	预 算 基 价				人工	铁 钉	带帽螺栓	镀锌钢丝 D2.8	钢筋 D10以外	热轧等边角钢 50×5	材 热轧槽钢 10#~14#
					总 价	人工费	材料费	机械费	综合工						
					元	元	元	元	工日	kg	kg	kg	t	t	t
									135.00	6.68	7.96	6.91	3799.94	3751.83	3609.42
13-148		立 壁	壁厚20 cm以内		10113.09	7299.45	2699.12	114.52	54.07	15.40	10.20				
13-149	钢筋混凝土		壁厚30 cm以内		6497.18	4607.55	1809.28	80.35	34.13	12.20	7.70				
13-150	矩形贮仓模板	漏 斗	壁厚15 cm以内		13006.96	9047.70	3787.24	172.02	67.02	15.80		2.00			
13-151			壁厚25 cm以内		8768.41	6119.55	2537.50	111.36	45.33	15.10		1.70			
13-152	钢筋混凝土	底 板		10m³	2252.82	1062.45	1152.85	37.52	7.87						
13-153	圆形仓模板	顶 板			8551.41	3921.75	4511.33	118.33	29.05	9.60	10.00		0.008	0.004	0.003
13-154			内径8 m以内		16960.37	9296.10	6209.72	1454.55	68.86	2.35					
13-155	钢筋混凝土	高度在	内径10 m以内		15566.19	8853.30	5535.39	1177.50	65.58	2.00					
13-156	筒仓滑升钢模板	30 m以内	内径12 m以内		13018.76	7728.75	4352.20	937.81	57.25	1.52					
13-157			内径16 m以内		12691.64	7318.35	4592.56	780.73	54.21	1.31					

仓

爬杆,拆除、修正、加固,挂安全网,滑模拆除后的清洗、刷油、堆放。

						料								机		械	
钢滑模	提升钢爬杆 D25	安全网 3m×6m	电焊条	油漆溶剂油	防锈漆	氧气 6m³	乙炔气 5.5~6.5kg	液压台 YKT-36	零星材料费	脚手架周转费	木模板周转费	载货汽车 6t	木工圆锯机 D500	木工压刨床 单面600	卷扬机 单筒慢速 50kN	油压千斤顶 200t	直流电焊机 32kW
t	kg	m²	kg	kg	kg	m³	m³	座	元	元	元	台班	台班	台班	台班	台班	台班
14215.55	7.60	10.64	7.59	6.90	15.51	2.88	16.13	24819.92				461.82	26.53	32.70	211.29	11.50	92.43
									175.26		2339.80	0.15	1.04	0.54			
									119.84		1546.65	0.11	0.67	0.36			
									178.01		3489.87	0.26	1.28	0.55			
									144.57		2280.31	0.16	0.87	0.44			
									42.44		1110.41	0.07	0.06	0.11			
									147.32		4164.05	0.21	0.25	0.45			
0.23	180.00	2.70	2.00	0.40	1.88	1.50	0.34	0.014	833.70	289.64		0.56	0.38	0.19	4.60	0.70	2.16
0.21	160.00	2.70	1.70	0.38	1.60	1.30	0.31	0.010	724.42	270.33		0.47	0.27	0.14	3.67	0.60	1.80
0.16	130.00	2.55	1.50	0.35	1.13	1.20	0.29	0.007	607.52	231.71		0.44	0.22	0.11	2.74	0.50	1.52
0.18	130.00	2.47	1.50	0.30	0.98	1.10	0.27	0.005	572.39	278.06		0.39	0.10	0.20	2.23	0.49	1.24

工作内容： 模板制作、清理、场内运输、安装、刷隔离剂、模板维护、拆除、集中堆放、场外运输。

编号	项 目		单位	预 算 基 价				人 工
				总 价	人 工 费	材 料 费	机 械 费	综 合 工
				元	元	元	元	工日
								135.00
13-158	基 础	砖 塔 身		572.25	395.55	171.55	5.15	2.93
13-159		混 凝 土 塔 身		1300.08	801.90	487.62	10.56	5.94
13-160	塔 顶 及 水 槽 底			16959.37	13058.55	3754.52	146.30	96.73
13-161	圈(过) 梁、 压 顶			9984.77	7646.40	2288.01	50.36	56.64
13-162	筒 式 塔 身		10m³	8976.94	6507.00	2434.76	35.18	48.20
13-163	柱 式 塔 身			13595.80	8793.90	4605.35	196.55	65.14
13-164	水 槽 内 壁			20864.61	14882.40	5758.45	223.76	110.24
13-165	水 槽 外 壁			29279.23	20275.65	8689.81	313.77	150.19
13-166	回 廊 及 平 台			15265.02	10346.40	4729.37	189.25	76.64

塔

材				料		机		械
铁　钉	镀锌钢丝 D2.8	带帽螺栓	模板铁件	零星材料费	木模板周转费	载货汽车 6t	木工圆锯机 D500	木工压刨床 单面600
kg	kg	kg	kg	元	元	台班	台班	台班
6.68	6.91	7.96	9.49			461.82	26.53	32.70
0.70				8.24	158.63	0.01	0.02	
1.80	1.30			30.38	436.23	0.02	0.05	
11.60	3.10	9.50		149.61	3430.38	0.19	1.64	0.46
4.17				138.47	2121.68		1.43	0.38
10.90	5.00		17.80	215.26	1943.22	0.05	0.32	0.11
18.20				200.75	4283.02	0.33	0.90	0.62
17.30	6.00		21.70	259.83	5135.66	0.26	2.91	0.81
26.20	9.10		32.70	388.53	7753.06	0.37	3.87	1.23
11.90				208.23	4441.65	0.30	1.11	0.65

工作内容： 1.模板制作、清理、场内运输、安装、刷隔离剂、模板维护、拆除、集中堆放、场外运输。2.安装及拆除钢平台,模板液压系统组装、试滑、滑升、接

编号	项　　目		单位	预　算　基　价				人工	材					
				总　价	人工费	材料费	机械费	综合工	铁 钉	镀锌钢丝 $D0.7$	镀锌钢丝 $D2.8$	模板铁件	黄花松锯材一类	钢滑模
				元	元	元	元	工日	kg	kg	kg	kg	m³	t
								135.00	6.68	7.42	6.91	9.49	3457.47	14215.55
13-167	混凝土(毛石)基础			978.67	576.45	391.92	10.30	4.27	1.31		0.95			
13-168	钢筋混凝土基础			753.63	469.80	278.42	5.41	3.48	0.96		0.69			
13-169	筒身混凝土高度 (m以内)	60	10m³	19243.54	13043.70	5966.87	232.97	96.62	0.73	4.48		2.70	0.119	0.17
13-170		80		17704.93	11516.85	6000.56	187.52	85.31	1.38	4.80		1.80	0.117	0.14
13-171		100		16328.94	10791.90	5369.27	167.77	79.94	1.14	6.16		1.70	0.104	0.12
13-172		120		13455.60	8239.05	5099.71	116.84	61.03	0.93	6.00		1.60	0.088	0.12

图

爬杆,拆除、修正、加固,挂安全网,滑模拆除后的清洗、刷油、堆放。

							料					机		械	
提升钢爬杆 D25	安全网 3m×6m	电焊条	乙炔气 5.5~6.5kg	防锈漆	氧气 6m³	稀料	零星材料费	激光设备费	供电通信设备费	液压设备费	木模板周转费	载货汽车 6t	木工圆锯机 D500	电焊机（综合）	木工压刨床 单面600
kg	m²	kg	m³	kg	m³	kg	元	元	元	元	元	台班	台班	台班	台班
7.60	10.64	7.59	16.13	15.51	2.88	10.88						461.82	26.53	89.46	32.70
							15.72				360.88	0.02	0.04		
							11.45				255.79	0.01	0.03		
181.90	0.64	3.00	0.49	2.10	1.10	0.21	403.33		782.90	363.45	67.42	0.22	0.05	1.45	0.01
219.90	0.76	3.00	0.44	1.80	1.00	0.18	342.28	104.19	762.06	363.45	230.01	0.18	0.10	1.13	0.02
192.00	0.73	3.20	0.35	1.52	0.80	0.15	372.34	57.07	730.71	363.45	186.39	0.15	0.08	1.07	0.02
190.00	0.70	3.05	0.32	1.28	0.70	0.13	344.76	38.07	645.46	363.45	128.89	0.09	0.06	0.82	0.01

(5)沉 井

工作内容：模板制作、清理、场内运输、安装、刷隔离剂、模板维护、拆除、集中堆放、场外运输。

编号	项 目			单位	预 算 基 价				人工	材		料			机	械	
					总价	人工费	材料费	机械费	综合工	带帽螺栓	镀锌钢丝 D4	铁钉	零星材料费	木模板周转费	载货汽车 6t	木工圆锯机 D500	木工压刨床单面600
					元	元	元	元	工日	kg	kg	kg	元	元	台班	台班	台班
									135.00	7.96	7.08	6.68			461.82	26.53	32.70
13-173	圆 形	壁厚 (cm)	50 以内	10m³	**5453.42**	3065.85	2316.32	71.25	22.71	2.00	2.10	9.50	25.04	2197.03	0.11	0.29	0.39
13-174			50 以外		**4169.00**	2407.05	1709.18	52.77	17.83	1.50	1.60	7.10	18.47	1620.01	0.07	0.29	0.39
13-175	矩 形		50 以内		**4456.28**	2497.50	1878.30	80.48	18.50	9.60	2.40	11.00	27.94	1683.47	0.13	0.29	0.39
13-176			50 以外		**2577.60**	1327.05	1197.78	52.77	9.83	31.60	1.20	5.50	14.66	886.35	0.07	0.29	0.39

(6) 通　廊

工作内容: 模板制作、清理、场内运输、安装、刷隔离剂、模板维护、拆除、集中堆放、场外运输。

编号	项　目	单位	预　算　基　价				人 工	材			料	机		械
			总　价	人工费	材料费	机械费	综合工	镀锌钢丝 D4	铁 钉	零星材料费	木模板周转费	载货汽车 6t	木工圆锯机 D500	木工压刨床单面600
			元	元	元	元	工日	kg	kg	元	元	台班	台班	台班
							135.00	7.08	6.68			461.82	26.53	32.70
13-177	柱	10m³	9563.97	4946.40	4458.78	158.79	36.64	31.20	13.40	41.83	4106.54	0.26	0.72	0.60
13-178	梁		10584.12	5225.85	5181.69	176.58	38.71		12.00	47.17	5054.36	0.33	0.48	0.35
13-179	肋 形 底 板		11710.84	5838.75	5685.41	186.68	43.25		21.30	76.33	5466.80	0.36	0.24	0.43
13-180	肋 形 顶 板		9186.33	5547.15	3516.33	122.85	41.09		16.90	60.30	3343.14	0.23	0.22	0.33

397

（7）预制钢筋混凝土支架

工作内容： 模板制作、清理、场内运输、安装、刷隔离剂、模板维护、拆除、集中堆放、场外运输。

编号	项目	单位	预算基价				人工	材料			机		械
			总价	人工费	材料费	机械费	综合工	零星材料费	制作损耗费	木模板周转费	载货汽车6t	木工圆锯机 D500	木工压刨床单面600
			元	元	元	元	工日	元	元	元	台班	台班	台班
							135.00				461.82	26.53	32.70
13-181	框　架　形	10m³	**5261.99**	3516.75	1652.41	92.83	26.05	238.67	7.88	1405.86	0.19	0.13	0.05
13-182	Π、T、Y　形		**3662.77**	2320.65	1269.42	72.70	17.19	183.26	5.49	1080.67	0.15	0.08	0.04

（8）钢筋混凝土地沟

工作内容：模板制作、清理、场内运输、安装、刷隔离剂、模板维护、拆除、集中堆放、场外运输。

编号	项 目	单位	预 算 基 价				人 工	材 料		机		械
			总 价	人工费	材料费	机械费	综合工	零星材料费	木模板周转费	载货汽车6t	木 工圆锯机D500	木 工压刨床单面600
			元	元	元	元	工日	元	元	台班	台班	台班
							135.00			461.82	26.53	32.70
13-183	底		860.12	573.75	278.46	7.91	4.25	42.50	235.96	0.01	0.05	0.06
13-184	壁	10m³	5984.95	2886.30	3028.26	70.39	21.38	230.42	2797.84	0.11	0.27	0.38
13-185	顶		3260.48	1760.40	1465.82	34.26	13.04	133.32	1332.50	0.05	0.15	0.22

399

(9) 钢筋混凝土井（池）

工作内容： 模板制作、清理、场内运输、安装、刷隔离剂、模板维护、拆除、集中堆放、场外运输。

编号	项目	单位	预算基价				人工	材料		机		械
			总价	人工费	材料费	机械费	综合工	零星材料费	木模板周转费	载货汽车 6t	木工圆锯机 D500	木工压刨床单面600
			元	元	元	元	工日	元	元	台班	台班	台班
							135.00			461.82	26.53	32.70
13-186	底		1772.92	1074.60	682.63	15.69	7.96	67.94	614.69	0.02	0.12	0.10
13-187	壁	10m³	13760.61	8951.85	4639.43	169.33	66.31	370.29	4269.14	0.16	2.71	0.72
13-188	顶		3721.51	1925.10	1760.06	36.35	14.26	66.68	1693.38	0.06	0.19	0.11

（10）混凝土挡土墙

工作内容： 模板制作、清理、场内运输、安装、刷隔离剂、模板维护、拆除、集中堆放、场外运输。

编号	项 目		单位	预 算 基 价				人 工	材 料			机 械		
				总 价	人工费	材料费	机械费	综合工	零星材料费	钢模板周转费	木模板周转费	载货汽车6t	汽车式起重机8t	木工圆锯机D500
				元	元	元	元	工日	元	元	元	台班	台班	台班
								135.00				461.82	767.15	26.53
13-189	混凝土挡土墙模板	无 筋	10m³	**3029.35**	2104.65	794.56	130.14	15.59	72.95	699.80	21.81	0.13	0.09	0.04
13-190		钢 筋		**4042.31**	2805.30	1072.79	164.22	20.78	111.86	933.17	27.76	0.17	0.11	0.05
13-191		毛 石		**2034.37**	1420.20	530.40	83.77	10.52	48.80	467.72	13.88	0.08	0.06	0.03

7.层高超过3.6m模板增价
(1)胶合板模板

工作内容: 支撑安装、拆除、整理堆放及场内外运输。

编号	项　目	单位	预　算　基　价				人工	材　　料		机　　械	
			总　价	人工费	材料费	机械费	综合工	钢模板周转费	木模板周转费	载货汽车 6t	汽车式起重机 8t
			元	元	元	元	工日	元	元	台班	台班
							135.00			461.82	767.15
13-192			120.84	81.00	16.48	23.36	0.60	5.42	11.06	0.024	0.016
13-193			548.61	387.45	88.63	72.53	2.87	88.63		0.074	0.050
13-194	层高超过3.6m模板增价 (每超高1m)	柱 梁 100m² 墙 板	103.19	81.00	3.44	18.75	0.60	3.00	0.44	0.019	0.013
13-195			539.69	395.55	76.99	67.15	2.93	76.99		0.069	0.046

(2) 铝合金模板

工作内容：支撑安装、拆除、整理堆放及场内外运输。

编号	项　目	单位	预算基价				人工	材						料	机械
			总价	人工费	材料费	机械费	综合工	钢背楞 60×40×2.5	斜支撑杆件 D48×3.5	立支撑杆件 D48×3.5	对拉螺栓	零星卡具	拉片	零星材料费	载货汽车 6t
			元	元	元	元	工日	kg	套	套	kg	kg	kg	元	台班
							135.00	6.15	155.75	129.79	6.05	7.57	6.79		461.82
13-196	层高超过3.6m模板增价（每超高1m）	柱	**171.27**	99.90	54.74	16.63	0.74		0.157		3.388	1.152		1.07	0.036
13-197		梁	**688.72**	556.20	103.89	28.63	4.12			0.319			8.903	2.04	0.062
13-198		墙	**150.88**	83.70	50.09	17.09	0.62	0.620	0.133			1.094	2.400	0.98	0.037
13-199		板	**613.88**	548.10	38.53	27.25	4.06			0.291				0.76	0.059

单位: 100m²

第十四章　混凝土蒸汽养护费及泵送费

说　明

一、本章包括混凝土蒸汽养护费、混凝土泵送费2节,共5条基价子目。

二、混凝土蒸汽养护是指设计要求的蒸汽养护,未包括施工单位自行采取的蒸养工艺。

三、混凝土现场泵送费是指施工现场混凝土输送泵(车)就位、混凝土输送及泵管运输、加固、安拆、清洗、整理、堆放等所需的费用。

四、混凝土泵送费按不同泵送高度乘以下表系数分段计算。

混凝土泵送费系数表

泵 送 高 度 (m)	30～50	50～70	70～100
系数	1.30	1.50	1.80

注:泵送高度超过100 m时,泵送费另行计算。

工程量计算规则

一、混凝土蒸汽养护费根据蒸汽养护部位按设计图示尺寸以混凝土体积计算。

二、混凝土泵送费按各基价项目中规定的混凝土消耗量以体积计算。

1.混凝土蒸汽养护费

工作内容：燃煤过筛、锅炉供汽、蒸汽养护。

编号	项 目	单位	预 算 基 价				人 工	材		料		机 械
			总 价	人工费	材料费	机械费	综合工	煤	水	电	零 星 材料费	设 备 摊销费
			元	元	元	元	工日	kg	m³	kW•h	元	元
							135.00	0.53	7.62	0.73		
14-1	加工厂预制构件	10m³	**3639.39**	1844.10	1305.81	489.48	13.66	2224.75	13.19	35.87		489.48
14-2	现 场 浇 制 或 预 制		**4543.58**	2663.55	1247.73	632.30	19.73	1942.00	25.89		21.19	632.30

2. 混凝土泵送费

工作内容：1.输送泵（车）就位、混凝土输送。2.泵管运输、加固、安拆、清洗、整理、堆放。

编号	项目			单位	预 算 基 价				人 工	材			料	
					总 价	人工费	材料费	机械费	综合工	泵 管	卡 箍	密封圈	橡 胶压 力 管	水
					元	元	元	元	工日	m	个	个	m	m³
									135.00	60.57	76.15	4.33	90.86	7.62
14-3		象 泵		10m³	**268.46**	5.40	31.06	232.00	0.04		0.06	0.27	0.09	0.025
14-4	混凝土泵送费	固定泵	±0.00 以下	10m³	**193.95**	25.65	48.23	120.07	0.19	0.128	0.06	0.27	0.09	0.546
14-5			±0.00 以上		**216.16**	33.75	62.29	120.12	0.25	0.128	0.06	0.27	0.09	0.550

编号	项 目			单位	材 料									机 械
					预拌混凝土 AC30	铁 件	方 木	钢丝绳 D7.5	热轧槽钢 20#	水 泥	砂 子	零星材料费	水泥砂浆 M10	综合机械
					m³	kg	m³	kg	kg	kg	t	元	m³	元
					472.89	9.49	3266.74	6.66	3.57	0.39	87.03			
14-3	混凝土泵送费	象 泵		10m³	0.015					12.12	0.059		(0.04)	232.00
14-4		固定泵	±0.00 以下		0.015					12.12	0.059	5.45	(0.04)	120.07
14-5			±0.00 以上		0.018	0.644	0.003	0.051	0.109	12.12	0.059	1.42	(0.04)	120.12

第十五章　垂直运输费

说　明

一、本章包括建筑物垂直运输、构筑物垂直运输2节,共27条基价子目。

二、垂直运输费是指工程施工时为完成工作人员和材料的垂直运输以及施工部位的工作人员与地面联系所采取措施发生的费用,未包括机械的场外往返运输,一次安拆及路基铺垫和轨道铺拆等费用。

三、建筑物檐高以设计室外地坪至檐口滴水高度(平屋顶系指屋面板底高度)为准,如有女儿墙者,其高度算至女儿墙顶面,带挑檐者算至挑檐下皮。突出主体建筑屋顶的楼梯间、电梯间、水箱间、屋面天窗等不计入檐口高度之内。

四、建筑物垂直运输:

1.多跨建筑物高度不同时,按不同檐高的建筑面积分别计算。

2.同一座建筑物有多种结构组成时,应以建筑面积较大者为准。

3.檐高3.6 m以内的单层建筑,不计算垂直运输机械费。

4.本基价层高按3.6 m考虑,每超过1 m,其相应面积部分,基价增加10%,不足1 m按1 m计算。

5.建筑物垂直运输基价中机械是按建筑物底面积每650 m²设置一台塔吊考虑的。如受设计造型尺寸所限,其构件吊装超越吊臂杆作业能力范围必须增设塔吊时,每平方米增加费用按下表计算。

机械增加费调整表

单位:元

结　构　类　型	机　械　费
混合结构	10.23
现浇框架结构	12.02
现浇剪力墙结构	11.08
装配式混凝土结构	13.64

6.凡檐高在20 m以外40 m以内,且实际使用600 kN·m及以上自升式塔式起重机的工程,符合下列条件之一的,每平方米增加机械费1.69元。

(1)由于现场环境条件所限,只能在新建建筑物一侧立塔,建筑物外边线最大宽度大于25 m的工程。

(2)两侧均可立塔,建筑物外边线最大宽度大于50 m的工程。

工程量计算规则

一、建筑物垂直运输区分不同建筑物结构及檐高按建筑面积计算,地下室面积与地上面积合并计算。

二、构筑物垂直运输以座计算。每超过限值高度1m时,按每增加1m子目计算;尾数大于或等于0.5m者,按1m计算,不足0.5m不计算。

1.建筑物垂直运输

工作内容: 1.各种材料的垂直运输。2.施工人员上下班使用的外用电梯。3.上下通信联络。4.高层建筑施工用水加压。

编号	项　　　　目		单位	预　算　基　价			人　工	机　械
				总　价	人 工 费	机 械 费	综 合 工	综合机械
				元	元	元	工日	元
							135.00	
15-1	混　合　结　构		m²	**15.75**		15.75		15.75
15-2				**17.33**		17.33		17.33
15-3			40	**28.15**	7.92	20.23	0.0587	20.23
15-4		檐　　高	70	**37.02**	7.41	29.61	0.0549	29.61
15-5	现　浇　框　架　结　构	（m以内）	100	**38.90**	7.16	31.74	0.0530	31.74
15-6			140	**47.13**	6.97	40.16	0.0516	40.16
15-7			170	**53.48**	6.87	46.61	0.0509	46.61
15-8			200	**56.75**	6.82	49.93	0.0505	49.93

工作内容： 1.各种材料的垂直运输。2.施工人员上下班使用的外用电梯。3.上下通信联络。4.高层建筑施工用水加压。

编号	项目		单位	预 算 基 价			人 工	机 械
				总 价	人 工 费	机 械 费	综 合 工	综 合 机 械
				元	元	元	工日 135.00	元
15-9	现 浇 剪 力 墙 结 构	檐 高 （m以内）	40	**23.73**	6.63	17.10	0.0491	17.10
15-10			70	**31.76**	6.20	25.56	0.0459	25.56
15-11			100	**33.54**	5.98	27.56	0.0443	27.56
15-12			140	**41.22**	5.82	35.40	0.0431	35.40
15-13		m²	170	**46.81**	5.75	41.06	0.0426	41.06
15-14			200	**49.81**	5.70	44.11	0.0422	44.11
15-15	装 配 式 混 凝 土 结 构		40	**22.05**	6.14	15.91	0.0455	15.91
15-16			70	**29.76**	5.74	24.02	0.0425	24.02
15-17			100	**31.52**	5.54	25.98	0.0410	25.98

2. 构筑物垂直运输

工作内容： 各种材料的垂直运输。

编号	项		目	单位	预 算 基 价		机 械
					总 价	机 械 费	综 合 机 械
					元	元	元
15-18	烟 囱	砖	30 m 以 内	座	**17017.07**	17017.07	17017.07
15-19			每 增 加 1 m		**567.24**	567.24	567.24
15-20		钢 筋 混 凝 土	30 m 以 内		**25527.68**	25527.68	25527.68
15-21			每 增 加 1 m		**834.21**	834.21	834.21
15-22	水 塔	砖	20 m 以 内		**8657.81**	8657.81	8657.81
15-23			每 增 加 1 m		**432.89**	432.89	432.89
15-24		钢 筋 混 凝 土	20 m 以 内		**13385.00**	13385.00	13385.00
15-25			每 增 加 1 m		**699.62**	699.62	699.62
15-26	筒 仓	20 m 以 内			**14054.22**	14054.22	14054.22
15-27	(4个以内)	每 增 加 1 m			**702.71**	702.71	702.71

第十六章　大型机械进出场费及安拆费

说　明

一、本章包括塔式起重机及施工电梯基础、大型机械安拆费、大型机械进出场费3节,共45条基价子目。

二、安拆费指施工机械在现场进行安装与拆卸所需的人工、材料、机械和试运转费用以及机械辅助设施的折旧、搭设、拆除等费用,场外运费指施工机械整体或分体自停放地点运至施工现场或由一施工地点运至另一施工地点的运输、装卸、辅助材料等费用。

1.塔式起重机及施工电梯基础:

(1)塔式起重机轨道铺拆以直线形为准,如铺设弧线型时,基价项目乘以系数1.15。

(2)固定式基础适用于混凝土体积在10 m³以内的塔式起重机或施工电梯基础,如超出者按实际混凝土体积、模板工程、钢筋工程分别计算工程量,执行第四章和第十三章中相应基价项目。

(3)固定式基础如需打桩时,打桩费用另行计算。

2.大型机械安拆费:

(1)机械安拆费是安装、拆卸的一次性费用。

(2)机械安拆费中包括机械安装完毕后的试运转费用。

(3)轨道式打桩机的安拆费中,已包括轨道的安拆费用。

(4)自升式塔式起重机安拆费是以塔高45 m确定的,如塔高超过45 m且檐高在200 m以内,塔高每增高10 m,费用增加10%,尾数不足10 m按10 m计算。

3.大型机械进出场费:

(1)进出场费中已包括往返一次的费用。

(2)进出场费适用于外环线以内的工程。

(3)进出场费中已包括了臂杆、铲斗及附件、道木、道轨的运费。

(4)10 t以内汽车式起重机,不计取场外开行费。10 t以外汽车式起重机,每进出场一次的场外开行费按其台班单价的25%计算。

(5)机械运输路途中的台班费,不另计取。

4.大型机械现场的行使路线需修整铺垫时,其人工修整可另行计算。同一施工现场各建筑物之间的运输,基价按100 m以内综合考虑,如转移距离超过100 m,在300 m以内的,按相应项目乘以系数0.30;在500 m以内的,按相应项目乘以系数0.60。使用道木铺垫按15次摊销,使用碎石零星铺垫按一次摊销。

工程量计算规则

一、塔式起重机及施工电梯基础:

1.塔式起重机轨道式基础的碾压、铺垫、轨道安拆费按轨道长度计算。

2.塔式起重机及施工电梯基础以座数计算。

二、大型机械进出场及安拆措施费按施工方案规定的大型机械进出场次数及安装拆卸台次计算。

三、大型机械安拆费：

1.机械安拆费按施工方案规定的次数计算。

2.塔式起重机分两次安装的,按相应项目的安拆费乘以系数1.20。

四、大型机械进出场费：

1.进出场费按施工方案的规定以台次计算。

2.自行式机械的场外运费按场外开行台班数计算。

3.外环线以外的工程或由专业运输单位承运的,场外运费另行计算。

1.塔式起重机及施工电梯基础

工作内容：1.组合钢模板安装、清理、刷润滑剂、拆除、集装箱装运,木模板制作、安装、拆除。2.钢筋绑扎、制作、安装。3.混凝土搅拌、浇捣、养护等全部操作过程。4.路基碾压、铺碴石。5.枕木、道轨的铺拆。

编号	项目	单位	预 算 基 价				人 工
			总 价	人 工 费	材 料 费	机 械 费	综 合 工
			元	元	元	元	工日
							135.00
16-1	塔式起重机固定式基础 （带配重）	座	7995.05	2095.20	5820.66	79.19	15.52
16-2	塔式起重机轨道式基础	m	473.53	202.50	265.75	5.28	1.50
16-3	施工电梯固定式基础	座	7783.99	1921.05	5772.64	90.30	14.23

2.大型机械安拆费

工作内容：机械运至现场后的安装、试运转、竣工后的拆除。

编号	项 目	单位	预　算　基　价				人　工
			总　价	人　工　费	材　料　费	机　械　费	综　合　工
			元	元	元	元	工日
							135.00
16-4	自升式塔式起重机安拆费	台次	30031.48	16200.00	370.64	13460.84	120.00
16-5	柴油打桩机安拆费		10398.45	5400.00	48.40	4950.05	40.00
16-6	静力压桩机安拆费 （kN以内） 900		6721.15	3240.00	22.42	3458.73	24.00
16-7	1200		9523.69	4860.00	29.94	4633.75	36.00
16-8	1600		12407.23	6480.00	37.58	5889.65	48.00
16-9	4000		14299.10	6750.00	41.08	7508.02	50.00
16-10	5000		14331.09	6750.00	41.23	7539.86	50.00
16-11	6000		14378.78	6750.00	41.38	7587.40	50.00

工作内容：机械运至现场后的安装、试运转、竣工后的拆除。

编号	项 目		单位	预 算 基 价				人 工
				总 价	人 工 费	材 料 费	机 械 费	综 合 工
				元	元	元	元	工日
								135.00
16-12	施 工 电 梯 安 拆 费 （m以内）	75	台次	11878.30	7290.00	62.88	4525.42	54.00
16-13		100		14907.62	9720.00	62.88	5124.74	72.00
16-14		200		18363.73	12150.00	78.08	6135.65	90.00
16-15		300		19438.02	12150.00	93.28	7194.74	90.00
16-16	潜 水 钻 孔 机 安 拆 费			5929.19	4050.00	5.20	1873.99	30.00
16-17	混 凝 土 搅 拌 站 安 拆 费			17515.17	12150.00		5365.17	90.00
16-18	三 轴 搅 拌 桩 机 安 拆 费			11634.02	5400.00	358.10	5875.92	40.00

3．大型机械进出场费

工作内容： 机械整体或分体自停放地点运至施工现场(或由一工地运至另一工地)的运输、装卸及辅助材料的费用。

编号	项 目		单位	预 算 基 价				人 工
				总 价	人 工 费	材 料 费	机 械 费	综 合 工
				元	元	元	元	工日
								135.00
16-19	履带式挖掘机场外包干运费	1 m³ 以 内	台次	5003.86	1620.00	333.31	3050.55	12.00
16-20		1 m³ 以 外		5475.62	1620.00	379.39	3476.23	12.00
16-21	履带式推土机场外包干运费	90 kW 以 内		3898.48	810.00	349.94	2738.54	6.00
16-22		90 kW 以 外		4648.43	810.00	349.94	3488.49	6.00
16-23	履带式起重机场外包干运费	30 t 以 内		6107.00	1620.00	354.62	4132.38	12.00
16-24		50 t 以 内		7423.22	1620.00	354.62	5448.60	12.00
16-25	强 夯 机 械 场 外 包 干 运 费			9651.78	810.00	354.62	8487.16	6.00
16-26	柴油打桩机场外包干运费	5 t 以 内		11082.05	1620.00	78.02	9384.03	12.00
16-27		5 t 以 外		12543.37	1620.00	78.02	10845.35	12.00
16-28	压 路 机 场 外 包 干 运 费			3400.88	675.00	312.07	2413.81	5.00

工作内容： 机械整体或分体自停放地点运至施工现场(或由一工地运至另一工地)的运输、装卸及辅助材料的费用。

编号	项目	单位	预算基价 总价 元	人工费 元	材料费 元	机械费 元	人工 综合工 工日 135.00
16-29			**17343.33**	3240.00	78.02	14025.31	24.00
	900						
16-30	1200		**19608.70**	3240.00	78.02	16290.68	24.00
16-31	1600		**25603.38**	4860.00	78.02	20665.36	36.00
16-32	静力压桩机场外包干运费 （kN以内） 4000	台次	**29001.44**	4860.00	78.02	24063.42	36.00
16-33	5000		**31595.44**	4860.00	78.02	26657.42	36.00
16-34	6000		**33860.81**	4860.00	78.02	28922.79	36.00
16-35	自升式塔式起重机场外包干运费		**28535.72**	5400.00	170.44	22965.28	40.00

427

工作内容： 机械整体或分体自停放地点运至施工现场（或由一工地运至另一工地）的运输、装卸及辅助材料的费用。

编号	项目		单位	预　算　基　价				人　工
				总　价	人工费	材料费	机械费	综合工
				元	元	元	元	工日
								135.00
16-36		75		**10715.46**	1350.00	77.28	9288.18	10.00
16-37	施工电梯场外包干运费	100		**13149.71**	1890.00	99.96	11159.75	14.00
16-38	（m以内）	200		**18009.06**	2700.00	141.81	15167.25	20.00
16-39		300		**21143.75**	2970.00	185.09	17988.66	22.00
16-40	混凝土搅拌站场外包干运费		台次	**11642.35**	3510.00	56.71	8075.64	26.00
16-41	潜水钻孔机场外包干运费			**5126.71**	675.00	24.81	4426.90	5.00
16-42	工程钻机场外包干运费			**4065.79**	675.00	24.81	3365.98	5.00
16-43	步履式电动桩机场外包干运费			**6672.04**	1350.00	301.41	5020.63	10.00
16-44	单头搅拌桩机场外包干运费			**3171.43**	540.00	24.81	2606.62	4.00
16-45	三轴搅拌桩机场外包干运费			**8330.52**	1350.00	78.02	6902.50	10.00

428

第十七章　超高工程附加费

说　明

一、本章包括多层建筑超高附加费、单层建筑超高附加费2节，共49条基价子目。

二、超高工程附加费是指檐高超过20 m的工程，人工和机械效率降低而增加的费用。

三、多跨建筑物檐高不同者，应分别计算建筑面积；前后檐高度不同时，以较高的檐高为准。

四、同一座建筑物有多种结构组成时，应以建筑面积较大者为准。

工程量计算规则

一、超高工程附加费以首层地面以上全部建筑面积计算。

二、地下室工程位于设计室外地坪以上部分超过层高一半者，其建筑面积并入计取超高工程附加费的总面积。

1.多层建筑超高附加费

工作内容：1.工人上下班降低工作效率,上楼工作前休息增加的时间。2.垂直运输影响的时间。3.由于人工降效引起的机械降效。

编号	项 目			单位	预 算 基 价			人 工	机 械
					总 价	人工费	机械费	综合工	综合机械
					元	元	元	工日	元
								135.00	
17-1	多层建筑超高附加费	混合结构		30	16.76	16.20	0.56	0.12	0.56
17-2				40	25.14	24.30	0.84	0.18	0.84
17-3		现浇框架结构	檐高（m以内）	30	18.35	17.55	0.80	0.13	0.80
17-4				40	28.20	27.00	1.20	0.20	1.20
17-5				50	39.48	37.80	1.68	0.28	1.68
17-6				60	52.15	49.95	2.20	0.37	2.20
17-7				70	64.84	62.10	2.74	0.46	2.74
17-8				80	77.54	74.25	3.29	0.55	3.29
17-9				90	90.26	86.40	3.86	0.64	3.86
17-10				100	104.33	99.90	4.43	0.74	4.43
17-11				110	118.41	113.40	5.01	0.84	5.01
17-12				120	131.14	125.55	5.59	0.93	5.59
17-13				130	145.22	139.05	6.17	1.03	6.17
17-14				140	159.31	152.55	6.76	1.13	6.76

432

工作内容： 1.工人上下班降低工作效率,上楼工作前休息增加的时间。 2.垂直运输影响的时间。 3.由于人工降效引起的机械降效。

编号	项　　　　目			单位	预　算　基　价			人　工	机　械
					总　价	人　工　费	机　械　费	综合工	综合机械
					元	元	元	工日	元
								135.00	
17-15	多层建筑超高附加费	现浇剪力墙结构	檐　高（m以内）	m²	**21.11**	20.25	0.86	0.15	0.86
17-16					**30.98**	29.70	1.28	0.22	1.28
17-17					**43.65**	41.85	1.80	0.31	1.80
17-18					**56.35**	54.00	2.35	0.40	2.35
17-19					**70.44**	67.50	2.94	0.50	2.94
17-20			80		**84.53**	81.00	3.53	0.60	3.53
17-21			90		**98.64**	94.50	4.14	0.70	4.14
17-22			100		**114.10**	109.35	4.75	0.81	4.75
17-23			110		**128.22**	122.85	5.37	0.91	5.37
17-24			120		**143.69**	137.70	5.99	1.02	5.99
17-25			130		**157.82**	151.20	6.62	1.12	6.62
17-26			140		**173.30**	166.05	7.25	1.23	7.25

工作内容： 1.工人上下班降低工作效率,上楼工作前休息增加的时间。2.垂直运输影响的时间。3.由于人工降效引起的机械降效。

编号	项　　目			单位	预　算　基　价			人　工	机　械
					总　价	人　工　费	机　械　费	综合工	综合机械
					元	元	元	工日 135.00	元
17-27	多层建筑超高附加费	装配式混凝土结构	檐　高 （m以内）	30	**12.83**	12.15	0.68	0.09	0.68
17-28				40	**19.92**	18.90	1.02	0.14	1.02
17-29				50	**28.42**	27.00	1.42	0.20	1.42
17-30				60	**36.96**	35.10	1.86	0.26	1.86
17-31				70	**45.52**	43.20	2.32	0.32	2.32
17-32				80	**55.44**	52.65	2.79	0.39	2.79
17-33				90	**65.37**	62.10	3.27	0.46	3.27
17-34				100	**73.96**	70.20	3.76	0.52	3.76

（单位：m²）

工作内容： 1.工人上下班降低工作效率,上楼工作前休息增加的时间。2.垂直运输影响的时间。3.由于人工降效引起的机械降效。

编号	项 目		单位	预 算 基 价			人 工	机 械
				总 价	人 工 费	机 械 费	综 合 工	综 合 机 械
				元	元	元	工日	元
							135.00	
17-35	多 层 建 筑 超 高 附 加 费	檐 高 (m以内)	m²	150	**187.43**	179.55	7.88	1.33	7.88
17-36				160	**202.91**	194.40	8.51	1.44	8.51
17-37				170	**218.39**	209.25	9.14	1.55	9.14
17-38				180	**233.88**	224.10	9.78	1.66	9.78
17-39				190	**248.01**	237.60	10.41	1.76	10.41
17-40				200	**263.50**	252.45	11.05	1.87	11.05

2.单层建筑超高附加费

工作内容： 1.工人上下班降低工作效率,上楼工作前休息增加的时间。2.垂直运输影响的时间。3.由于人工降效引起的机械降效。

编号	项 目			单位	预 算 基 价			人 工	机 械
					总 价	人 工 费	机 械 费	综 合 工	综合机械
					元	元	元	工日 135.00	元
17-41	单层建筑超高附加费	混合结构	檐 高 （m以内）	30	**27.84**	27.00	0.84	0.20	0.84
17-42				40	**55.68**	54.00	1.68	0.40	1.68
17-43				50	**95.25**	93.15	2.10	0.69	2.10
17-44		浇制结构		30	**32.25**	31.05	1.20	0.23	1.20
17-45				40	m²	**61.80**	59.40	2.40	0.44	2.40
17-46				50	**106.95**	103.95	3.00	0.77	3.00
17-47		预制框架及其他		30	**32.07**	31.05	1.02	0.23	1.02
17-48				40	**61.44**	59.40	2.04	0.44	2.04
17-49				50	**106.53**	103.95	2.58	0.77	2.58

第十八章　组织措施费

说　　明

一、本章包括安全文明施工措施费(含环境保护、文明施工、安全施工、临时设施)、冬雨季施工增加费、夜间施工增加费、非夜间施工照明费、竣工验收存档资料编制费、二次搬运措施费、建筑垃圾运输费7项。

二、安全文明施工措施费(含环境保护、文明施工、安全施工、临时设施)是指现场文明施工、安全施工所需要的各项费用和为达到环保部门要求所需要的环境保护费用以及施工企业为进行建筑安装工程施工所必须搭设的生活和生产用的临时建筑物、构筑物及其他临时设施等费用。

三、冬雨季施工增加费是指在冬期或雨期施工需增加的临时设施、防滑、排除雨雪,人工及施工机械效率降低等费用。

四、夜间施工增加费是指因夜间施工所发生的夜班补助费、夜间施工降效、夜间施工照明设备摊销及照明用电等费用。

五、非夜间施工照明费是指为保证工程施工正常进行,在地下室等特殊施工部位施工时所采用的照明设备的安拆、维护、摊销、照明用电及人工降效等费用。

六、竣工验收存档资料编制费是指按城建档案管理规定,在竣工验收后,应提交的档案资料所发生的编制费用。

七、二次搬运措施费是指因施工场地条件限制而发生的材料、构配件、半成品等一次运输不能到达堆放地点,必须进行二次或多次搬运所发生的费用。

八、建筑垃圾运输费是指根据本市有关规定为实现建筑垃圾无害化、减量化、资源化利用所发生的场外运输费用。

计　算　规　则

一、安全文明施工措施费(含环境保护、文明施工、安全施工、临时设施)按分部分项工程费合计乘以相应费率,采用超额累进计算法计算,其中人工费占16%。安全文明施工措施费费率见下表。

安全文明施工措施费费率表

工 程 类 别	计 算 基 数	≤2000万元		≤3000万元		≤5000万元		≤10000万元		>10000万元	
		一般计税	简易计税	一般计税	简易计税	一般计税	简易计税	一般计税	简易计税	一般计税	简易计税
住宅	分部分项工程费合计	6.35%	6.46%	5.09%	5.18%	4.46%	4.54%	3.37%	3.43%	3.03%	3.08%
公建		4.64%	4.72%	3.84%	3.91%	3.23%	3.29%	2.43%	2.47%	2.18%	2.22%
工业建筑		3.84%	3.91%	3.08%	3.13%	2.65%	2.70%	2.00%	2.03%	1.78%	1.81%
其他		3.77%	3.84%	3.02%	3.07%	2.61%	2.66%	1.96%	1.99%	1.75%	1.78%

二、冬雨季施工增加费、夜间施工增加费、非夜间施工照明费、竣工验收存档资料编制费按分部分项工程费及可计量措施项目费中的人工费、机械费合计乘以相应费率计算。措施项目费率见下表。

措施项目费率表

| 序号 | 项目名称 | 计算基数 | 费率 | | 人工费占比 |
			一般计税	简易计税	
1	冬雨季施工增加费	人工费＋机械费 （分部分项工程项目＋可计量的措施项目）	2.01%	2.10%	60%
2	夜间施工增加费		0.29%	0.29%	70%
3	非夜间施工照明费		0.14%	0.15%	10%
4	竣工验收存档资料编制费		0.20%	0.22%	

三、二次搬运措施费：

二次搬运措施费按分部分项工程费中的材料费及可以计量的措施项目费中的材料费合计乘以相应费率计算。二次搬运措施费费率见下表。

二次搬运措施费费率表

| 序号 | 计算基数 | 施工现场总面积/新建工程首层建筑面积 | 二次搬运措施费费率 | |
			一般计税	简易计税
1	材料费 （分部分项工程项目＋可计量的措施项目）	>4.5		
2		3.5～4.5	1.06%	1.02%
3		2.5～3.5	1.80%	1.73%
4		1.5～2.5	2.54%	2.44%
5		≤1.5	3.28%	3.15%

四、建筑垃圾运输费：

建筑垃圾运输费费率见下表。

建筑垃圾运输费表

一般计税	简易计税
建筑垃圾运输费＝建筑垃圾量(t)×10.57元/t （10km以内） 建筑垃圾运输里程超过10 km时,增加0.79元/(t·km)	建筑垃圾运输费＝建筑垃圾量(t)×11.60元/t （10km以内） 建筑垃圾运输里程超过10 km时,增加0.87元/(t·km)

建筑垃圾量可按下表计量：

新建项目建筑垃圾计量表

项　　　目	计　算　公　式
砖混结构	建筑面积（m²）× 0.05 t/m²
钢筋混凝土结构	建筑面积（m²）× 0.03 t/m²
钢结构	建筑面积（m²）× 0.02 t/m²
工业厂房	建筑面积（m²）× 0.02 t/m²
装配式建筑	建筑面积（m²）× 0.003 t/m²
环梁拆除等项目	实体体积（m³）× 1.90 t/m³

附　　录

附录一　砂浆及特种混凝土配合比

说　　明

一、本附录中各项配合比是预算基价子目中砂浆及特种混凝土配合比的基础数据。

二、各项配合比中均未包括制作、运输所需人工和机械。

三、各项配合比中已包括了各种材料在配制过程中的操作和场内运输损耗。

四、砌筑砂浆为综合取定者，使用时不可换算。

五、非砌筑砂浆的主料品种不同时，可按设计要求换算。

六、特种混凝土的配合比或主料品种不同，可按设计要求换算。

1.砌筑砂浆

编　　　　　　号	单位	单价（元）	1 砖墙砂浆	2 砌块砂浆	3 空心砖砂浆	4 单砖墙砂浆	5 基础砂浆
材　料　名　称							
水　泥	kg	0.39	225.58	166.49	187.00	243.46	266.56
白　灰	kg	0.30	61.78	63.70	63.70	53.27	
白　灰　膏	m³		(0.088)	(0.091)	(0.091)	(0.076)	
砂　子	t	87.03	1.419	1.486	1.460	1.420	1.531
水	m³	7.62	0.37	0.47	0.40	0.31	0.22
材　料　合　价	元		232.83	216.95	222.15	236.88	238.88

编　　　　　　号	单位	单价（元）	6	7	8	9	10	11	12
材　料　名　称			混　合　砂　浆			水　泥　砂　浆			水泥黏土砂浆
			M2.5	M5	M7.5	M5	M7.5	M10	1:1:4
水　泥	kg	0.39	131.00	187.00	253.00	213.00	263.00	303.00	271.00
白　灰	kg	0.30	63.70	63.70	50.40				
白　灰　膏	m³		(0.091)	(0.091)	(0.072)				
砂　子	t	87.03	1.528	1.460	1.413	1.596	1.534	1.486	1.109
黄　土	m³	77.65							0.248
水	m³	7.62	0.60	0.40	0.40	0.22	0.22	0.22	0.60
材　料　合　价	元		207.75	222.15	239.81	223.65	237.75	249.17	226.04

2.抹 灰 砂 浆

编　　　　　　　　号			13	14	15	16	17	18	19	20
材　料　名　称	单位	单价（元）	混	合		砂			浆	
			1:0.2:1.5	1:0.2:2	1:0.3:2.5	1:0.3:3	1:0.5:1	1:0.5:2	1:0.5:3	1:0.5:4
水　泥	kg	0.39	603.82	517.09	436.04	388.93	615.97	458.93	365.69	303.94
白　灰	kg	0.30	70.45	60.33	76.31	68.06	179.66	133.85	106.66	88.65
白 灰 膏	m³		(0.101)	(0.086)	(0.109)	(0.097)	(0.257)	(0.191)	(0.152)	(0.127)
砂　子	t	87.03	1.116	1.275	1.344	1.438	0.759	1.131	1.352	1.498
水	m³	7.62	0.83	0.74	0.65	0.61	0.81	0.66	0.57	0.51
材　料　合　价	元		360.07	336.37	314.87	301.90	366.35	322.60	296.63	279.39

编　　　　　号	单位	单价（元）	21	22	23	24	25	26	27
材　料　名　称			混　　　　合　　　　砂　　　　浆						
			1:1:2	1:1:3	1:1:4	1:1:6	1:2:1	1:2:6	1:3:9
水　泥	kg	0.39	386.47	318.16	270.37	207.91	351.01	177.72	123.30
白　灰	kg	0.30	225.44	185.59	157.72	121.28	409.51	207.34	215.77
白　灰　膏	m³		(0.322)	(0.265)	(0.225)	(0.173)	(0.585)	(0.296)	(0.308)
砂　子	t	87.03	0.953	1.176	1.333	1.538	0.433	1.314	1.368
水	m³	7.62	0.56	0.50	0.45	0.40	0.46	0.34	0.28
材　料　合　价	元		305.56	285.92	272.20	254.37	300.94	248.46	234.01

编　　　　　号		单位	单价（元）	28	29	30	31	32	33	34	35	36
材　料　名　称				水　　泥　　砂　　浆						水　泥　细　砂　浆		素水泥浆
				1:0.5	1:1	1:2	1:2.5	1:3	1:4	1:1	1:1.5	
水　泥	kg	0.39		1067.04	823.08	564.81	488.21	429.91	361.08	742.00	595.00	1502.00
砂　子	t	87.03		0.658	1.014	1.392	1.504	1.590	1.780			
细　砂	t	87.33								0.838	1.018	
水	m³	7.62		0.49	0.43	0.36	0.34	0.33	0.18	0.50	0.48	0.59
材　料　合　价	元			477.15	412.53	344.16	323.89	308.56	297.11	366.37	324.61	590.28

编　　　　　号	单位	单价（元）	37	38	39	40	41	42	43	44	45
材　料　名　称			水泥白灰浆	白　灰　砂　浆		白灰麻刀浆	白　灰　麻　刀　砂　浆		水泥白灰麻刀浆	纸筋灰浆	小豆浆
			1:0.5	1:2.5	1:3		1:2.5	1:3	1:5		1:1.25
水　泥	kg	0.39	927.00						245.00		783.00
白　灰	kg	0.30	273.00	298.00	267.00	685.00	298.00	267.00	571.00	671.00	
白灰膏	m³		(0.390)	(0.425)	(0.381)	(0.978)	(0.425)	(0.381)	(0.815)	(0.958)	
砂　子	t	87.03		1.543	1.659		1.543	1.659			
豆粒石	t	139.19									1.247
麻　刀	kg	3.92				20.00	16.60	16.60	20.00		
纸　筋	kg	3.70								38.00	
水	m³	7.62	0.71	0.68	0.68	0.50	0.68	0.68	0.50	0.50	0.35
材　料　合　价	元		448.84	228.87	229.66	287.71	293.94	294.74	349.06	345.71	481.61

451

单位：m³

编　　　号			46	47	48	49	50	51	52	53	54	55
材　料　名　称	单位	单价（元）	水泥TG胶浆	水泥TG胶砂浆	乳胶水泥浆	乳胶水泥砂浆	水　泥　白　石　子　浆（刷石磨石用）					水泥石屑浆（剁斧石用）
					1:0.3	1:2:0.35	1:1.2	1:1.5	1:2	1:2.5	1:1.25	1:2
水　泥	kg	0.39	209.00	242.00	1314.00	164.00	814.00	731.00	624.00	544.00	799.00	610.00
砂　子	t	87.03		1.759		0.602						
白石子	kg	0.19					1307.00	1465.00	1669.00	1819.00	1335.00	
石　屑	t	82.88										1.482
TG　胶	kg	4.41	156.00	54.00								
氯丁乳胶	kg	14.99			441.00	64.00						
水	m³	7.62	0.86	0.26	0.51	0.80	0.31	0.28	0.25	0.22	0.34	0.25
材　料　合　价	元		776.02	487.59	7126.94	1081.81	568.15	565.57	562.38	559.45	567.85	362.63

452

编　　　　　　号			56	57	58	59	60	61	62
材　料　名　称	单位	单价（元）	白水泥浆	白　水　泥白石子浆	白　水　泥　彩　色　石　子　浆			石膏砂浆	素石膏浆
				1:1.5	1:1.5	1:2	1:2.5	1:3	
白水泥	kg	0.64	1502.00	731.00	731.00	624.00	544.00		
石膏粉	kg	0.94						405.00	879.00
砂　子	t	87.03						1.205	
白石子	kg	0.19		1465.00					
彩色石子	kg	0.31			1465.00	1669.00	1819.00		
色　粉	kg	4.47		20.00	20.00	20.00	20.00		
水	m³	7.62	0.59	0.28	0.28	0.25	0.22	0.31	0.78
材　料　合　价	元		965.78	837.72	1013.52	1008.06	1003.13	487.93	832.20

编　　　　　号	单位	单价（元）	63 水泥石英混合砂浆 1:0.2:1:0.5	64 水泥珍珠岩砂浆 1:8	65 水泥玻璃碴浆 1:1.25	66 108胶混合砂浆 1:0.5:2	67 108胶素水泥砂浆
材　料　名　称							
水　泥	kg	0.39	565.00	189.00	799.00	459.00	1471.00
108　胶	kg	4.45				16.80	21.42
白　灰	kg	0.30	66.00			134.00	
白　灰　膏	m³		(0.094)			(0.191)	
砂　子	t	87.03	0.684			1.108	
石　英　砂	kg	0.28	380.0				
珍　珠　岩	m³	98.63		1.3			
玻　璃　碴	kg	0.65			1335.0		
水	m³	7.62	0.45	0.22	0.34	0.40	0.58
材　料　合　价	元		409.51	203.61	1181.95	393.45	673.43

3.特 种 砂 浆

单位：m³

编　　　　号			68	69	70	71	72
材　料　名　称	单位	单价（元）	重晶石砂浆	钢屑砂浆	冷　底　子　油		不发火沥青砂浆
			1:4:0.8	1:0.3:1.5:3.121	3:7（kg）	1:1（kg）	1:0.533:0.533:3.121
水　泥	kg	0.39	490.00	1085.00			
砂　子	t	87.03		0.300			
重晶石砂	kg	1.00	2467.00				
铁　屑	kg	2.37		1650.00			
石油沥青 10#	kg	4.04			0.315	0.525	408.000
汽油 90#	kg	7.16			0.77	0.55	
硅藻土	kg	1.76					224.00
石棉粉	kg	2.14					219.00
白云石砂	kg	0.47					1320.00
水	m³	7.62	0.40	0.40			
材　料　合　价	元		2661.15	4362.81	6.79	6.06	3131.62

455

单位：m³

编　　　　　号			73	74	75	76	77	78
材　料　名　称	单位	单价（元）	石油沥青砂浆	耐酸沥青砂浆	沥青胶泥（不带填充料）	耐　酸　沥　青　胶　泥		
						铺砌平面块料	铺砌立面块料	隔离层用
			1:2:7	1.3:2.6:7.4		1:1:0.05	1:1.5:0.05	1:0.3:0.05
砂　子	t	87.03	1.816					
石油沥青 10#	kg	4.04	240.00	280.00	1155.00	810.00	710.00	1013.00
石 英 砂	kg	0.28		1547.0				
石 英 粉	kg	0.42		543.0		783.0	1029.0	293.0
石棉 6 级	kg	3.76				39.0	36.0	49.0
滑 石 粉	kg	0.59	458.0					
材　料　合　价	元		1397.87	1792.42	4666.20	3747.90	3435.94	4399.82

编　　　　　　号			79	80	81	82	83
材　料　名　称	单位	单价（元）	水　玻　璃　砂　浆		水玻璃稀胶泥	水　玻　璃　胶　泥	
			1:0.17:1.1:1:2.6	1:0.12:0.8:1.5	1:0.15:0.5:0.5	1:0.18:1.2:1.1	1:0.15:1
水 玻 璃	kg	2.38	412.00	504.00	911.00	636.00	852.00
氟硅酸钠	kg	7.99	70.00	75.30	137.00	115.00	126.00
铸 石 粉	kg	1.11	416.00		460.00	708.00	
石 英 粉	kg	0.42	458.00	630.00	460.00	770.00	852.00
石 英 砂	kg	0.28	1082.00	954.00			
材　料　合　价	元		2496.94	2332.89	3966.61	3541.81	3392.34

单位：m³

编号			84	85	86	87	88
材 料 名 称	单位	单价（元）	环氧树脂胶泥	酚醛树脂胶泥	环氧酚醛胶泥	环氧呋喃胶泥	环氧树脂底料
			1:0.1:0.08:2	1:0.06:0.08:1.8	0.7:0.3:0.06:0.05:1.7		1:1:0.07:0.15
石 英 粉	kg	0.42	1294.00	1158.00	1231.00	1190.00	175.00
环氧树脂 6101	kg	28.33	652.00		479.00	495.00	1174.00
酚醛树脂	kg	24.09		649.00	205.00		
糠醇树脂	kg	7.74				212.00	
丙 酮	kg	9.89	65.00		29.00	30.00	1174.00
乙 醇	kg	9.69		39.00			
乙 二 胺	kg	21.96	52.00		34.00	35.00	82.00
苯磺酰氯	kg	14.49		52.00			
材 料 合 价	元		20799.41	17252.16	20058.99	17229.33	46744.50

编　　　　号			89	90	91	92	93
材　料　名　称	单位	单价（元）	硫黄胶泥	硫黄砂浆	环氧砂浆	环氧呋喃树脂砂浆	环氧煤焦油砂浆
			6：4：0.2	1：0.35：0.6：0.06	1：0.2：0.07：2：4	70：30：5：200：400	0.5：0.5：0.04：0.1：2：4：0.04
硫　黄	kg	1.93	1909	1129			
石　英　粉	kg	0.42	864.00	391.00	667.00	663.28	655.00
聚硫橡胶	kg	14.80	45	68			
石　英　砂	kg	0.28		672.00	1336.30	1324.00	1310.00
环氧树脂 6101	kg	28.33			337.00	233.49	165.00
糠醇树脂	kg	7.74				108	
丙　酮	kg	9.89			67.00	46.70	14.00
乙　二　胺	kg	21.96			167	17	14
防　腐　油	kg	0.52					166
二　甲　苯	kg	5.21					33
材　料　合　价	元		4713.25	3537.75	14531.46	8935.17	6020.50

4.陶粒混凝土

单位：m³

编　　号			94	95
材　料　名　称	单位	单价（元）	陶　粒　混　凝　土	
			C15	C20
水　泥	kg	0.39	307.50	366.45
砂　子	t	87.03	0.693	0.636
陶　粒	m³	144.35	0.856	0.852
水	m³	7.62	0.30	0.30
材　料　合　价	元		306.09	323.54

460

5.特种混凝土

编　　　　　号	单位	单价（元）	96 豆石混凝土 1:2:3	97 沥青混凝土	98 耐酸沥青混凝土（中粒式）	99 水玻璃混凝土	100 重晶石混凝土	101 硫黄混凝土
材　料　名　称	单位	单价（元）	豆石混凝土 1:2:3	沥青混凝土	耐酸沥青混凝土（中粒式）	水玻璃混凝土	重晶石混凝土	硫黄混凝土
水　泥	kg	0.39	276.00				342.00	
砂　子	t	87.03	0.668	0.944				
豆 粒 石	t	139.19	1.108					
碴石 19～25	t	87.81		0.830				
石 英 石	kg	0.58			911.0	934.0		1382.0
石 英 砂	kg	0.28			936.0	705.0		339.0
石 英 粉	kg	0.42			433.0	259.0		197.0
水 玻 璃	kg	2.38				284.0		
氟硅酸钠	kg	7.99				45.0		
铸 石 粉	kg	1.11				287.0		
重晶石砂	kg	1.00					1144.0	
重 晶 石	kg	1.05					1867.0	
石油沥青 10#	kg	4.04		152.0	189.0			
滑 石 粉	kg	0.59		395.0				
硫　黄	kg	1.93						568.00
聚硫橡胶	kg	14.80						28.0
水	m³	7.62	0.30				0.17	
材　料　合　价	元		322.28	1002.17	1735.88	2201.94	3239.03	2489.86

附录二　现场搅拌混凝土基价

说　明

一、本附录各项配合比,仅供编制计价文件使用。

二、各项基价中已包括制作、运输所需人工和机械。

三、各项基价中已包括各种材料在配制过程中的操作和场内运输损耗。

1.现浇混凝土

编号	项目			单位	预算基价				人工	材料							机械	
					总价	人工费	材料费	机械费	综合工	水泥42.5级	水泥52.5级	粉煤灰	砂子	碎石20	碎石40	水	滚筒式混凝土搅拌机500L	机动翻斗车1t
					元	元	元	元	工日	kg	kg	kg	t	t	t	m³	台班	台班
									135.00	0.41	0.46	0.10	87.03	85.61	85.14	7.62	273.53	207.17
1	石子粒径 20 mm	混凝土强度等级	C10	m³	349.24	41.58	271.96	35.70	0.308	243.27		27.295	0.798	1.149		0.22	0.051	0.105
2			C15		357.19	41.58	279.91	35.70	0.308	268.06		30.076	0.729	1.190		0.22	0.051	0.105
3			C20		367.02	41.58	289.74	35.70	0.308	298.35		33.475	0.716	1.169		0.22	0.051	0.105
4			C25		372.26	41.58	294.98	35.70	0.308	314.87		35.329	0.653	1.213		0.22	0.051	0.105
5			C30		377.37	41.58	300.09	35.70	0.308	330.48		37.080	0.647	1.202		0.22	0.051	0.105
6			C35		382.84	41.58	305.56	35.70	0.308	347.52		38.992	0.586	1.244		0.22	0.051	0.105
7			C40		394.58	41.58	317.30	35.70	0.308	383.58		43.038	0.573	1.217		0.22	0.051	0.105
8			C45		406.24	41.58	328.96	35.70	0.308	419.64		47.084	0.560	1.189		0.22	0.051	0.105
9			C50		421.50	41.58	344.22	35.70	0.308		404.38	45.372	0.565	1.201		0.22	0.051	0.105
10			C55		432.99	41.58	355.71	35.70	0.308		435.17	48.826	0.554	1.177		0.22	0.051	0.105
11			C60		454.41	41.58	377.13	35.70	0.308		491.04		0.556	1.181		0.23	0.051	0.105
12	石子粒径 40 mm		C10		345.78	41.58	268.50	35.70	0.308	229.53		25.753	0.773		1.210	0.20	0.051	0.105
13			C15		355.02	41.58	277.74	35.70	0.308	257.43		28.884	0.704		1.251	0.20	0.051	0.105
14			C20		359.51	41.58	282.23	35.70	0.308	271.42		30.453	0.640		1.300	0.20	0.051	0.105
15			C25		364.30	41.58	287.02	35.70	0.308	285.42		32.024	0.636		1.291	0.20	0.051	0.105
16			C30		368.91	41.58	291.63	35.70	0.308	299.44		33.597	0.631		1.281	0.20	0.051	0.105

2.预制混凝土

编号	项 目			单位	预 算 基 价				人工	材				料		机	械
					总价	人工费	材料费	机械费	综合工	水泥 42.5级	粉煤灰	砂子	碴石 20	碴石 40	水	滚筒式混凝土搅拌机 500L	机动翻斗车 1t
					元	元	元	元	工日	kg	kg	t	t	t	m³	台班	台班
									135.00	0.41	0.10	87.03	85.61	85.14	7.62	273.53	207.17
17	石子粒径 20 mm	混凝土强度等级	C20	m³	355.75	41.58	282.02	32.15	0.308	268.31	30.104	0.739	1.205		0.20	0.038	0.105
18			C25		360.40	41.58	286.67	32.15	0.308	282.63	31.711	0.675	1.254		0.20	0.038	0.105
19			C30		365.83	41.58	292.10	32.15	0.308	298.57	33.500	0.670	1.244		0.20	0.038	0.105
20			C35		370.62	41.58	296.89	32.15	0.308	313.23	35.145	0.664	1.234		0.20	0.038	0.105
21			C40		381.63	41.58	307.90	32.15	0.308	346.30	38.856	0.597	1.268		0.20	0.038	0.105
22			C45		392.77	41.58	319.04	32.15	0.308	379.49	42.579	0.586	1.246		0.20	0.038	0.105
23	石子粒径 40 mm		C20		355.13	41.58	281.40	32.15	0.308	259.84	29.154	0.656		1.332	0.19	0.038	0.105
24			C25		359.95	41.58	286.22	32.15	0.308	273.95	30.737	0.652		1.323	0.19	0.038	0.105
25			C30		365.55	41.58	291.82	32.15	0.308	290.91	32.641	0.646		1.311	0.19	0.038	0.105

3.细石混凝土

编号	项 目			单位	预 算 基 价				人 工	材			料		机 械	
					总 价	人工费	材料费	机械费	综合工	水泥 42.5级	粉煤灰	砂 子	碴 石 10	水	滚筒式混凝土搅拌机 500L	机 动 翻斗车 1t
					元	元	元	元	工日	kg	kg	t	t	m³	台班	台班
									135.00	0.41	0.10	87.03	85.25	7.62	273.53	207.17
26	石子粒径 10 mm	混凝土强度等级	C20	m³	**372.93**	41.58	295.65	35.70	0.308	321.30	36.050	0.719	1.125	0.24	0.051	0.105
27			C25		**378.32**	41.58	301.04	35.70	0.308	338.21	37.947	0.657	1.168	0.24	0.051	0.105
28			C30		**384.35**	41.58	307.07	35.70	0.308	357.00	40.056	0.649	1.154	0.24	0.051	0.105

4.抗渗混凝土

编号	项目			单位	预算基价				人工	材料					机械	
					总价	人工费	材料费	机械费	综合工	水泥42.5级	粉煤灰	砂子	碴石20	水	滚筒式混凝土搅拌机500L	机动翻斗车1t
					元	元	元	元	工日	kg	kg	t	t	m³	台班	台班
									135.00	0.41	0.10	87.03	85.61	7.62	273.53	207.17
29	石子粒径20 mm	混凝土强度等级	C20 P6	m³	370.83	41.58	293.55	35.70	0.308	310.24	34.809	0.655	1.217	0.22	0.051	0.105
30			C25 P8		375.69	41.58	298.41	35.70	0.308	325.47	36.518	0.649	1.205	0.22	0.051	0.105
31			C30 P8		381.88	41.58	304.60	35.70	0.308	344.25	38.625	0.642	1.192	0.22	0.051	0.105
32			C35 P8		386.30	41.58	309.02	35.70	0.308	358.02	40.170	0.636	1.182	0.22	0.051	0.105
33			C40 P8		399.27	41.58	321.99	35.70	0.308	397.80	44.633	0.621	1.153	0.22	0.051	0.105

5.泵送混凝土

编号	项　　　　目			单位	预　算　基　价				人工	材　　　　　　　　　料						机械
					总　价	人工费	材料费	机械费	综合工	水泥42.5级	水泥52.5级	粉煤灰	砂子	碴石20	水	滚筒式混凝土搅拌机500L
					元	元	元	元	工日	kg	kg	kg	t	t	m³	台班
									135.00	0.41	0.46	0.10	87.03	85.61	7.62	273.53
34	石子粒径20mm	混凝土强度等级	C10	m³	336.70	41.58	281.17	13.95	0.308	275.40		30.900	0.777	1.118	0.24	0.051
35			C15		344.04	41.58	288.51	13.95	0.308	298.35		33.475	0.710	1.159	0.24	0.051
36			C20		351.56	41.58	296.03	13.95	0.308	321.30		36.050	0.701	1.143	0.24	0.051
37			C25		356.97	41.58	301.44	13.95	0.308	338.21		37.947	0.639	1.186	0.24	0.051
38			C30		362.99	41.58	307.46	13.95	0.308	357.00		40.056	0.631	1.172	0.24	0.051
39			C35		368.62	41.58	313.09	13.95	0.308	374.26		41.992	0.624	1.160	0.24	0.051
40			C40		381.19	41.58	325.66	13.95	0.308	413.09		46.349	0.609	1.131	0.24	0.051
41			C45		393.84	41.58	338.31	13.95	0.308	451.92		50.705	0.594	1.103	0.24	0.051
42			C50		410.24	41.58	354.71	13.95	0.308		435.49	48.862	0.600	1.115	0.24	0.051
43			C55		422.59	41.58	367.06	13.95	0.308		468.64	52.582	0.587	1.090	0.24	0.051
44			C60		443.33	41.58	387.80	13.95	0.308		525.72		0.586	1.088	0.24	0.051

6.水下混凝土

编号	项 目	单位	预 算 基 价				人 工	材			料		机 械	
			总价	人工费	材料费	机械费	综合工	水泥 42.5级	粉煤灰	砂子	碴石 20	水	滚筒式混凝土搅拌机 500L	机动翻斗车 1t
			元	元	元	元	工日	kg	kg	t	t	m³	台班	台班
							135.00	0.41	0.10	87.03	85.61	7.62	273.53	207.17
45		C20	**370.73**	41.58	293.45	35.70	0.308	307.53	34.505	0.660	1.225	0.21	0.051	0.105
46	混凝土强度等级	C25	**376.05**	41.58	298.77	35.70	0.308	324.05	36.359	0.653	1.213	0.21	0.051	0.105
47		C30	**381.16**	41.58	303.88	35.70	0.308	339.66	38.110	0.647	1.202	0.21	0.051	0.105

注：单位列中 C25 行标注 m³

附录三 材料价格

说明

一、本附录材料价格为不含税价格,是确定预算基价子目中材料费的基期价格。

二、材料价格由材料采购价、运杂费、运输损耗费和采购及保管费组成。计算公式如下:

采购价为供货地点交货价格:

$$材料价格 = (采购价 + 运杂费) \times (1 + 运输损耗率) \times (1 + 采购及保管费费率)$$

采购价为施工现场交货价格:

$$材料价格 = 采购价 \times (1 + 采购及保管费费率)$$

三、运杂费指材料由供货地点运至工地仓库(或现场指定堆放地点)所发生的全部费用。运输损耗指材料在运输装卸过程中不可避免的损耗,材料损耗率如下表:

材料损耗率表

材料类别	损耗率
页岩标砖、空心砖、砂、水泥、陶粒、耐火土、水泥地面砖、白瓷砖、卫生洁具、玻璃灯罩	1.0%
机制瓦、脊瓦、水泥瓦	3.0%
石棉瓦、石子、黄土、耐火砖、玻璃、色石子、大理石板、水磨石板、混凝土管、缸瓦管	0.5%
砌块、白灰	1.5%

注:表中未列的材料类别,不计损耗。

四、采购及保管费是指为组织采购、供应和保管材料、工程设备的过程中所需要的各项费用。采购及保管费费率按0.42%计取。

五、附录中材料价格是编制期天津市建筑材料市场综合取定的施工现场交货价格,并考虑了采购及保管费。

六、标准钢筋混凝土预制构件(编号601~645)产品,其价格综合计算且不含运费。

七、采用简易计税方法计取增值税时,材料的含税价格按照税务部门有关规定计算,以"元"为单位的材料费按系数1.1086调整。

材料价格表

序号	材 料 名 称	规 格	单 位	单位质量(kg)	单 价(元)	附 注
1	水泥		kg		0.39	
2	水泥	32.5级	kg		0.36	
3	水泥	42.5级	kg		0.41	
4	水泥	52.5级	kg		0.46	
5	白水泥		kg		0.64	
6	耐火砖	230×115×65	千块	3210.00	2317.30	
7	页岩标砖	240×115×53	千块		513.60	
8	页岩多孔砖	240×115×90	千块		682.46	
9	页岩空心砖	240×240×115	千块		1093.42	
10	陶粒混凝土实心砖	190×90×53	千块		450.00	
11	黏土平瓦	385×235	块		1.16	
12	黏土脊瓦	一级455×195	块		1.33	
13	水泥平瓦	一级385×235	块		1.38	
14	水泥脊瓦	455×195	块		1.46	
15	小波石棉瓦	1800×720×6	块		20.21	
16	小波石棉脊瓦	700×180×5	块		22.36	
17	白灰		kg		0.30	
18	粉煤灰		kg		0.10	
19	黄土		m³	1250.00	77.65	
20	黏土		m³		53.37	
21	硅藻土		kg		1.76	
22	耐火土		kg		0.40	
23	膨润土		kg		0.39	
24	炉渣		m³		108.30	
25	砂子		t		87.03	
26	砂粒	1～1.5mm	m³		258.38	

序号	材 料 名 称	规 格	单 位	单位质量（kg）	单 价（元）	附 注
27	细砂		t		87.33	
28	混碴	2～80	t		83.93	
29	碴石	13～19	t		85.85	
30	碴石	19～25	t		87.81	
31	碴石	25～38	t		85.12	
32	碴石	10	t		85.25	
33	碴石	20	t		85.61	
34	碴石	40	t		85.14	
35	石屑		t		82.88	
36	蛭石		m³		119.61	
37	毛石		t		89.21	
38	豆粒石		t		139.19	
39	白石子	大、中、小八厘	kg		0.19	
40	细料石		m³		139.13	
41	粗料石		m³		130.19	
42	方整石		m³		122.56	
43	陶粒		m³	630.00	144.35	
44	彩色石子	山东绿	kg		0.31	
45	泡沫混凝土块		m³		224.36	
46	加气混凝土砌块	300×600×（125～300）	m³		318.48	
47	混凝土空心砌块	390×140×190	千块		2764.56	
48	混凝土空心砌块	390×190×190	千块		3392.32	
49	保温轻质砂加气砌块	600×250×300	m³		360.47	
50	保温轻质砂加气砌块	600×250×250	m³		361.96	
51	保温轻质砂加气砌块	600×250×150	m³		369.45	
52	粉煤灰加气混凝土块	600×150×240	m³		276.87	

序号	材　料　名　称	规　　　格	单　位	单位质量（kg）	单　价（元）	附　　注
53	粉煤灰加气混凝土块	600×200×240	m³		276.87	
54	粉煤灰加气混凝土块	600×300×240	m³		276.87	
55	粉煤灰加气混凝土块	600×120×250	m³		276.87	
56	粉煤灰加气混凝土块	600×240×250	m³		276.87	
57	水泥缘石	70×150×300	块		2.87	
58	陶粒混凝土小型砌块	390×190×190	m³		189.00	
59	水泥侧石	(80～100)×300×500	块		15.75	
60	水泥侧石	(80～100)×350×500	块		16.58	
61	水泥侧石	(110～130)×350×400	块		13.82	
62	水泥蛭石块		m³		442.15	
63	水泥弧形侧石	$R=750,L=500$	块		16.12	
64	花岗岩石	500×400×60	千块		68862.45	
65	花岗岩石	500×400×80	千块		68862.45	
66	花岗岩石	500×400×100	千块		83130.71	
67	花岗岩石	500×400×120	千块		83130.71	
68	磨砂玻璃	5.0	m²		46.68	
69	泡沫玻璃		m³		887.06	
70	玻璃碴		kg		0.65	
71	陶板	150×150×20	千块		678.13	
72	陶板	150×150×30	千块		813.76	
73	瓷板	180×110×20	千块		1026.82	
74	瓷板	180×110×30	千块		1036.04	
75	耐酸瓷板	150×150×20	千块		2441.57	
76	耐酸瓷板	150×150×30	千块		2999.44	
77	耐酸瓷砖	230×113×65	千块		6882.77	
78	石膏粉		kg		0.94	

序号	材料名称	规格	单位	单位质量（kg）	单价（元）	附注
79	防水粉		kg		4.21	
80	油毡		m²		3.83	
81	玻璃纤维油毡	80g	m²		6.37	
82	无机纤维棉		kg		3.50	
83	石油沥青	10#	kg		4.04	
84	沥青冷胶		kg		7.08	
85	玻璃布	0.2	m²		3.95	
86	防腐油		kg		0.52	
87	聚氯乙烯薄膜	0.1mm厚	m²		1.24	
88	改性沥青嵌缝油膏		kg		8.44	
89	耐根穿刺防水卷材	4mm厚	m²		87.06	
90	聚氯乙烯防水卷材	1.5mm厚 P类	m²		31.98	
91	高分子自粘胶膜卷材	1.5mm厚 W类	m²		28.43	
92	SBS改性沥青防水卷材	3mm	m²		34.20	
93	高聚物改性沥青自粘卷材	4mm厚 Ⅱ型	m²		34.20	
94	防水涂料JS	Ⅰ型	kg		10.82	
95	SBS弹性沥青防水胶		kg		30.29	
96	水泥基渗透结晶防水涂料	Ⅰ型	kg		14.71	
97	重晶石		kg		1.05	
98	重晶石砂		kg		1.00	
99	白云石砂		kg		0.47	
100	云母粉		kg		0.97	
101	石棉粉	温石棉	kg		2.14	
102	铸石粉		kg		1.11	
103	滑石粉		kg		0.59	
104	石棉	6级	kg		3.76	

序号	材 料 名 称	规 格	单 位	单位质量 （kg）	单 价 （元）	附 注
105	石棉垫		个		0.89	
106	石英粉		kg		0.42	
107	石英砂	5#～20#	kg		0.28	
108	石英石		kg		0.58	
109	珍珠岩		m³		98.63	
110	沥青玻璃棉		m³	85.00	66.78	
111	沥青矿渣棉		m³	100.00	39.09	
112	沥青玻璃棉毡		m³		71.10	
113	沥青矿渣棉毡		m³		42.40	
114	沥青珍珠岩板	1000×500×50	m³		318.43	
115	水泥珍珠岩板		m³		496.00	
116	CS-BBJ板	聚苯芯 40mm厚	m²		48.46	
117	CS-XWBJ板	聚苯芯 90mm厚	m²		105.57	
118	铸石板	180×110×20	千块		2105.56	
119	铸石板	180×110×30	千块		3093.44	
120	铸石板	300×200×20	千块		6576.27	
121	铸石板	300×200×30	千块		9705.77	
122	岩棉板	30mm厚	m³		607.33	
123	岩棉板	50mm厚	m³		624.00	
124	岩棉板	60mm厚	m³		640.67	
125	岩棉板	80mm厚	m³		657.33	
126	岩棉板	100mm厚	m³		674.00	
127	岩棉板	120mm厚	m³		707.33	
128	保温岩棉板	50mm A级	m³		151.43	
129	膨胀玻化微珠保温浆料		m³		360.00	
130	胶粉聚苯颗粒保温浆料		m³		370.00	

序号	材料名称	规格	单位	单位质量 （kg）	单价 （元）	附注
131	FTC自调温相变蓄能材料		m³		960.05	
132	硬泡聚氨酯组合料		kg		20.92	
133	无砂管	D500	m		85.16	
134	无砂管	D600	m		93.68	
135	水泥烟囱管	115×115	m		23.87	
136	混凝土管	D200	m		36.42	
137	混凝土管	D300	m		43.47	
138	钢筋混凝土管	D400	m		74.43	
139	钢筋混凝土管	D500	m		93.41	
140	钢筋混凝土管	D600	m		114.22	
141	单釉缸瓦管	100×600	节		8.75	
142	单釉缸瓦管	150×600	节		11.33	
143	单釉缸瓦管	200×600	节		14.18	
144	单釉缸瓦管	250×600	节		27.38	
145	单釉缸瓦管	300×600	节		30.40	
146	护壁泥浆		m³		57.75	
147	抗裂砂浆		kg		1.52	
148	界面砂浆		kg		0.87	
149	界面砂浆DB		m³		1159.00	
150	膨胀水泥砂浆		m³		626.00	
151	聚合物粘接砂浆		kg		0.75	
152	湿拌砌筑砂浆	M5.0	m³		330.94	
153	湿拌砌筑砂浆	M7.5	m³		343.43	
154	湿拌砌筑砂浆	M10	m³		352.38	
155	湿拌砌筑砂浆	M15	m³		362.24	
156	湿拌砌筑砂浆	M20	m³		385.81	

序号	材料名称	规格	单位	单位质量 (kg)	单价 (元)	附注
157	湿拌抹灰砂浆	M5.0	m³		380.98	
158	湿拌抹灰砂浆	M10	m³		403.95	
159	湿拌抹灰砂浆	M15	m³		422.75	
160	湿拌抹灰砂浆	M20	m³		446.76	
161	湿拌地面砂浆	M15	m³		387.58	
162	湿拌地面砂浆	M20	m³		447.74	
163	干拌砌筑砂浆	M5.0	t		314.04	
164	干拌砌筑砂浆	M7.5	t		318.16	
165	干拌砌筑砂浆	M10	t		325.68	
166	干拌砌筑砂浆	M15	t		338.94	
167	干拌砌筑砂浆	M20	t		354.29	
168	干拌抹灰砂浆	M5.0	t		317.43	
169	干拌抹灰砂浆	M10	t		329.07	
170	干拌抹灰砂浆	M15	t		342.18	
171	干拌抹灰砂浆	M20	t		352.17	
172	干拌地面砂浆	M15	t		346.58	
173	干拌地面砂浆	M20	t		357.51	
174	预拌混凝土	AC10	m³		430.17	
175	预拌混凝土	AC15	m³		439.88	
176	预拌混凝土	AC20	m³		450.56	
177	预拌混凝土	AC25	m³		461.24	
178	预拌混凝土	AC30	m³		472.89	
179	预拌混凝土	AC35	m³		487.45	
180	预拌混凝土	AC40	m³		504.93	
181	预拌混凝土	AC45	m³		533.08	
182	预拌混凝土	AC50	m³		565.12	
183	预拌混凝土	BC55	m³		600.07	

续表

序号	材 料 名 称	规 格	单 位	单位质量（kg）	单 价（元）	附 注
184	预拌混凝土	BC60	m³		640.85	
185	预拌混凝土	BC20 P6	m³		466.09	
186	预拌混凝土	BC25 P8	m³		477.74	
187	预拌混凝土	BC30 P8	m³		490.36	
188	预拌混凝土	BC35 P8	m³		504.93	
189	预拌混凝土	BC40 P8	m³		519.49	
190	松木锯材	三类	m³		1661.90	
191	红白松锯材	一类烘干	m³	600.00	4650.86	
192	红白松锯材	二类烘干	m³	600.00	3759.27	
193	红白松锯材	一类	m³	600.00	4069.17	
194	红白松锯材	二类	m³	600.00	3266.74	
195	硬杂木锯材	二类	m³	1000.00	4015.45	
196	黄花松锯材	一类	m³	850.00	3457.47	
197	黄花松锯材	二类	m³	850.00	2778.72	
198	红白松口扇料	烘干	m³	600.00	4151.56	
199	板条	1200×38×6	千根		586.87	
200	方木		m³		3266.74	
201	苯板线条（成品）		m		34.33	
202	垫木	60×60×60	块		0.64	
203	垫木		m³		1049.18	
204	原木		m³		1686.44	
205	胶合板	3mm厚	m²		20.88	
206	纤维板		m²		10.35	
207	板枋材		m³		2001.17	
208	防滑木条		m³		1196.07	
209	木挂瓦条		m³		2319.50	
210	木支撑		m³		2211.82	

序号	材 料 名 称	规 格	单 位	单位质量 （kg）	单 价 （元）	附 注
211	木模板		m³		1982.88	
212	木脚手板		m³		1930.95	
213	模板方木		m³		2545.35	
214	枕木	220×160×2500	m³		3457.47	
215	胶合板模板	15mm	m²		49.85	
216	定型柱复合模板	15mm	m²		118.00	
217	铁楔	含制作费	kg		9.49	
218	铁屑		kg		2.37	
219	铁件	含制作费	kg		9.49	
220	预埋铁件		kg		9.49	
221	镀锌瓦楞铁	0.56	m²		28.51	
222	垫铁	2.0~7.0	kg		2.76	
223	铸铁落水口	D100×300	套		49.08	
224	铸铁弯头排水口	336×200	个		41.42	
225	冷拔钢丝	D4.0	t		3907.95	
226	冷拔钢丝	D5.0	t		3908.67	
227	镀锌钢丝	D0.7	kg		7.42	
228	镀锌钢丝	D0.9	kg		7.31	
229	镀锌钢丝	D1.2	kg		7.20	
230	镀锌钢丝	D1.6	kg		7.09	
231	镀锌钢丝	D2.2	kg		7.09	
232	镀锌钢丝	D2.8	kg		6.91	
233	镀锌钢丝	D4	kg		7.08	
234	无粘结钢丝束		t		5563.26	
235	预应力钢绞线	1×（7~15） 1860MPa	t		5641.13	
236	钢丝绳	D7.5	kg		6.66	
237	镀锌钢丝绳	D12.5	kg		6.67	

序号	材 料 名 称	规 格	单 位	单位质量（kg）	单 价（元）	附 注
238	钢筋	D6	t		3970.73	
239	钢筋	D10以内	t		3970.73	
240	钢筋	D10以外	t		3799.94	
241	钢背楞	60×40×2.5	kg		6.15	
242	钢筋	HPB 300 D10	t		3929.20	
243	钢筋	HPB 300 D12	t		3858.40	
244	圆钢	D8	t		3903.57	
245	圆钢	D10	t		3923.39	
246	圆钢	D12	t		3926.24	
247	圆钢	D14	t		3926.24	
248	圆钢	D16	t		3908.96	
249	圆钢	D18	t		3908.96	
250	圆钢	D20	t		3888.10	
251	圆钢	D22	t		3888.10	
252	圆钢	D25	t		3886.42	
253	圆钢	D30	t		3884.17	
254	螺纹钢	D20以内	t		3741.46	
255	螺纹钢	D20以外	t		3725.86	
256	螺纹钢	D25以外	t		3789.90	
257	螺纹钢	HRB 335 10mm	t		3762.98	
258	螺纹钢	HRB 335 12～14mm	t		3733.55	
259	螺纹钢	HRB 335 16～25mm	t		3714.22	
260	螺纹钢	HRB 335 28～32mm	t		3715.73	
261	螺纹钢	HRB 335 36mm	t		3741.82	
262	螺纹钢	HRB 400 10mm	t		3685.41	
263	螺纹钢	HRB 400 12～14mm	t		3665.44	
264	螺纹钢	HRB 400 16～18mm	t		3648.79	

序号	材 料 名 称	规 格	单 位	单位质量 (kg)	单 价 (元)	附 注
265	螺纹钢	HRB 400 20～25mm	t		3640.75	
266	螺纹钢	HRB 400 28～32mm	t		3653.39	
267	螺纹钢	HRB 400 36mm	t		3682.98	
268	扁钢	（综合）	kg		3.67	
269	热轧扁钢	50×5	t		3639.62	
270	热轧等边角钢	25×4	t		3715.62	
271	热轧等边角钢	40×4	t		3752.49	
272	热轧等边角钢	50×5	t		3751.83	
273	热轧等边角钢	63×6	t		3767.43	
274	热轧不等边角钢	75×50×7	t		3710.65	
275	热轧工字钢	10#～14#	t		3619.05	
276	镀锌槽钢	10#	kg		3.90	
277	热轧槽钢	10#～14#	t		3609.42	
278	热轧槽钢	20#	kg		3.57	
279	热轧槽钢	20#	t		3580.42	
280	型钢	（综合）	t		3792.61	
281	钢板	（综合）	t		3876.58	
282	定位钢板		kg		7.25	
283	普碳钢板	≥6	t		3696.76	
284	普碳钢板	≥8	t		3673.05	
285	普碳钢板	11～13	t		3646.26	
286	压型钢板	1.2mm U75-200	t		4672.72	
287	热轧薄钢板	≥2.0	t		3715.46	
288	镀锌薄钢板	0.46	m²		17.48	
289	镀锌薄钢板	0.56	m²		20.08	
290	钢挡土板		kg		6.66	
291	钢管		kg		3.81	

序号	材 料 名 称	规 格	单 位	单位质量 （kg）	单 价 （元）	附 注
292	钢管	$D60\times3.5$	m		47.72	
293	无缝钢管	$D32\times2.5$	m		16.51	
294	无缝钢管	外径108	t		4576.43	
295	焊接钢管		t		4230.02	
296	镀锌钢管	$DN40$	m		22.98	
297	钢制波纹管	$DN60$	m		236.09	
298	钢材	栏杆（钢管）	t		3844.55	
299	钢材	墙架	t		3672.95	
300	钢材	铁件制作用材料	t		3776.67	
301	钢材	钢柱3t以内	t		3625.07	
302	钢材	钢柱3～10t	t		3632.20	
303	钢材	吊车梁、钢梁3t以内	t		3646.96	
304	钢材	吊车梁、钢梁3～10t	t		3647.21	
305	钢材	制动梁	t		3677.41	
306	钢材	钢屋架3t以内	t		3641.32	
307	钢材	钢屋架3～8t	t		3640.92	
308	钢材	轻型屋架	t		3799.96	
309	钢材	托架梁	t		3643.22	
310	钢材	防风桁架	t		3641.82	
311	钢材	挡风架	t		3612.80	
312	钢材	天窗架	t		3659.13	
313	钢材	檩条（组合式）	t		3720.66	
314	钢材	檩条（型钢）、天窗上下挡	t		3590.53	
315	钢材	钢支撑	t		3656.62	
316	钢材	钢拉杆	t		3801.38	
317	钢材	平台操作台、走道休息台（钢板为主）	t		3706.12	
318	钢材	平台操作台、走道休息台（圆钢为主）	t		3832.97	

序号	材　料　名　称	规　　　格	单　位	单位质量 (kg)	单　价 (元)	附　　　注
319	钢材	栏杆(圆钢)	t		3842.98	
320	钢材	栏杆(型钢)	t		3683.05	
321	钢材	花饰栏杆	t		3756.55	
322	钢材	踏步式扶梯	t		3658.17	
323	钢材	爬式扶梯	t		3738.28	
324	钢材	钢吊车梯台包括钢梯扶手及平台	t		6448.01	
325	钢材	滚动支架	t		5380.30	
326	钢材	悬挂支架	t		3752.49	
327	钢材	管道支架	t		3825.70	
328	钢材	箅子	t		3750.30	
329	钢材	盖板	t		3769.00	
330	钢材	零星构件	t		3769.55	
331	钢材	碳钢板卷管	t		3755.45	
332	钢材	钢网架	t		6478.48	
333	钢丸		kg		4.34	
334	镀锌扁钢钩	3×12×300	个		1.85	
335	镀锌扁钢钩	3×12×400	个		2.06	
336	提升钢爬杆	D25	kg		7.60	
337	承压板		kg		7.54	
338	金属七孔板		kg		7.36	
339	钢支架、平台及连接件		kg		7.56	
340	铝模板		kg		33.62	
341	彩钢板双层夹芯聚苯复合板	0.6mm板芯75mm厚　V205/820	m²		75.77	
342	彩色压型钢板	YX 35-115-677	m²		271.43	
343	彩钢板檐口堵头	WD-1	m		13.04	
344	彩钢屋脊板	2mm厚	m		32.01	
345	彩钢板外天沟	B600	m		63.37	

序号	材 料 名 称	规 格	单 位	单位质量 （kg）	单 价 （元）	附 注
346	彩钢板内天沟	B600	m		64.89	
347	彩钢板天沟专用挡板		块		5.37	
348	彩钢板外墙转角收边板		m²		52.84	
349	彩钢板墙、屋面收边板		m²		52.84	
350	铁钉		kg		6.68	
351	扒钉		kg		8.58	
352	顶丝		个		1.98	
353	圆钉		kg		6.68	
354	钢丝	D3.5	kg		5.80	
355	水泥钉		kg		7.36	
356	V形卡子	20mm	个		0.36	
357	钢板网	2000×600×（0.7～0.9）	m²		15.92	
358	镀锌钢丝网		m²		11.40	
359	密目钢丝网		m²		6.27	
360	镀锌拧花铅丝网	914×900×13	m²		7.30	
361	铅丝网球	D100出气罩	个		8.14	
362	电焊条		kg		7.59	
363	低碳钢焊条	（综合）	kg		6.01	
364	低合金钢焊条	E43系列	kg		12.29	
365	焊锡		kg		59.85	
366	焊剂		kg		8.22	
367	焊丝	D1.2	kg		7.72	
368	焊丝	D1.6	kg		7.40	
369	焊丝	D3.2	kg		6.92	
370	焊丝	D5	kg		6.13	
371	木螺钉	M4×40	个		0.07	
372	自攻螺钉	M4×35	个		0.06	

序 号	材 料 名 称	规 格	单 位	单位质量 （kg）	单 价 （元）	附 注
373	镀锌螺钉	M7.5 带垫	套		1.10	
374	带帽螺栓		kg		7.96	
375	花篮螺栓	M6×250	个		4.76	
376	圆帽螺栓	M4×（25～30）	套		0.19	
377	普通螺栓		套		4.33	
378	预埋螺栓		t		7766.06	
379	地脚螺栓	12×50	个		0.86	
380	对拉螺栓		kg		6.05	
381	卡箍膨胀螺栓	D110以内	套		1.73	
382	卡箍膨胀螺栓	D110以外	套		2.60	
383	膨胀螺栓	M6×60	套		0.45	
384	端杆螺栓带母		kg		10.17	
385	塑料膨胀螺栓	D8	套		0.10	
386	镀锌螺栓钩	M4.6×600	个		1.46	
387	镀锌螺栓钩	M4.6×800	个		1.86	
388	六角螺母		套		0.33	
389	预埋螺杆		kg		7.81	
390	铝拉铆钉	4×10	个		0.03	
391	拉片		kg		6.79	
392	销钉销片		套		2.16	
393	扣件		个		6.45	
394	直角扣件		个		6.42	
395	回转扣件		个		6.34	
396	对接扣件		个		6.58	
397	大钢模		kg		11.67	
398	钢脚手板		kg		76.97	
399	脚手架钢管		t		4163.67	

序号	材 料 名 称	规 格	单 位	单位质量（kg）	单 价（元）	附 注
400	组合钢模板		kg		10.97	
401	定型钢模板		kg		11.15	
402	挡脚板		m³		2141.22	
403	拉箍连接器		个		9.49	
404	锚具	JM12-6	套		154.81	
405	底座		个		6.71	
406	底盖		个		1.73	
407	防尘盖		个		1.73	
408	梁卡具		kg		5.10	
409	零星卡具		kg		7.57	
410	钢支撑		kg		7.46	
411	直探头		个		206.66	
412	镀锌瓦钉带垫	长60	套		0.45	
413	伸缩节	D110以外	个		35.77	
414	伸缩节	D110以内	个		15.83	
415	钻头	D14	个		16.22	
416	钻头	D16	个		16.65	
417	钻头	D22	个		20.09	
418	钻头	D28	个		37.06	
419	钻头	D40	个		107.02	
420	斜支撑杆件	D48×3.5	套		155.75	
421	立支撑杆件	D48×3.5	套		129.79	
422	全灌浆套筒		个		50.08	
423	半灌浆套筒		个		38.94	
424	螺纹连接套筒	D32	个		6.79	
425	螺纹连接套筒	D40	个		12.59	
426	调和漆		kg		14.11	

序号	材料名称	规格	单位	单位质量（kg）	单价（元）	附注
427	聚氨酯磁漆		kg		18.93	
428	过氯乙烯磁漆		kg		18.22	
429	过氯乙烯清漆		kg		15.56	
430	过氯乙烯漆稀释剂	X-3	kg		13.66	
431	聚氨酯清漆		kg		16.57	
432	沥青耐酸漆	L50-1	kg		14.18	
433	防锈漆		kg		15.51	
434	漆酚树脂漆		kg		14.00	
435	酚醛树脂漆		kg		14.03	
436	氯磺化聚乙烯		kg		18.17	
437	氯磺化聚乙烯面漆		kg		13.55	
438	聚氨酯底漆		kg		12.16	
439	聚氨酯防潮底漆		kg		20.34	
440	过氯乙烯底漆		kg		13.87	
441	清油		kg		15.06	
442	松节油		kg		7.93	
443	稀料		kg		10.88	
444	油腻子		kg		6.05	
445	腻子膏		kg		1.33	
446	聚氨酯腻子		kg		10.02	
447	硫酸		kg		3.55	
448	硫黄		kg		1.93	
449	色粉		kg		4.47	
450	水玻璃		kg		2.38	泡花碱
451	防火涂料	超薄型	kg		15.49	
452	防火涂料	薄型	kg		6.13	
453	防火涂料	厚型	kg		2.47	

序号	材 料 名 称	规 格	单 位	单位质量（kg）	单 价（元）	附 注
454	氯化钙		kg		1.20	
455	环氧树脂	6101	kg		28.33	
456	酚醛树脂	219#	kg		24.09	
457	二甲苯		kg		5.21	
458	三乙醇胺		kg		17.11	
459	苯磺酰氯		kg		14.49	
460	丙酮		kg		9.89	
461	乙二胺		kg		21.96	
462	糠醇树脂	F120防腐用	kg		7.74	
463	乙醇		kg		9.69	
464	氟硅酸钠		kg		7.99	
465	氯丁乳胶		kg		14.99	
466	聚氨酯	甲料	kg		15.28	
467	聚氨酯	乙料	kg		14.85	
468	混合气		m³		8.70	
469	丙烷气		kg		22.50	
470	氧气	6m³	m³		2.88	
471	乙炔气	5.5~6.5kg	m³		16.13	
472	松香		kg		8.48	
473	减摩剂		kg		16.17	
474	脱模剂		kg		5.26	
475	无机纤维罩面剂		kg		17.50	
476	注浆料		L		17.31	
477	润滑冷却液		kg		20.65	
478	油灰		kg		2.94	
479	胶泥带	1000×20×3	m		1.53	
480	胶粘剂		kg		3.12	

序号	材 料 名 称	规 格	单 位	单位质量（kg）	单 价（元）	附 注
481	胶粘剂		kg		23.36	防水
482	植筋胶粘剂		L		35.50	
483	FL-15胶粘剂		kg		15.58	
484	聚丁胶胶粘剂		kg		17.31	
485	轻质砂加气砌块专用胶粘剂		kg		0.82	
486	TG胶		kg		4.41	
487	108胶		kg		4.45	
488	玻璃胶	310g	支		23.15	
489	耐候胶		L		65.68	
490	密封胶		kg		31.90	
491	聚氯乙烯热熔密封胶		kg		25.00	
492	防水密封胶		支		12.98	
493	界面处理剂	混凝土面	kg		2.06	
494	双面胶纸		m		2.22	
495	锡纸		m^2		3.03	
496	干粉式苯板胶		kg		2.50	
497	木柴		kg		1.03	
498	煤		kg		0.53	
499	焦炭		kg		1.25	
500	汽油	90$^\#$	kg		7.16	
501	机油	5$^\#$～7$^\#$	kg		7.21	
502	铅油		kg		11.17	
503	油漆溶剂油	200$^\#$	kg		6.90	
504	液化石油气		kg		4.36	
505	冷底子油	30:70	kg		6.41	
506	苇席		m^2		9.24	
507	纸筋		kg		3.70	

序号	材 料 名 称	规 格	单 位	单位质量（kg）	单 价（元）	附 注
508	阻燃防火保温草袋片	840×760	m²		3.34	
509	麻丝		kg		14.54	
510	麻刀		kg		3.92	
511	砂布	1#	张		0.93	
512	汤布		kg		12.33	
513	棉纱		kg		16.11	
514	耐碱玻纤网格布	（标准）	m²		6.78	
515	耐碱玻纤网格布	（加强）	m²		9.23	
516	聚硫橡胶		kg		14.80	
517	胶管	D25	m		27.86	
518	耐压胶管	D50	m		22.50	
519	高压胶管	D50	m		17.31	
520	硬泡沫塑料板		m³		415.34	
521	聚苯乙烯泡沫板	40（硬质）	m³		335.89	
522	聚苯乙烯泡沫塑料板	1000×500×50	m³		387.94	
523	塑料薄膜		m²	0.15	1.90	
524	热固性改性聚苯乙烯泡沫板		m³		442.80	
525	安全网	3m×6m	m²		10.64	
526	单面钢丝聚苯乙烯板	15kg/m³	m²		40.00	
527	塑料帽	D32	个		1.38	
528	塑料帽	D40	个		1.85	
529	塑料管	φ20	kg		16.73	
530	塑料管		m		32.88	
531	硬塑料管	D50.0	kg	0.45	11.02	
532	塑料压条		m		3.23	
533	塑料注浆管		m		12.65	
534	尼龙布		m²		4.41	

序号	材 料 名 称	规 格	单 位	单位质量 （kg）	单 价 （元）	附 注
535	金属加强网片		m²		16.44	
536	PE海绵填充棒	$\phi40$	m		1.12	
537	泡沫条	$\phi25$	m		1.30	
538	套接管	DN60	个		25.50	
539	注浆管		kg		6.06	
540	接头管箍		个		12.98	
541	穴模		套		115.57	
542	水		m³		7.62	
543	电		kW·h		0.73	
544	软胶片	85×300	张		16.89	
545	增感纸	85×300	张		4.85	
546	显影剂	5000mL	袋		9.60	
547	定影剂	1000mL	瓶		8.15	
548	信报箱	3×（6~7）格	个		335.74	
549	挂图钩	6#	个		0.20	
550	金刚石	三角形	块		8.31	
551	油封		个		13.33	
552	无齿锯片		片		22.21	
553	砂轮片		片		26.97	
554	泵管		m		60.57	
555	卡箍		个		76.15	
556	密封圈		个		4.33	
557	橡胶压力管		m		90.86	
558	促进剂	KA	kg		0.61	
559	塑料排水管	DN50	m		11.17	
560	塑料排水三通	DN50	个		23.55	
561	塑料排水弯头	DN50	个		19.18	

序号	材料名称	规格	单位	单位质量（kg）	单价（元）	附注
562	塑料排水外接	DN50	个		23.67	
563	UPVC短管		个		37.93	
564	UPVC弯头	90°	个		41.53	
565	UPVC雨水斗	160带罩	个		71.10	
566	UPVC雨水管	D110以内	m		25.96	
567	UPVC雨水管	D110以外	m		46.73	
568	塑料接线盒	XS51.7×6×60×78	个		3.07	
569	提升装置及架体		套		25958.97	
570	缆风桩		m³		941.45	
601	预制混凝土方桩	津06G304 JZH-235-9 9A	m³		1163.03	
602	预制混凝土方桩	津06G304 JZH-240-9 12B	m³		1452.45	
603	预制混凝土方桩	04G361 JZHb-235-11 11B	m³		1849.16	
604	预制混凝土方桩	04G361 JZHb-240-10 10C	m³		1878.42	
605	预制混凝土方桩	04G361 JZHb-245-13 13C	m³		1729.50	
606	预制混凝土方桩	04G361 JZHb-350-11 11 12C	m³		1704.55	
607	预制混凝土空心方桩	津06G305 JKZH-235-9 9	m		120.36	
608	预制混凝土空心方桩	津06G305 JKZH-240-9 9	m		148.91	
609	先张法预应力混凝土管桩	10G306（津标） PHC400×95A	m		117.59	
610	先张法预应力混凝土管桩	10G306（津标） PHC400×95AB	m		126.80	
611	先张法预应力混凝土管桩	10G306（津标） PHC500×100A	m		167.04	
612	先张法预应力混凝土管桩	10G306（津标） PHC500×100AB	m		178.65	
613	先张法预应力混凝土管桩	10G306（津标） PHC600×110A	m		232.16	
614	先张法预应力混凝土管桩	10G306（津标） PHC600×110AB	m		248.93	
615	先张法预应力混凝土管桩	10G409（国标） PHC400×95A	m		118.51	
616	先张法预应力混凝土管桩	10G409（国标） PHC400×95AB	m		128.18	
617	先张法预应力混凝土管桩	10G409（国标） PHC500×100A	m		168.25	
618	先张法预应力混凝土管桩	10G409（国标） PHC500×100AB	m		179.22	

序号	材 料 名 称	规 格	单 位	单位质量 （kg）	单 价 （元）	附 注
619	先张法预应力混凝土管桩	10G409（国标） PHC500×125A	m		182.06	
620	先张法预应力混凝土管桩	10G409（国标） PHC500×125AB	m		198.11	
621	先张法预应力混凝土管桩	10G409（国标） PHC600×110A	m		230.76	
622	先张法预应力混凝土管桩	10G409（国标） PHC600×110AB	m		247.82	
623	先张法预应力混凝土管桩	10G409（国标） PHC600×130A	m		252.34	
624	先张法预应力混凝土管桩	10G409（国标） PHC600×130AB	m		271.22	
625	预制混凝土柱		m³		4150.00	
626	预制混凝土单梁		m³		4200.00	
627	预制混凝土叠合板		m³		3360.00	
628	预制混凝土叠合梁		m³		4070.00	
629	预制混凝土叠合式阳台板		m³		4000.00	
630	预制混凝土夹心保温剪力墙外墙板	（墙厚300以内）	m³		4500.00	
631	预制混凝土夹心保温剪力墙外墙板	（墙厚300以外）	m³		4450.00	
632	预制混凝土空调板		m³		4030.00	
633	预制混凝土楼梯段		m³		3970.00	
634	预制混凝土女儿墙	（墙高600以内）	m³		4520.00	
635	预制混凝土女儿墙	（墙高1400以内）	m³		4380.00	
636	预制混凝土全预制式阳台板		m³		4210.00	
637	预制混凝土实心剪力墙内墙板	（墙厚200以内）	m³		3770.00	
638	预制混凝土实心剪力墙内墙板	（墙厚200以外）	m³		3870.00	
639	预制混凝土实心剪力墙外墙板	（墙厚200以内）	m³		4390.00	
640	预制混凝土实心剪力墙外墙板	（墙厚200以外）	m³		4210.00	
641	预制混凝土外挂墙板	（墙厚200以内）	m³		4470.00	
642	预制混凝土外挂墙板	（墙厚200以外）	m³		4270.00	
643	预制混凝土外墙面板（PCF板）		m³		5600.00	
644	预制混凝土压顶		m³		3350.00	
645	预制混凝土整体板		m³		3550.00	

附录四 施工机械台班价格

说　明

一、本附录机械不含税价格是确定预算基价中机械费的基期价格,也可作为确定施工机械台班租赁价格的参考。

二、台班单价按每台班8小时工作制计算。

三、台班单价由折旧费、检修费、维护费、安拆费及场外运费、人工费、燃料动力费和其他费组成。

四、安拆费及场外运费根据施工机械不同分为计入台班单价、单独计算和不计算三种类型。

1.工地间移动较为频繁的小型机械及部分中型机械,其安拆费及场外运费计入台班单价。

2.移动有一定难度的特、大型(包括少数中型)机械,其安拆费及场外运费单独计算。单独计算的安拆费及场外运费除应计算安拆费、场外运费外,还应计算辅助设施(包括基础、底座、固定锚桩、行走轨道枕木等)的折旧、搭设和拆除等费用。

3.不需安装、拆卸且自身能开行的机械和固定在车间不需安装、拆卸及运输的机械,其安拆费及场外运费不计算。

五、采用简易计税方法计取增值税时,机械台班价格应为含税价格,以"元"为单位的机械台班费按系数1.0902调整。

施工机械台班价格表

序号	机 械 名 称	规 格 型 号	台班不含税单价（元）	台班含税单价（元）	附 注
1	推土机	（综合）	835.04	891.44	
2	履带式推土机	75kW	904.54	967.60	
3	挖掘机	（综合）	1059.67	1151.32	
4	履带式单斗液压挖掘机	$0.6m^3$	825.77	889.13	
5	履带式单斗液压挖掘机	$0.3m^3$	703.33	749.91	
6	履带式单斗液压挖掘机	$1m^3$	1159.91	1263.69	
7	拖式铲运机	$7m^3$	1007.24	1071.48	
8	电动夯实机	250N•m	27.11	29.55	
9	强夯机械	1200kN•m	916.86	989.53	
10	强夯机械	2000kN•m	1195.22	1301.30	
11	锚杆钻孔机	$D32$	1966.77	2165.42	
12	轮胎式装载机	$1.5m^3$	674.04	733.92	
13	压路机	（综合）	434.56	463.11	
14	平整机械	（综合）	921.93	984.84	
15	潜水钻孔机	$D1250$	679.38	708.39	
16	柴油打桩机	（综合）	1048.97	1144.44	
17	履带式柴油打桩机	2.5t	888.97	964.26	
18	振动沉拔桩机	400kN	1108.34	1190.74	
19	静力压桩机	4000kN	3597.03	3992.04	
20	静力压桩机	5000kN	3660.71	4063.73	
21	静力压桩机	6000kN	3755.79	4170.71	
22	三轴拌桩机		762.04	819.48	
23	单重管旋喷机		624.46	651.69	
24	双重管旋喷机		673.67	706.83	
25	三重管旋喷机		756.84	800.45	
26	回旋钻机	1000mm	699.76	736.03	

494

序 号	机 械 名 称	规 格 型 号	台班不含税单价（元）	台班含税单价（元）	附 注
27	回旋钻机	1500mm	723.10	762.55	
28	履带式旋挖钻机	1000mm	1938.46	2139.77	
29	履带式旋挖钻机	1500mm	2612.95	2896.43	
30	转盘钻孔机	D800	676.74	710.02	
31	气动灌浆机		11.17	11.69	
32	电动灌浆机	3m³/h	25.28	27.71	
33	履带式起重机	15t	759.77	816.54	
34	履带式起重机	25t	824.31	889.30	
35	履带式起重机	40t	1302.22	1424.59	
36	履带式起重机	60t	1507.29	1654.40	
37	汽车式起重机	8t	767.15	816.68	
38	汽车式起重机	12t	864.36	924.77	
39	汽车式起重机	16t	971.12	1043.79	
40	汽车式起重机	20t	1043.80	1124.97	
41	汽车式起重机	25t	1098.98	1186.51	
42	门式起重机	10t	465.57	485.34	
43	自升式塔式起重机	800kN·m	629.84	674.70	
44	油压千斤顶	200t	11.50	11.90	
45	制作吊车	（综合）	664.97	705.06	
46	安装吊车	（综合）	1288.68	1400.72	混凝土、金属构件用
47	安装吊车	（综合）	658.80	718.22	木结构用
48	装卸吊车	（综合）	641.08	698.91	一类混凝土构件用
49	装卸吊车	（综合）	658.80	718.22	其他混凝土、金属构件和木结构用
50	装卸吊车	（综合）	1288.68	1400.72	Ⅰ类金属构件用
51	载货汽车	4t	417.41	447.36	
52	载货汽车	6t	461.82	496.16	

序 号	机 械 名 称	规 格 型 号	台班不含税单价 （元）	台班含税单价 （元）	附 注
53	载货汽车	8t	521.59	561.99	
54	载货汽车	15t	809.06	886.72	
55	自卸汽车	（综合）	588.65	635.22	
56	机动翻斗车	1t	207.17	214.39	
57	平板拖车组	20t	1101.26	1181.63	
58	壁板运输车	15t	629.23	671.11	
59	泥浆罐车	5000L	511.90	552.35	
60	轨道平车	10t	85.91	92.39	
61	卷扬机	（综合）	226.04	233.44	
62	卷扬机	单筒慢速50kN	211.29	216.04	
63	卷扬机	电动单筒慢速10kN	199.03	202.55	
64	滚筒式混凝土搅拌机	500L	273.53	282.55	
65	灰浆搅拌机	200L	208.76	210.10	
66	灰浆搅拌机	400L	215.11	217.22	
67	干混砂浆罐式搅拌机		254.19	260.56	
68	灰浆输送泵	$3m^3/h$	222.95	227.59	
69	混凝土湿喷机	$5m^3/h$	405.21	410.95	
70	钢筋调直机	$D14$	37.25	40.36	
71	钢筋切断机	$D40$	42.81	47.01	
72	钢筋弯曲机	$D40$	26.22	28.29	
73	钢筋拉伸机	650kN	26.28	29.34	
74	钢筋挤压连接机	$D40$	31.71	34.84	
75	木工圆锯机	$D500$	26.53	29.21	
76	木工裁口机	多面400	34.36	38.72	
77	木工压刨床	单面600	32.70	36.69	
78	木工压刨床	双面600	51.28	57.52	

序号	机 械 名 称	规 格 型 号	台班不含税单价 （元）	台班含税单价 （元）	附 注
79	木工压刨床	三面 400	63.21	70.92	
80	木工压刨床	四面 300	84.89	95.12	
81	普通车床	630×2000	242.35	250.09	
82	台式钻床	D35	9.64	10.85	
83	摇臂钻床	D63	42.00	47.04	
84	剪板机	20×2500	329.03	345.63	
85	可倾压力机	1250kN	386.39	399.36	
86	管子切断机	DN150	33.97	37.00	
87	管子切断机	DN250	43.71	47.94	
88	半自动切割机	100mm	88.45	98.59	
89	型钢矫正机		257.01	265.34	
90	型钢组立机		247.36	254.71	
91	螺栓套丝机	D39	27.57	30.38	
92	喷砂除锈机	3m³/min	34.55	38.31	
93	抛丸除锈机	219mm	281.23	315.77	
94	液压弯管机	60mm	48.95	54.22	
95	金属结构下料机	（综合）	366.82	387.71	
96	内燃单级离心清水泵	DN50	37.81	41.54	
97	电动单级离心清水泵	DN100	34.80	38.22	
98	电动多级离心清水泵	DN100扬<120m	159.61	179.29	
99	电动多级离心清水泵	DN150扬<180m	272.68	306.48	
100	泥浆泵	DN50	43.76	48.59	
101	泥浆泵	DN100	204.13	230.13	
102	潜水泵	DN100	29.10	32.11	
103	高压油泵	50MPa	110.93	124.99	
104	液压泵车		293.94	324.34	

序号	机 械 名 称	规 格 型 号	台班不含税单价（元）	台班含税单价（元）	附 注
105	直流电焊机	32kW	92.43	102.77	
106	直流弧焊机	32kW	92.43	102.77	
107	交流弧焊机	32kV·A	87.97	98.06	
108	交流弧焊机	42kV·A	122.40	137.18	
109	对焊机	75kV·A	113.07	126.32	
110	点焊机	长臂75kV·A	138.95	155.68	
111	电焊机	（综合）	89.46	99.63	制作
112	电焊机	（综合）	74.17	82.36	安装
113	电渣焊机	1000A	165.52	184.81	
114	气焊设备	0.8m³	8.37	9.12	
115	自动埋弧焊机	1200A	186.98	209.32	
116	二氧化碳自动保护焊机	250A	64.76	69.55	
117	电焊条烘干箱	800×800×1000	51.03	56.51	
118	电焊条烘干箱	450×350×450	17.33	18.59	
119	电动空气压缩机	0.6m³/min	38.51	41.30	
120	电动空气压缩机	3m³/min	123.57	136.82	
121	电动空气压缩机	10m³/min	375.37	421.34	
122	导杆式液压抓斗成槽机		4136.84	4619.58	
123	多头钻成槽机		3425.79	3820.96	
124	液压注浆泵	HYB50/50-1型	219.23	239.00	
125	工程地质液压钻机		702.48	732.94	
126	锁口管顶升机		574.80	588.40	
127	泥浆制作循环设备		1154.56	1292.43	
128	沥青熔化炉	XLL-0.5t	282.91	308.43	
129	轴流通风机	7.5kW	42.17	46.69	
130	超声波探伤机	CTS-22	194.53	212.08	
131	X射线探伤机	2005	258.70	282.03	

附录五　地模及金属制品价格

说　明

本附录各子目可用于企业内部成本核算时参考,在工程计价中不作为基价子目使用。

编号	项 目	单位	预 算 基 价				人工	材									
			总价	人工费	材料费	机械费	综合工	钢材墙架	钢材	预埋螺杆	钢筋D10以外	普碳钢板≥6	热轧薄钢板≥2.0	热轧等边角钢25×4	热轧不等边角钢75×50×7	热轧槽钢10#~14#	热轧工字钢10#~14#	热轧扁钢50×5
			元	元	元	元	工日	t	t	kg	t	t	t	t	t	t	t	t
							135.00	3672.95	3776.67	7.81	3799.94	3696.76	3715.46	3715.62	3710.65	3609.42	3619.05	3639.62
1	钢 滑 模	t	14215.55	7357.50	5496.51	1361.54	54.50				0.072	0.083	0.094	0.136	0.329	0.264	0.011	0.027
2	钢 骨 架		7293.05	2254.50	4317.77	720.78	16.70	1.06										
3	铁 件		9485.40	4677.75	4299.59	508.06	34.65		1.06									
4	螺 栓		13037.57	4677.75	8337.60	22.22	34.65			1060.00								

铁件、螺栓制作

料												机							械			
铁件	带帽螺栓	电焊条	氧气 6m³	乙炔气 5.5~6.5kg	防锈漆	稀料	制作场内运费	防锈材料费	零星材料费	钢模试装费	木模板周转费	剪板机 20×2500	摇臂钻床 D63	电焊机 (综合)	点焊机 长臂75kV·A	金属结构下料机 (综合)	台式钻床 D35	制作吊车 (综合)	钢筋弯曲机 D40	钢筋切断机 D40	螺栓套丝机 D39	综合机械
kg	kg	kg	m³	m³	kg	kg	元	元	元	元	元	台班	台班	台班	台班	台班	台班	台班	台班	台班	台班	元
9.49	7.96	7.59	2.88	16.13	15.51	10.88						329.03	42.00	89.46	138.95	366.82	9.64	664.97	26.22	42.81	27.57	
50.00		40.00	12.00	4.35				64.74	27.38	106.15		1.25	3.00	6.50	0.50							173.29
	1.00	30.00	2.50	1.09	3.72	0.38	49.10		43.16		9.91			5.75		0.25	0.17	0.17				
		29.83	1.10	0.48			28.73		30.27					4.08		0.39						
							28.73		30.27										0.23	0.23	0.23	

编号	项　　目	单位	预　算　基　价				人工	材		
			总　价	人工费	材料费	机械费	综合工	页岩标砖 240×115×53	水泥	砂子
			元	元	元	元	工日	千块	kg	t
							135.00	513.60	0.39	87.03
5	混　凝　土　地　模		260.09	147.15	109.49	3.45	1.09		84.83	0.290
6	砖　　地　　模	m²	96.02	55.35	37.32	3.35	0.41	0.045	0.30	0.105
7	砖　　胎　　模		118.40	66.15	48.25	4.00	0.49	0.063	0.35	0.123

地模、砖胎模制作

碴 石 19～25	碴 石 25～38	白 灰	铁 钉	阻燃防火保温草袋片	水	零星材料费	木模板周转费	滚筒式混凝土搅拌机 500L	灰浆搅拌机 400L	木工圆锯机 D500	电动夯实机 250N·m	卷扬机（综合）
t	t	kg	kg	m²	m³	元	元	台班	台班	台班	台班	台班
87.81	85.12	0.30	6.68	3.34	7.62			273.53	215.11	26.53	27.11	226.04
0.233	0.257		0.05	0.22	0.180	0.44	5.95	0.007	0.005	0.007	0.010	
	0.047	1.12			0.081				0.009		0.002	0.006
	0.047	1.12			0.094				0.011		0.002	0.007

附录六 企业管理费、规费、利润和税金

一、企业管理费：

企业管理费是指施工企业组织施工生产和经营管理所需的费用，包括：

1.管理人员工资：是指按工资总额构成规定，支付给管理人员和后勤人员的各项费用。

2.办公费：是指企业管理办公用的文具、纸张、账表、印刷、邮电、书报、办公软件、现场监控、会议、水电、烧水和集体取暖降温（包括现场临时宿舍取暖降温）、建筑工人实名制管理等费用。

3.差旅交通费：是指职工因公出差、调动工作的差旅费、住勤补助费，市内交通费和误餐补助费，职工探亲路费，劳动力招募费，职工退休、退职一次性路费，工伤人员就医路费，工地转移费以及管理部门使用的交通工具的油料、燃料及牌照费。

4.固定资产使用费：是指管理和试验部门及附属生产单位使用的属于固定资产的房屋、设备、仪器等的折旧、大修、维修或租赁费。

5.工具用具使用费：是指企业施工生产和管理使用的不属于固定资产的工具、器具、家具、交通工具和检验、试验、测绘、消防用具等的购置、维修和摊销费。

6.劳动保险和职工福利费：是指由企业支付的职工退职金、按规定支付给离休干部的经费，集体福利费、夏季防暑降温、冬季取暖补贴、上下班交通补贴等。

7.劳动保护费：是企业按规定发放的劳动保护用品的支出，如工作服、手套、防暑降温饮料以及在有碍身体健康的环境中施工的保健费用等。

8.检验试验费：是指施工企业按照有关标准规定，对建筑以及材料、构件和建筑安装物进行一般鉴定、检查所发生的费用，包括自设试验室进行试验所耗用的材料等费用，不包括新结构、新材料的试验费，对构件做破坏性试验及其他特殊要求检验试验的费用和建设单位委托检测机构进行检测的费用，对此类检测发生的费用，由建设单位在工程建设其他费用中列支。但对施工企业提供的具有合格证明的材料进行检测不合格的，该检测费用由施工企业支付。

9.工会经费：是指企业按《工会法》规定的全部职工工资总额比例计提的工会经费。

10.职工教育经费：是指按职工工资总额的规定比例计提，企业为职工进行专业技术和职业技能培训，专业技术人员继续教育、职工职业技能鉴定、职业资格认定、安全教育培训以及根据需要对职工进行各类文化教育所发生的费用。

11.财产保险费：是指施工管理用财产、车辆等的保险费用。

12.财务费：是指企业为施工生产筹集资金或提供预付款担保、履约担保、职工工资支付担保等所发生的各种费用。

13.税金：是指企业按规定缴纳的城市维护建设税、教育附加、地方教育附加、房产税、车船使用税、土地使用税、印花税等。

14.其他：包括技术转让费、技术开发费、工程定位复测费、投标费、业务招待费、绿化费、广告费、公证费、法律顾问费、审计费、咨询费、保险费等。

企业管理费按分部分项工程费及可计量措施项目费中的人工费、机械费合计乘以相应费率计算,其中人工费、机械费为基期价格。企业管理费费率、企业管理费各项费用组成划分比例见下列两表。

企业管理费费率表

项 目 名 称	计 算 基 数	费 率	
		一 般 计 税	简 易 计 税
管理费	基期人工费 ＋ 基期机械费 (分部分项工程项目 ＋ 可计量的措施项目)	11.82%	11.98%

企业管理费各项费用组成划分比例表

序 号	项 目	比 例	序 号	项 目	比 例
1	管理人员工资	24.74%	9	工会经费	9.88%
2	办公费	10.78%	10	职工教育经费	10.88%
3	差旅交通费	2.95%	11	财产保险费	0.38%
4	固定资产使用费	4.26%	12	财务费	8.85%
5	工具用具使用费	0.88%	13	税金	8.52%
6	劳动保险和职工福利费	10.10%	14	其他	4.34%
7	劳动保护费	2.16%			
8	检验试验费	1.28%		合计	100.00%

二、规费:

规费是指按国家法律、法规规定,由政府和有关部门规定必须缴纳或计取的费用,包括:

1.社会保险费:

(1)养老保险费:是指企业按照规定标准为职工缴纳的基本养老保险费。

(2)失业保险费:是指企业按照规定标准为职工缴纳的失业保险费。

(3)医疗保险费:是指企业按照规定标准为职工缴纳的基本医疗保险费。

(4)工伤保险费:是指企业按照规定标准为职工缴纳的工伤保险费。

(5)生育保险费:是指企业按照规定标准为职工缴纳的生育保险费。

2.住房公积金：是指企业按照规定标准为职工缴纳的住房公积金。

$$规费＝人工费合计×37.64\%$$

规费各项费用组成比例见下表。

规费各项费用组成划分比例表

序　号	项　　　　目		比　　例
1	社会保险费	养老保险	40.92%
		失业保险	1.28%
		医疗保险	25.58%
		工伤保险	2.81%
		生育保险	1.28%
2	住房公积金		28.13%
合计			100.00%

三、利润：

利润是指施工企业完成所承包工程获得的盈利。

$$利润＝(分部分项工程费合计＋措施项目费合计＋企业管理费＋规费)×利润率$$

利润中包含的施工装备费按附表比例计提,投标报价时不参与报价竞争。

建筑工程利润根据工程类别计算(利润率、工程类别划分标准见下列两表);打成品桩工程、分包工程(包括土方、强夯、构件运输、分包打桩、构件吊装)、机械独立土石方工程均不分工程类别,按7.5%利润率计算(其中施工装备费费率2.0%)。

建筑工程利润率表

项　目　名　称	计　算　基　数	费　　率							
		一　般　计　税				简　易　计　税			
		一类	二类	三类	四类	一类	二类	三类	四类
利润	分部分项工程费＋措施项目费＋管理费＋规费	12.41%	10.35%	7.76%	4.66%	12.00%	10.00%	7.50%	4.50%
其中：施工装备费		3.10%	3.10%	2.07%	1.03%	3.00%	3.00%	2.00%	1.00%

建筑工程类别划分标准表

项　　　目			一　　类	二　　类	三　　类	四　　类
单层厂房	跨度	m	＞27	＞21	＞12	≤12
	面积	m²	＞4000	＞2000	＞800	≤800
	檐高	m	＞30	＞20	＞12	≤12
多层厂房	主梁跨度	m	≥12	＞6	≤6	
	面积	m²	＞8000	＞5000	＞3000	≤3000
	檐高	m	＞36	＞24	＞12	≤12
住宅	层数	层	＞24	＞15	＞6	≤6
	面积	m²	＞12000	＞8000	＞3000	≤3000
	檐高	m	＞67	＞42	＞17	≤17
公共建筑	层数	层	＞20	＞13	＞5	≤5
	面积	m²	＞12000	＞8000	＞3000	≤3000
	檐高	m	＞67	＞42	＞17	≤17
构筑物	烟囱　高度	m	＞75	＞50	≤50	
	水塔　高度	m	＞75	＞50	≤50	
	筒仓　高度	m	＞30	＞20	≤20	
	贮池　容积	m³	＞2000	＞1000	＞500	≤500
独立地下车库	层数	层	＞2	2	1	1
	面积	m²	＞10000	＞5000	＞2000	≤2000

注：1.以上各项工程分类标准均按单位工程划分。
2.工业建筑、民用建筑,凡符合标准表中两个条件方可执行本类标准(构筑物除外)。
3.凡建筑物带地下室者,应按自然层计算层数。
4.工业建设项目及住宅小区的道路、下水道、花坛等按四类标准执行。
5.凡政府投资的行政性用房以及政府投资的非营利的工程,最高按三类执行。
6.凡施工单位自行制作兼打桩工程,桩长小于20 m的打桩工程按三类工程计取利润,桩长大于20 m的打桩工程按二类工程计取利润。

四、税金：

税金是指国家税法规定的应计入建筑工程造价内的增值税销项税额。税金按税前总价乘以相应的税率或征收率计算。税率或征收率见下表。

税率或征收率表

项 目 名 称	计 算 基 数	税 率 或 征 收 率	
		一 般 计 税	简 易 计 税
增值税销项税额	税前工程造价	9.00%	3.00%

附录七 工程价格计算程序

一、建筑工程施工图预算计算程序：

建筑工程施工图预算,应按下表计算各项费用。

施工图预算计算程序表

序 号	费 用 项 目 名 称	计 算 方 法
1	分部分项工程费合计	Σ（工程量×编制期预算基价）
2	其中：人工费	Σ（工程量×编制期预算基价中人工费）
3	措施项目费合计	Σ措施项目计价
4	其中：人工费	Σ措施项目计价中人工费
5	小 计	(1)＋(3)
6	其中：人工费小计	(2)＋(4)
7	企业管理费	（基期人工费＋基期机械费）×管理费费率
8	规 费	(6)×37.64%
9	利 润	［(5)＋(7)＋(8)］×相应利润率
10	其中：施工装备费	［(5)＋(7)＋(8)］×相应施工装备费费率
11	税 金	［(5)＋(7)＋(8)＋(9)］×税率或征收率
12	含税造价	(5)＋(7)＋(8)＋(9)＋(11)

注：基期人工费＝Σ（工程量×基期预算基价中人工费）。

基期机械费＝Σ（工程量×基期预算基价中机械费）。

二、建筑安装工程费用项目组成（见下图）：

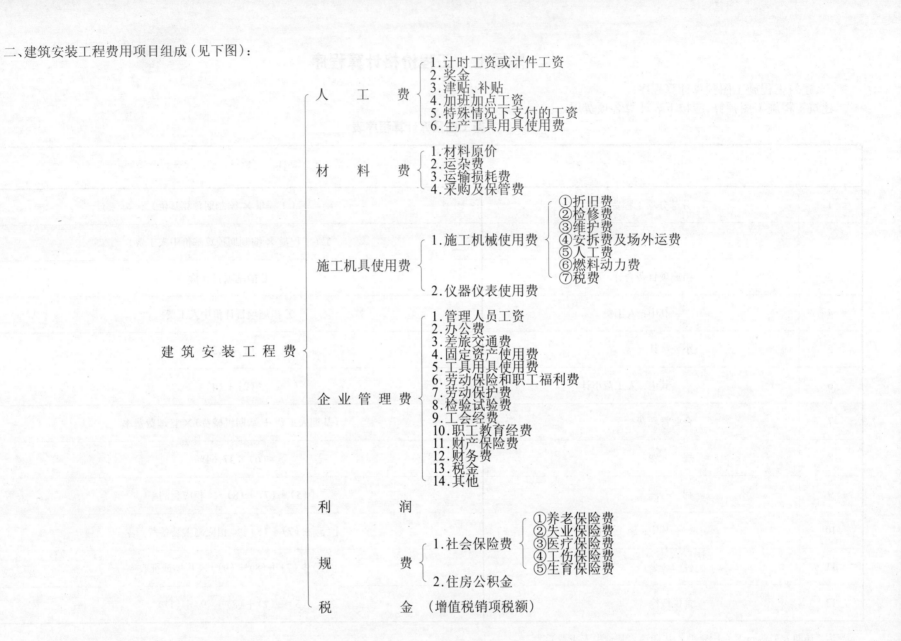

建筑安装工程费用项目组成图